식품 행정법

食品行政法

이영무 저

전남대학교출판문화원

머리말

현재 행정법총론 및 행정구제법에 관한 체계적 저술은 매우 다양하다. 그럼에도 불구하고 개별 행정법 분야에 들어가면 그에 관련된 저술은 희소하다. 따라서 개별적인 행정법 분야에서 일하는 행정실무가 또는 장래 그 분야를 특화하여 일하고자 하는 학생들에게 관련 분야의 개별 행정법을 체계적으로 이해시킬 수 있는 저작이 필요하다는 인식이 점차 학계의 공감을 얻어 가고 있다. 이 책은 그러한 문제의식에서 출발하여 개별 행정법의 하나인 식품행정법에 관한 체계적인 해설 및 그 이해의 심화를 위하여 저술된 것이다.

식품위생과 관련된 행정법령은 식품위생법 이외에도 식품 등의 표시·광고에 관한 법률, 건강기능식품에 관한 법률, 식품안전기본법, 국민영양관리법, 수입식품안전관리 특별법, 축산물 위생관리법, 식품·의약품분야 시험·검사 등에 관한 법률, 농수산물의 원산지 표시 등에 관한 법률, 학교급식법 등 매우 다양하나 식품위생법이 그 모든 법령의 기본법적인 성격을 지니고 있다. 따라서 식품관련 행정법의 체계적인 이해를 위해서는 식품위생법에 대한 선행적인 탐구가 필수 불가결하다.

이 책을 저술하면서 특히 중점을 둔 점은 다음과 같다.

첫째, 식품위생 관련법령의 내용은 방대하다. 그리고 식품위생 관련법령들만을 체계적으로 편집한 책자도 적지 않다. 여기서는 이러한 방대한 법령들을 평면적으로 모두 서술·나열하는 것은 지양하고, 주로 식품위생법을 중심으로 하여 중요한 제도 그리고 관련 법령의 해석·적용과 관련하여 논란이 되거나 견해가 갈릴 수 있는 부분을 대상으로, 즉 법적 쟁점 위주로 그 내용을 해설하는 것을 목표로 하였다.

둘째, 식품위생법을 행정법학적 시각에서 설명하였다. 식품위생법은 식품영양학에 대한 분석을 취급하는 것이 아니라 식품위생과 관련된 법규범을 다룬다. 이는 식품위생법이 사실관계를 다루는 학문의 차원에서가 아니라 법규범을 다루는 법학적 입장에서 연구·해설되어질 것을 요구한다. 본서는 위와 같은 법학적 연구방법론에 따라 법학적 관점에서 저술되었다. 따라서 행정법의 기본이론들이 식품위생법의 해석과정에서 어떻게 적용되는지를 명확히 보여주려고 노력하였다.

셋째, 식품위생법에 관한 판례를 되도록 풍부하게 제시하였다. 식품위생법이 1962. 1. 20. 제정되어 시행된 지 60년을 넘어섰고, 그 과정에서 대법원판례가 적지 않게 축적되었다. 법규범에 관한 연구는 그것을 현실에 적용한 결과인 판례를 도외시하고는 제대로 성립될 수 없다. 이러한 판례의 이해는 식품위생 행정에 대한 현실을 더욱 깊이 있게 이해하는 데에도 도움을 줄 것이라고 생각한다.

넷째, 식품위생행정과 관련된 정책적 고려도 도외시 하지 않도록 노력하였다. 대부분의 정책은 법률의 형식으로 구체화되는 것이 일반적이다. 즉 개별 행정정책은 개별 행정법령을 통하여 구체화된다. 그리고 정책은 한번 형성됨으로써 끝나는 것이 아니라 집행 및 평가를 거쳐 다시 수정·변경되는 순환론적인 과정을 거친다. 식품위생 정책의 결과물인 식품위생법이 그동안 60여회에 걸쳐 개정되었다는 것이 이를 말하여 준다. 본서는 부차적으로 이러한 순환론적인 정책과정에 대하여도 가능한 한도에서 살펴보려고 노력하였다.

필자의 이런 의도가 얼마나 성과를 얻게 되었는지는 독자들이 판단할 몫이나, 연구의 부족으로 말미암아 제도의 평면적인 서술에 그치고 만 측면이 적지 않다고 생각된다. 결국 위의 집필 의도는 앞으로 본서의 개정을 통하여 달성되어야 할 향후의 목표 내지는 지향점으로 남게 되었다.

이 책을 집필하면서 얻은 개인적인 소득으로는 식품위생 관련법령의 해석과 관련된 법적 쟁점이 생각 외로 많고 그 중 상당부분이 미답의 연구영역으로 남아있다는 것을 확인할 수 있었다는 점이었다. 차후 이러한 부분에 대한 보다 깊은 연구를 통하여 본서를 보완하는 계기로 삼고자 한다.

2023년 2월

이영무 씀

목 차

제3장 식품위생 행정조직 — 29

제4장 기준 및 규격 — 49

제7장 식품위생법상의 영업 —— 97

제1장
총 론

제1절 서론

제2절 식품위생법의 목적

제3절 식품위생법의 기본원리

제1장 총론

제1절 서론

의식주는 인간생활에 필수불가결한 요소이다. 그중에서도 '식(食)'이라는 문제의 해결은 예나 지금이나 국가의 가장 중요한 책무의 하나로 여겨져 왔다. 과거에는 식품의 절대적 부족이라는 시대적 한계 때문에 식품의 위생적인 문제에 대하여는 별로 큰 관심을 기울이지 아니하였다. 그러나 오늘날은 대부분의 국가가 절대적 빈곤에서 탈출하였고 아울러 대량생산 체제의 구축, 가공식품의 발달, 식품의 빈번한 국제적 거래 등에 따라 식품의 안전성의 확보가 중요한 문제로 대두하게 되었다. 식품은 매일같이 섭취하여야 하는 것이므로 그 안전성은 국민의 건강에 직접적인 영향을 미친다. 식품에 대한 국가의 관리 및 감독이 요청되는 이유가 여기에 있다.

제2절 식품위생법의 목적

식품위생법 제1조는 "이 법은 식품으로 인하여 생기는 위생상의 위해(危害)를 방지하고 식품영양의 질적 향상을 도모하며 식품에 관한 올바른 정보를 제공함으로써 국민 건강의 보호·증진에 이바지함을 목적으로 한다"고 규정하여, 식품으로 인하여 생기는 위생상의 위해를 방지하고 식품에 관한 올바른 정보를 제공함으로써 국민 건강의 보호·증진에 이바지하는 것이 그 목적임을 명시하고 있다. 이하 차례로 그 의미를 살펴본다[1].

먼저 '식품으로 인하여 생기는' 위해라고 하는 것은 음식물로 인하여 생기는 위해라고 하는 의미보다는 넓다. 즉 여기서의 위해는 식품뿐만이 아니라 식품첨가물까지 포함하여 그 섭취로 인하여 발생하는 위해를 포괄한다. 또한 먹고 마시는 행위와 관련하여 발생하는 위해 다시 말하면 기구 또는 용기·포장으로부터 기인하는 위해도 포함하는 개념이다. 그리하여 식품위생법도 '식품위생'이란 식품, 식품첨가물, 기구 또는 용기·포장을 대상으로 하는 음식에 관한 위생을 말한다(법 제2조제11호)고 규정하여 이러한 취지를 분명히

---

1) 日本食品衛生協会, 早わかり食品衛生法(新訂 第7版), 2020, 20-22면.

하고 있다.

다음으로 식품위생법은 '위생상의 위해(危害)'를 방지하는 것을 그 목표로 한다. 여기서 '위해'라고 함은 식품, 식품첨가물, 기구 또는 용기·포장에 존재하는 위험요소로서 인체의 건강을 해하거나 해할 우려가 있는 것을 말한다(법 제2조제6호). 식품으로 인한 위생상의 위해는 먼저 식중독을 생각하여 볼 수 있다. '식중독'이란 식품의 섭취로 인하여 인체에 유해한 미생물 또는 유독물질에 의하여 발생하였거나 발생한 것으로 판단되는 감염성 질환 또는 독소형 질환을 말한다(법 제2조제14호). 식중독 중에서도 가장 대표적인 것은 세균성 식중독이라고 할 수 있다. 그러나 오늘날은 가공식품의 발달로 화학물질을 원인으로 하는 식중독도 나타나고 있으며 이 경우에는 대량이 피해자가 발생할 가능성도 존재한다. 그 밖에도 식품에 이물질이 혼입됨으로 인하여 위장, 치아 등에 발생할 수 있는 물리적 손상도 위생상의 위해의 사례로 생각하여 볼 수 있다.

끝으로 식품위생법은 위생상의 위해를 '방지하는 것'을 그 목표로 한다. 즉 식품위생법은 식품으로 인한 위생상의 사고의 발생을 미연에 방지하고, 아울러 사고가 발생하는 경우에도 적절한 조치를 통하여 그 피해를 최소한의 정도로 줄이는 것을 목표로 한다. 식품위생법상의 제재 또는 벌칙 규정은 행정상의 제재 또는 벌칙이 목표라기보다는 그러한 규정의 일반적 예방효과에 의하여 식품사고의 발생을 사전에 방지하기 위한 것이고, 식품위생감시원에 의한 지도·감시, 식품영업자의 준수사항 등도 모두 이러한 목표의 달성을 위한 방법 또는 수단이라고 할 수 있다.

한편 식품위생법은 식품에 관한 올바른 정보를 제공하는 것도 그 목표의 하나로 적시하고 있으나, 2018. 3. 13. 법률 제15483호로 '식품 등의 표시·광고에 관한 법률'이 제정됨에 따라 식품위생법 상의 표시·광고의 기준과 표시·광고 심의규정 등은 2018. 3. 13. 일부개정을 통하여 대부분 삭제되었고, 그러한 목표는 현재는 식품위생법이 아니라 식품 등의 표시·광고에 관한 법률을 통하여 달성되고 있다.

제3절 식품위생법의 기본원리

Ⅰ. 위생적 취급의 원칙

식품위생법은 식품 등의 위생적 취급을 그 기본원리로 하고 있다. 그와 관련된 내용을 살펴보기로 한다.

누구든지 판매(판매 외의 불특정 다수인에 대한 제공을 포함한다. 이하 같다)를 목적으로 식품 또는 식품첨가물을 채취·제조·가공·사용·조리·저장·소분·운반 또는 진열을 할 때에는 깨끗하고 위생적으로 하여야 한다(법 제3조제1항). 또한 영업에 사용하는 기구 및 용기·포장은 깨끗하고 위생적으로 다루어야 한다(법 제3조제2항).

위와 같이 식품, 식품첨가물, 기구 또는 용기·포장(이하 "식품 등"이라 한다)의 위생적 취급에 관한 기준의 구체적인 사항을 살펴보면 다음과 같다(법 제3조제3항, 시행규칙 제2조 관련 [별표 1])

① 식품 또는 식품첨가물을 제조·가공·사용·조리·저장·소분·운반 또는 진열할 때에는 이물이 혼입되거나 병원성 미생물 등으로 오염되지 않도록 위생적으로 취급하여야 한다.

② 식품 등을 취급하는 원료보관실·제조가공실·조리실·포장실 등의 내부는 항상 청결하게 관리하여야 한다.

③ 식품 등의 원료 및 제품 중 부패·변질이 되기 쉬운 것은 냉동·냉장시설에 보관·관리하여야 한다.

④ 식품 등의 보관·운반·진열시에는 식품 등의 기준 및 규격이 정하고 있는 보존 및 유통기준에 적합하도록 관리하여야 하고, 이 경우 냉동·냉장시설 및 운반시설은 항상 정상적으로 작동시켜야 한다.

⑤ 식품 등의 제조·가공·조리 또는 포장에 직접 종사하는 사람은 위생모 및 마스크를 착용하는 등 개인위생관리를 철저히 하여야 한다.

⑥ 제조·가공(수입품을 포함한다)하여 최소판매 단위로 포장(위생상 위해가 발생할 우려가 없도록 포장되고, 제품의 용기·포장에 식품 등의 표시·광고에 관한 법률 제4조제1항에 적합한 표시가 되어 있는 것을 말한다)된 식품 또는 식품첨가물을 허가를 받지 아니하거나 신고를 하지 아니하고 판매의 목적으로 포장을 뜯어 분할하여 판매하여서는 아니된다. 다만, 컵라면, 일회용 다류, 그 밖의 음식류에 뜨거운 물을 부어주거나, 호빵 등을 따뜻하게 데워 판매하기 위하여 분할하는 경우는 제외한다.

⑦ 식품 등의 제조·가공·조리에 직접 사용되는 기계·기구 및 음식기는 사용 후에 세척·살균하는 등 항상 청결하게 유지·관리하여야 하며, 어류·육류·채소류를 취급하는 칼·도마는 각각 구분하여 사용하여야 한다.

⑧ 소비기한이 경과된 식품 등을 판매하거나 판매의 목적으로 진열·보관하여서는 아니 된다.

Ⅱ. 국민 건강의 보호·증진

식품위생법은 국민 건강의 보호·증진을 기본원리로 삼고 있다. 예를 들면 식품위생법에 의하여도 표시에 관한 규제가 일부 행하여지고 있지만 그것은 국민 건강의 보호·증진이라는 관점에서 행하여지는 것이지, 과대광고의 방지라든가 공정한 거래질서의 확보라는 차원에서 행하여지는 것은 아니다. 과대광고의 방지라든가 공정한 거래질서의 확보 등을 위해서는 표시·광고의 공정화에 관한 법률, 독점규제 및 공정거래에 관한 법률 등과 같은 다른 개별 법률에 의하여 그 표시에 관한 규제가 행하여지고 있다는 점에 주의하지 않으면 안 된다.

제2장

식품위생법의 기본개념

제2장 식품위생법의 기본개념

제1절 식품

Ⅰ. 의의

식품위생법은 제2조제1호에서 “식품이란 모든 음식물(의약으로 섭취하는 것은 제외한다)을 말한다”라고 규정함으로써 음식물을 ‘식품’과 ‘의약으로 섭취하는 것’으로 분류하고 있다. 따라서 식품의 개념을 파악하기 위해서는 먼저 음식물이란 것이 무엇인지를 규명하는 것이 필요하다. 그리고 나아가 ‘식품’과 의약으로 섭취되는 음식물 즉 ‘의약품’을 구분하는 기준에 대한 탐구가 필요하게 된다.

Ⅱ. 음식물

식품이란 모든 음식물을 말한다. 여기서 음식물(飮食物)이란 그대로 먹거나 마실 수 있는 물건 또는 가공·조리에 의하여 먹거나 마실 수 있는 물건을 말한다. 식품이란 개념이 다소 추상적인 의미를 포함하고 있으므로 식품위생법은 음식물이란 개념을 통하여 식품의 개념을 조금 구체화한 것이라고 볼 수 있다.

어떠한 물건이 음식물에 해당하는가의 여부는 사회통념에 비추어서 판단되어야 할 것인바, 일응 다음과 같은 판단기준을 제시할 수 있다[1].

① 음식물은 그 자의(字意)에 비추어 생각건대, 그 자체로 또는 가공·조리에 의하여 먹거나 마실 수 있는 물건을 말한다. 즉 액체 또는 고체의 물질로서 직접 또는 가공·조리 과정을 거친 다음 사람이 의도적으로 그것을 입안에 넣어 필요에 따라 씹거나 삼켜 식도를 통하여 섭취할 수 있는 것이어야 한다.

가공·조리된 것뿐만 아니라 가공·조리 이전의 자연식품도 식품위생법상의 식품에 해당된다. 그런데 자연으로부터 생산되거나 채취·포획하는 산물이 어느 단계부터 자연식품으로서 식품위생법상 ‘식품’에 해당하는 것인지는, 식품으로 인한 위생상의 위해를 방지하

1) 日本食品衛生協会, 早わかり食品衛生法(新訂第7版), 2020, 31-34면.

고 국민보건의 증진에 이바지하고자 하는 식품위생법을 비롯한 식품 관련 법령의 문언, 내용과 규정 체계, 식품의 생산·판매·운반 등에 대한 위생 감시 등 식품으로 규율할 필요성과 아울러 우리 사회의 식습관이나 보편적인 음식물 관념 등을 종합적으로 고려하여 판단해야 한다(대법원 2017. 1. 12. 선고 2016도237 판결 참조).

② 음식물은 사람이 먹을 수 있는 것이 되지 않으면 안 된다. 예를 들어 흙이나 모래, 돌, 금속, 목재 등을 어떤 사람이 의도적으로 입안에 넣어 필요에 따라 씹어 삼킨다고 하더라도 그것을 음식물이라고 말할 수는 없다.

③ 음식물은 그 외형, 상태 등에 비추어 사회통념에 따라 음식물이라고 판단되는 것이어야 한다. 예를 들어 살아있는 가축은 음식물이 아니지만 그 고기 등은 음식물이 된다.

④ 음식물은 식습관(食習慣)에 비추어 음식물이라고 인식될 수 있는 것이어야 한다. 식습관은 국가, 민족, 시대에 따라 다양하게 나타날 수 있다. 예를 들면 개고기를 음식물이라고 인식하는 지역, 시대도 있지만 그것을 음식물이라도 인식하지 않는 지역과 시대도 존재한다.

⑤ 음식물은 그대로 또는 가공·조리에 의하여 먹거나 마실 수 있는 단계에 까지 이르지 않으면 안된다. 따라서 전답(田畓)에 식재되어 있는 곡식, 야채 등과 같이 아직 미채취 상태에 있는 물건은 음식물에 포함되지 않는다.

대법원 1989. 7. 25. 선고 88도1575 판결【식품위생법위반】

콩나물이 식품위생법 제2조 제1호 소정의 식품에 해당하는지 여부(적극): 식품위생법 제2조 제1호 소정의 식품에는 자연식품이나 가공 및 조리된 식품이 모두 포함되므로 콩나물은 위 식품에 해당한다.

대법원 2017. 1. 12. 선고 2016도237 판결【식품위생법위반·업무상배임】〈부패가 진행 중인 양파와 건고추를 수입, 보관, 판매한 사건〉

[1] 식품위생법 제2조 제1호에서 정한 '식품'에 자연식품이 포함되는지 여부(적극) 및 자연으로부터 생산되는 산물이 어느 단계부터 자연식품으로서 식품위생법상 '식품'에 해당하는지 판단하는 기준 / 식품위생법상 '식품'의 개념이 식품 관련 법령의 개정 및 식품 관련 산업의 발전, 식습관의 변화 등에 따라 달라질 수 있는지 여부(적극): 식품위생법 제2조 제1호는 "'식품'이란 모든 음식물(의약으로 섭취하는 것은 제외한다)을 말한다."라고 규정하고 있고, 위 식품에는 가공 및 조리된 식품뿐 아니라 '자연식품'도 포함된다. 그런데 자연으로부터 생산되는 산물이 어느 단계부터 자연식품으로서 식품위생법상 '식품'에 해당하는 것인지는, 식품으로 인한 위생상의 위해를 방지하고 국민보건의 증진에 이바지하고자 하는 식품위생법의 입법 목적(식품위생법 제1조), 식품위생법

및 그 시행령 등 식품위생법령과 농업·농촌 및 식품산업 기본법, 식품산업진흥법, 농수산물 품질관리법 등 관련 법령의 규정 체계, 식품의 생산·판매·운반 등에 대한 위생 감시 등 식품으로 규율할 필요성과 아울러 우리 사회의 식습관이나 보편적인 음식물 관념 등을 종합적으로 고려하여 판단해야 한다.

그리고 이러한 식품위생법상 '식품'의 개념은 식품 관련 법령의 개정 및 식품 관련 산업의 발전, 식습관의 변화 등에 따라 달라질 수 있으므로 과거에는 식품위생법상 '식품'에 해당하지 않는다고 평가되었던 것도 현재에는 식품위생법상 '식품'에 해당할 수 있다.

[2] 양파와 건고추가 그 자체로 식품위생법 제2조 제1호에서 정한 '식품'에 해당하는지 여부(적극): 구 식품위생법(1976. 12. 31. 법률 제2971호로 개정된 것) 제6조의 위임에 따라 식품의 기준과 규격을 정한 보건사회부 고시 '식품 등의 규격 및 기준'이 1981. 4. 11. 보건사회부 고시 제81-26호로 개정되면서 콩나물의 수은함량에 관한 잠정기준 등 '자연식품'에 관한 일반 기준이 신설된 점, 1999년 제정된 농업·농촌기본법이 2007. 12. 21. 법률 제8749호로 전부 개정되어 제명이 농업·농촌 및 식품산업 기본법으로 변경되면서, 제3조 제7호 (가)목에 "사람이 직접 먹거나 마실 수 있는 농산물"을 식품으로 정의하는 규정이 추가되어 그 규정이 현재까지 유지되고 있는 점, 식품위생법 제7조 제1항의 위임에 따라 식품의 기준과 규격을 정한 식품의약품안전처 고시인 '식품의 기준 및 규격' 중 "제2. 식품일반에 대한 공통기준 및 규격"의 "5. 식품일반의 기준 및 규격"에서는 양파·고추를 비롯한 농산물의 중금속 기준뿐만 아니라, 건고추의 곰팡이독소 기준 및 농약 잔류허용기준을 규정하는 등 식품 관련 법령과 고시에서 양파와 건고추가 식품에 해당함을 전제로 하는 규정을 두고 있었던 점, 우리 사회의 식습관 및 보편적인 음식물 관념상 가공·조리되지 않은 양파와 건고추는 식품으로 받아들여져 왔을 뿐만 아니라 소비자들에게 가공·조리되지 않은 상태로 판매되고 있으므로, 가공되지 않은 양파와 건고추를 식품으로 취급하여 위생을 감시할 필요성이 있는 점, 양파와 건고추가 식품위생법상 식품에 해당하지 않는다고 해석하는 것은 사회통념상 국민들의 식습관에 부합하지 않을 뿐만 아니라 기존의 식품안전관리체계에도 혼란을 초래할 수 있는 점 등에 비추어 보면, 양파와 건고추는 그 자체로 현행 식품위생법 제2조 제1호에서 정한 식품에 해당한다.

대법원 2017. 3. 15. 선고 2015도2477 판결【식품위생법위반】

바다나 강 등에서 채취·포획한 어류나 조개류로서 식용으로 사용할 수 있는 수산물이 가공이나 조리되기 전에도 원칙적으로 식품위생법상 '식품'에 해당하는지 여부(적극): 식품위생법에서 활어 등 수산물이 어느 단계부터 식품인지에 관하여 명확하게 규정하고 있지는 않지만, 식품위생 관련 법령의 규정내용, 문언과 체계, 우리 사회의 식습관이나 보편적인 음식물 관념 등을 종합해 보면, 바다나 강 등에서 채취·포획한 어류나 조개류로서 식용으로 사용할 수 있는 수산물은 가공하거나 조리하기 전에도 원칙적으로 식품으로 보아야 한다. 그 이유는 다음과 같다.

첫째, 식품위생법은 식품을 의약품을 제외한 모든 음식물이라고 하여 식품의 개념을 매우 포괄적으로 정하고 있으므로, 활어 등 수산물도 원칙적으로 식품이라고 보아야 한다. 둘째,

식품위생법 시행령 제21조 제4호는 식품위생법의 위임에 따라 식품운반업에 관하여 정하면서, 어류와 조개류를 식품운반업의 대상으로 명시하고 있다. 이는 어류와 조개류가 식품이라는 점을 전제로 한 것이다. 셋째, 식품위생법 시행규칙 제5조 제1항은 원료로 사용되는 경우에도 식품이라는 점을 전제로 규정하고 있으므로, 어류와 조개류가 음식의 원료로 사용되는 경우 이를 가공하거나 조리하기 전이라도 식품으로 보아야 한다. 넷째, 식품위생법 제7조 제1항에 따라 식품의 기준과 규격을 정한 식품의약품안전처 고시인 '식품의 기준 및 규격(이는 식품공전에 수록되어 있다)'은 어류와 조개류 등을 수산물로 명시하고 있고, 2007년부터는 활어에 관해서도 명시적인 규정을 두면서 활어 등 수산물이 식품에 포함된다고 보고 있다. 다섯째, 활어 등 수산물을 식품위생법상 식품에 해당하지 않는다고 본다면, 활어 등 수산물이 식품위생법의 규율대상에서 벗어나기 때문에 수산물에 대한 위생 감시에 중대한 공백이 생길 우려가 있다. 여섯째, 우리 사회의 식습관, 음식문화와 조리기술, 보편적인 음식물 관념 등에 비추어, 식용으로 사용할 수 있는 어류와 조개류는 식품이라는 것이 일반적 관념이다. 이러한 관념은 위와 같은 식품위생법령을 비롯한 식품 관련 법령에 의하여 뒷받침되고 있어 사실적 차원을 넘어 규범적 차원에서도 승인되기에 이르렀다.

Ⅲ. 식품과 의약품의 구분

식품위생법 제2조제1호에 따라 의약으로 섭취되는 음식물 즉 의약품은 식품의 개념에서 배제된다. 따라서 식품으로부터 의약품을 구분하여 내는 작업이 필요하다. 현행 법령은 식품과 의약품의 구분에 관하여 먼저 기본적으로 약사법에서 의약품의 범위를 정하고, 위 의약품 이외의 음식물을 식품이라고 파악하는 방식을 취하고 있다[2].

의약품은 질병의 예방 또는 치료를 위하여 직접적으로 사용되는 물건이기 때문에 식품과는 본래 이질적인 것이고, 따라서 일반적으로 양자의 구분은 용이한 것이 보통이다(예를 들어 아스피린과 식빵). 그러나 현실적으로 식품과 의약품의 경계영역에 있는 물품이 다수 존재하고 이러한 영역에 있어서는 양자의 구분이 명료한 것만은 아니다. 특히 건강기능식품의 출현 및 한약 등의 존재는 이러한 구분을 더욱 어렵게 만드는 요소가 되고 있다.

2) 우리나라에서는 식품위생법, 약사법, 화장품법이 별개의 단행 법률로 존재하고 있다. 일본의 경우도 마찬가지다. 하지만 미국은 식품, 의약 및 화장품에 관한 법률(The Food, Drug, And Cosmetic Act)이라는 한 개의 단행 법률로 식품, 의약품 및 화장품 모두를 규율하고 있다.

1. 약사법 제2조제4호 소정의 의약품

"“의약품”이란 다음 각 목의 어느 하나에 해당하는 물품을 말한다(약사법 제2조제4호).

① 대한민국약전(大韓民國藥典)에 실린 물품 중 의약외품이 아닌 것

② 사람이나 동물의 질병을 진단·치료·경감·처치 또는 예방할 목적으로 사용하는 물품 중 기구·기계 또는 장치가 아닌 것 다. 사람이나 동물의 구조와 기능에 약리학적(藥理學的) 영향을 줄 목적으로 사용하는 물품 중 기구·기계 또는 장치가 아닌 것.

이하에서 차례로 위 내용에 대하여 살펴보기로 한다.

가. 대한민국약전에 실린 물품

약사법 제2조제4호가목은 대한민국약전에 실린 물품 중 의약외품이 아닌 것을 의약품이라고 정의하고 있다. 의약품의 공정서인 대한민국약전에 실린 것 중 의약외품[3]이 아닌 것이 의약품이라는 것에는 의문이 없다. 대한민국약전에 실린 의약품은 대체로 오랫동안 의약업계에서 여러 가지 실험과 임상경험에 의하여 그 효능의 공신력이 인정되고 있으며, 수요 면에서도 절대다수의 공급량을 가지고 있기 때문이다.

그런데 대한민국약전에 실려 있기만 하면 그 사용목적을 불문하고 모든 물품을 의약품에 해당된다고 볼 것이냐의 문제가 발생한다. 일본에서는 우리나라의 대한민국약전에 해당하는 일본약국방(日本藥局方)에 수재되어 있기만 하면 그 사용목적을 불문하고 모두 의약품에 해당한다는 견해[4]와 일본약국방에 수재되어 있다고 하더라도 그 객관적 사용목적이 식품용, 화학공업용 등에 한정되는 경우에는 해석상 의약품에서 제외된다는 견해[5]가 대립되고 있다. 우리나라에서는 대한민국약전에 수재된 것이 의약품인 것은 의문의 여지가 없으나, 다만 생약 중 겨자, 생강의 뿌리줄기를 말린 건강(乾薑), 결명자, 계피, 고추, 구기자, 꿀 등을 그대로 의약품으로 인정하여 약사법을 적용하는 것은 무리라는 견해가 있고[6], 대한민국약전에 수재된 물품은 의약품으로 사용될 것을 전제로 하는 것이므로 그

3) 약사법 제2조제7호는 “가. 사람이나 동물의 질병을 치료·경감(輕減)·처치 또는 예방할 목적으로 사용되는 섬유·고무제품 또는 이와 유사한 것, 나. 인체에 대한 작용이 약하거나 인체에 직접 작용하지 아니하며, 기구 또는 기계가 아닌 것과 이와 유사한 것, 다. 감염병 예방을 위하여 살균·살충 및 이와 유사한 용도로 사용되는 제제” 중의 어느 하나에 해당하는 물품(제4호나목 또는 다목에 따른 목적으로 사용되는 물품은 제외한다)으로서 식품의약품안전처장이 지정하는 것을 의약외품으로 규정하고 있다.

4) 斉藤 勲, 薬事法·薬剤師法の手引き, 1996, 26頁.

5) 厚生省薬務局編, 逐条解説 薬事法(改訂版), 1995, 147頁.

6) 이희영, “藥事法 제2조 제4항의 規定에 의한 醫藥品의 定義와 法律의 錯誤”, 법조 제45권 제6

물품이 식품용, 화학공업용 등 의약품 이외의 다른 목적으로 사용되는 경우에는 비록 대한민국약전에 수재되어 있다고 하더라도 의약품에서 제외되어야 한다고 하면서 이에 찬동하는 견해도 있다[7].

비록 대한민국약전에 실려 있다고 하더라도 그 사용목적이 의약품 이외의 다른 목적으로 사용되는 경우에는 의약품에서 제외되어야 한다는 견해가 일반적이고, 판례도 같은 취지이다(대법원 1987. 2. 24. 선고 85도1443 판결).

대법원 1987. 2. 24. 선고 85도1443 판결【보건범죄단속에관한특별조치법위반,약사법위반】

대한약전에 수록된 생약재가 의약품 재료의 일부로 사용되었다 하여 그 제조품을 대한약전의 수재내용에 비추어 막바로 의약품이라 단정할 수는 없고, 그 제법, 성분 및 함량, 효능, 사용목적, 외관성상, 사회인의 섭생실정 등 제반사정을 종합하여 의약품인지의 여부를 판단하여야 한다.

한편 약사법 제2조제5호는 "한약이란 동물·식물 또는 광물에서 채취된 것으로 주로 원형대로 건조·절단 또는 정제된 생약(生藥)을 말한다"라고 규정하고, 동조 제6호는 "한약제제(韓藥製劑)란 한약을 한방원리에 따라 배합하여 제조한 의약품을 말한다"라고 규정하고 있는데, 이러한 규정을 엄격히 해석한다면 한약 중 한방원리에 의하여 배합, 제조한 것은 의약품이지만 기타의 생약은 의약품에 해당하지 아니한다고 보아야 할 것이다. 이러한 점에 비추어도 위 판례의 타당성은 일응 수긍할 수 있다.

나. 질병의 치료 등의 목적으로 사용하는 물품

약사법 제2조제4호나목은 사람이나 동물의 질병을 진단·치료·경감·처치 또는 예방할 목적으로 사용하는 물품을 의약품이라고 규정하고 있는바, 이는 질병의 진단·치료 등의 목적이라는 주관적인 견지에서 의약품의 개념을 정의한 것이다. 따라서 어떤 물건이 사람이나 동물의 질병을 진단·치료·경감·처치 또는 예방할 목적으로 사용되는 경우라면, 그 물건이 약리작용상의 효능이 없는 경우라도 의약품에 해당된다고 할 수 있다. 예를 들어 앰플의 내용이 증류수·식염수라 할지라도 각성제로 사용될 경우에는 의약품에 해당한다[8].

호(1996. 6), 131면.

7) 전병남, "藥事法上의 醫藥品의 概念", 법조 제55권 제7호(2006. 7), 201면.

8) 이희영, 앞의 논문, 131-132면.

다. 약리학적 영향을 주기 위한 목적으로 사용하는 물품

약사법 제2조제4호다목은 사람이나 동물의 구조와 기능에 약리학적(藥理學的) 영향을 줄 목적으로 사용하는 물품을 의약품이라고 정의하고 있다. 이러한 목적으로 사용되는 의약품으로는 최유제로서의 비타민 L, 살빼는 약, 피임약, 각성제 등이 있다. 또한 카페인이 주성분인 수면방지제의 경우와 같이 다목의 의약품은 반드시 질병과는 관련이 없이 건강한 사람에게 사용되는 것이라도 그 구조 또는 기능에 영향을 주기 위한 목적으로 사용되기만 하면 의약품에 해당한다.

2. 식품과 의약품의 구별기준

식품과 의약품의 구별기준에 관한 학설로는 다음과 같은 견해가 있다.

가. 형식적 기준설

식품위생법 제14조는 "식품의약품안전청장은 제7조제1항에 따라 정하여진 식품 또는 식품첨가물의 기준과 규격, 제9조제1항에 따라 정하여진 기구 및 용기·포장의 기준과 규격 등을 실은 식품 등의 공전을 작성·보급하여야 한다"고 규정하고 있다. 한편 약사법 제51조제1항은 "식품의약품안전청장은 의약품 등의 성질과 상태, 품질 및 저장 방법 등을 적정하게 하기 위하여 중앙약사심의위원회의 심의를 거쳐 대한민국약전[9]을 정하여 공고한다"고 규정하고, 제2조제4호가목은 "대한민국약전(大韓民國藥典)에 실린 물품 중 의약외품이 아닌 것"을 의약품이라고 정의하고 있다. 형식적기준설은 위와 같이 식품공전에 식품으로 수록된 물품을 식품으로 보고, 대한민국약전에 실린 물품 중 의약외품 이외의 것을 의약품으로 보는 견해이다.

이 학설은 무엇보다도 법적용의 명확성 및 그로 인한 법적 안정성을 기할 수 있다는 장점이 있다. 그러나 식품공전에 수록되어 있으면서도 동시에 대한민국약전에 실려 있는 물품이 존재할 수 있고 그러한 현상은 생약의 경우에 더욱 두드러진다. 아울러 위 견해는 의약품이란 대한민국약전에 수록된 것이고, 대한민국약전에 수록된 것이 의약품이라는 식의 일종의 순환논법에 빠지게 되므로 식품과 의약품을 구분하기 위한 실질적 기준이 되지는 못한다. 결국 어떠한 음식물을 식품공전에 수록하거나 대한민국약전에 싣기 위해서는 그 실질적 지침이 필요하므로 그 실질적 기준을 탐구하는 것이 필연적으로 요구될

9) 대한민국약전은 약사법의 규정에 따라 국가에서 제정한 의약품에 관한 법전이며, 의료에 사용되는 의약품의 품질, 강도 및 순도의 기준은 물론, 그 시험법을 통일 제정하여 질병의 예방, 치료에 유효하고 품질이 확실한 의약품을 공급하려는 데 그 목적이 있다.

수밖에 없다.

대법원도 식품공전에 기재·고시되어 있는 것만이 식품이 될 수 있는 것은 아니라고 하여 형식적 기준만으로 식품성 여부를 판단할 수는 없음을 명백히 밝혀주고 있다(대법원 1995. 11. 7. 선고 95도1966 판결).

대법원 1995. 11. 7. 선고 95도1966 판결 【식품위생법위반】

식품위생법 제12조에서 보건사회부장관이 식품의 성분에 관한 규격을 정하여 고시할 수 있고, 그러한 기준을 수록한 공전을 작성·보급하도록 규정하고 있는 취지는 국민보건상 특히 필요하다고 인정되는 판매용 식품의 성분 규격을 미리 정하여 규격에 맞지 아니한 식품의 제조, 판매 등을 금지시키기 위한 것에 불과하므로 식품의 각 품목마다 반드시 그 고시를 하여야 하는 것은 아니고 또 이러한 고시를 아니하였다 하여 유독·유해한 성분을 용인하는 것이라고는 볼 수 없다.

나. 실질적 기준설

(1) 자연과학적 기준설(객관설)

어떤 물질이 의약품에 해당되는지 여부는 그 물품이 객관적으로 약리작용을 가지고 있는지 아닌지를 기준으로 판단하여야 한다는 입장이다. 즉 이 견해는 첫째, 약사법이 의약품의 무허가판매를 금지·처벌하는 이유는 의약품이 일반인에게 약리작용을 가지고 있고 그 사용에 의하여 부작용과 중독 등의 적극적인 폐해를 일으킬 위험이 있기 때문이므로 그러한 적극적인 폐해를 일으키는 위험이 있는 물질, 즉 객관적으로 약리작용을 가진 물질만을 단속의 대상으로 하면 충분하다는 점, 둘째, 판매시의 설명·선전 등을 가미해서 의약품 해당성 유무를 결정하게 되면 국민의 표현의 자유를 부당하게 제약하게 될 우려가 있다는 점, 셋째, 의료법상 무면허 의료행위가 금지·처벌되는 것은 인간의 건강에 해를 미칠 염려가 있는 영업행위에 국한되는 것에 비추어 볼 때 건강상 유익하고 무해한 물질에 대해서까지 그 무허가의 판매행위를 금지·처벌하는 것은 형평성에 의문이 있기 때문에 객관적으로 약리작용을 가지고 있는 것만을 의약품으로 인정하는 것이 타당하다는 점 등을 논거로 든다[10]. 또한 목적설이 의약품인지 여부를 판단하기 위한 기준으로 내세우는 제품의 포장이나 설명서의 기재내용, 판매의 방법 등은 설명의 대상이 되는 물질의 성상을 변화시키는 것이 아니고 다만 설명의 대상이 되고 있는 물질의 판매를 촉진시

10) 判決特報, "医薬品の意義と憲法二一条等", 判例タイムズ 第480號(1983. 01. 01), 62頁.

키는 행위방식에 불과하다. 의약품인가의 여부는 대상물질의 성상에 관한 것으로 대상물질의 성상에 영향을 주지 아니하는 행위방식 등 여러 정황을 이유로 의약품 여부를 판단하는 것은 타당하지 못하다는 입장[11]도 위와 동일한 견해라고 볼 수 있다.

생각건대, 약사법이 의약품의 제조·판매에 관하여 엄격한 법적 규제를 하는 가장 큰 이유는 의약품이 사람 또는 동물에게 약리작용을 가지고 있고 따라서 그 사용에 수반되는 부작용과 중독 등 적극적인 위험을 일으킬 우려가 있기 때문이므로 위와 같은 약리작용이 있는 물품만을 의약품으로 한정하자는 자연과학적 기준설이 타당한 측면이 있는 것도 사실이다. 그러나 ① 자연과학의 발달에 따라 동일한 물품에서도 과거에 알지 못했던 새로운 약리적 효능이 속속 발견·규명되고 있고, 아울러 인체에 약리적 영향을 미치는 새로운 물질이 지속적으로 개발되고 있는 점 등에 비추어 볼 때 인체에 대한 약리적 작용은 고정된 개념이 아니라는 점, ② 음식으로 고칠 수 없는 병은 약으로도 고칠 수 없다는 격언에서 유추할 수 있는 바와 같이 어떠한 약리적 성분도 함유하지 않은 음식물은 있을 수 없다는 점, ③ 약사법의 입법목적은 약리작용으로 인한 적극적인 폐단의 방지뿐만 아니라, 의·약학적 지식이 부족하여 물품의 내용을 식별하여 약리작용의 유무를 판단하는 것이 불가능한 일반인이 그 표방된 약리작용에 대한 신뢰로 인하여 적절한 진료 및 투약의 기회를 잃게 되는 소극적 폐해를 방지하는 데에도 있다는 점 등에 비추어 볼 때 자연과학적 기준만으로 의약품성 여부를 판단할 수는 없다.

(2) 목적설(주관설)

제조된 물품의 사용목적을 기준으로 의약품인지 여부를 판단하여야 한다는 견해이다. 즉 이 견해는 사람이나 동물의 질병을 치료·예방할 목적으로 사용하거나, 사람이나 동물의 구조와 기능에 약리학적 영향을 줄 목적으로 사용하는 물품을 의약품으로 보는 입장이다. 다만 위 목적성의 인식주체를 누구로 보느냐에 대하여는 다시 학설이 갈린다.

(가) 제조자를 기준으로 하는 견해 : 물품의 생산자 또는 제조자의 의도를 기준으로 하여 그 의약품성 여부를 판단하여야 한다는 견해이다. 즉 소비자들로 하여금 질병의 치료 또는 예방의 목적으로 사용하도록 할 의도를 제조자가 가지고 있었다면 그 물품이 동시에 식품으로 사용될 수 있다고 하더라도 이는 의약품으로 보아야 한다는 입장이다[12]. 다만

11) 정규원, "약사법 위반에 대한 법률의 착오-대판 2004. 1. 15. 2001도1429 판결-", 의료법학 제5권 제2호(2004. 12), 365면.

12) ThomasF.McGuire, "FOOD, DRUGORBOTH?: DUALCLASSIFICATION UNDER THE FEDERAL FOOD, DRUG, AND COSMETIC ACT", University of Illinois Law Review(1984),

위와 같은 제조자의 의도는 극히 주관적이므로 제품의 포장이나 설명서의 기재 내용, 판매방법 등을 참고하여 판단할 수밖에 없다[13]. 다만 여기서 제품의 포장이나 설명서의 기재 내용, 판매방법 등은 의약품성 판단의 자료라기보다는 제조자의 주관적 의사를 추단하기 위한 증거방법의 하나에 불과하다고 보아야 할 것이다[14].

(나) 일반인을 기준으로 하는 견해 : 이는 사회일반인의 인식을 기준으로 하여 그 의약품성 여부를 판단하여야 한다는 견해이다. 즉 약사법의 입법목적이 약리작용으로 인한 적극적인 폐해는 물론, 그 표방된 약리작용에 대한 신뢰로 인하여 적절한 진료를 받을 기회를 잃게 될 우려가 있다는 소극적 폐해로부터 일반인을 보호하여 국민보건 향상에 기여하기 위한 것이라고 한다면, 위와 같은 폐해의 보호대상인 사회일반인의 인식에 비추어 그러한 목적성이 인정되는 경우 의약품으로 판단하여 약사법의 규율대상으로 하는 것이 타당하다는 것이다[15].

다. 판례의 검토

대법원은 어떠한 물품이 의약품에 해당하는지 여부에 대한 일반적 판단기준을 다음과 같이 제시하고 있다.

대법원 2004. 1. 15. 선고 2001도1429 판결【특정경제범죄가중처벌등에관한법률위반(사기)·보건범죄단속에관한특별조치법위반(부정의약품제조등)】

약사법의 규제 대상이 되는 의약품의 개념 및 그 판단 기준: 약사법의 입법목적과 취지 그리고 의약품을 정의한 약사법 제2조 제4항의 규정내용과 그 취지에 비추어 보면, 약사법에서 말하는 의약품은 제2조 제4항 제1호의 대한약전에 수재된 것 외에 사람 또는 동물의 질병의 진

---

p. 995.

13) Roseann B. Termini, "PRODUCT CLASSIFICATION UNDER THE FEDERAL FOOD DRUG AND COSMETIC ACT: WHEN A FOOD BECOMES A DRUG", Journal of Pharmacy and Law Vol. 2(1993), p. 4.

14) 따라서 제조자 기준설에 의할 경우 제조자가 제품의 포장이나 설명서, 광고 등을 통하여 일반인이 의약품으로 오인할 만한 표시·광고를 하였다고 할지라도, 그 제품은 식품에 불과하고 제조자 자신은 의약품을 제조할 의사가 아니었음을 극력 주장하고 그에 합당한 다른 반증을 제시하여 그 타당성이 인정되는 경우에는 보건범죄단속에관한특별조치법위반(부정의약품제조)으로는 처벌할 수 없을 것이다. 그러나 사기죄, 보건범죄단속에관한특별조치법위반(부정식품제조) 및 식품등의 표시·광고에 관한 법률위반 등으로 처벌할 수는 있을 것이고, 아울러 그 제품이 제3자에 대한 판매행위로까지 나아간다면 뒤에서 보는 바와 같이 일반인 기준설에 따라 보건범죄단속에관한특별조치법위반(부정의약품판매)죄가 성립될 수도 있을 것이다.

15) 전병남, 앞의 논문, 226면.

단, 치료, 경감, 처치 또는 예방에 사용됨을 목적으로 하는 것이거나 혹은 사람 또는 동물의 신체의 구조 또는 기능에 약리적 기능을 미치게 하는 것이 목적으로 되어 있는 것을 모두 포함하는 개념(단 기계기구, 화장품 제외)이라고 할 것이고, 반드시 약리작용상 어떠한 효능의 유무와 관계없이 그 성분, 형상(용기, 포장, 의장 등), 명칭, 거기에 표시된 사용목적, 효능, 효과, 용법, 용량, 판매할 때의 선전 또는 설명 등을 종합적으로 판단하여 사회일반인이 볼 때 한 눈으로 의약품 아닌 식품에 불과한 것으로 인식되는 것을 제외하고는, 그것이 위 목적에 사용되는 것으로 인식되거나 약효가 있다고 표방된 경우에는 이를 모두 의약품으로 보아 약사법의 규제대상이 된다.

위 판시내용에 따르면 대법원은 형식적 기준설과, 자연과학적 기준설을 일부 수용하고는 있으나, 궁극적으로는 목적설의 입장에서 의약품성 여부를 판단하고 있는 것으로 보인다. 그리고 그러한 목적성의 인식주체는 물품의 제조자가 아니라 사회일반인임을 명백히 밝히고 있다. 위와 같은 대법원의 견해에 따르면 대상물질이 인체에 미치는 약리적 효능과는 무관하게 사회일반인의 관점에서 외관상 의약품으로 인식될 경우 약사법이 규율하고 있는 의약품에 해당하게 된다.

그러나 의약품이란 개념은 하나의 도구개념에 불과하므로 적용 법률이나 행위의 태양에 따라 그 개념의 적용범위는 달라질 수가 있다고 생각된다. 즉 적용 법률에 따라서 그리고 동일한 법률이라도 그 규율내용에 따라 식품과 의약품의 구별기준은 달라져야 할 필요성이 있다는 점에서 위 판례의 태도를 무조건적으로 받아들이기는 힘들다. 아래에서 차례로 그에 관하여 살펴보기로 한다.

3. 구체적 적용사례

가. 특허법의 경우

어떤 발명이 특허법상의 특허의 대상이 될 수 있기 위해서는 그것이 기존에 존재하지 아니하는 새로운 것이어야 한다는 신규성의 요건과 그것이 종래의 기술보다 개량 진보된 것이어야 한다는 진보성의 요건을 갖추어야 한다[16]. 아울러 특허출원서에 첨부하는 명세서에 기재될 '발명의 상세한 설명'에는 그 발명이 속하는 기술분야에서 통상의 지식을 가진 자가 당해 발명을 명세서 기재에 의하여 출원시의 기술 수준으로 보아 특수한 지식을 부가하지 않고서도 정확하게 이해할 수 있고 동시에 재현할 수 있도록 그 목적·구성 및 효과를 기재하여야 하고, 특히 약리효과의 기재가 요구되는 의약의 용도발명에 있어서는

16) 사법연수원, 특허법, 2003, 61면.

그 출원 전에 명세서 기재의 약리효과를 나타내는 약리기전이 명확히 밝혀진 경우와 같은 특별한 사정이 있지 않은 이상 특정 물질에 그와 같은 약리효과가 있다는 것을 약리데이터 등이 나타난 시험예로 기재하거나 또는 이에 대신할 수 있을 정도로 구체적으로 기재하여야만 비로소 발명이 완성되었다고 볼 수 있는 동시에 명세서의 기재요건을 충족하였다고 볼 수 있다(대법원 2007. 3. 30. 선고 2005후1417 판결 등).

위와 같이 의약품에 대하여 특허를 출원하는 경우에는 특허출원명세서에 반드시 약리효과의 기재가 요구되므로 그 약리적 작용의 유무를 도외시하고 제조자의 의사나 사회일반인의 인식을 기초로 하여 의약품성 여부를 판단할 수는 없게 된다.

대법원은 특허법 소정의 의약품에 대하여는 약리작용의 유무 즉 자연과학적 기준설에 따라 그 의약품성 여부를 판단하고 있다. 이는 특허법의 특성에 비추어 타당한 태도라고 보아야 할 것이다.

대법원 1984. 6. 12. 선고 82후11 판결 【거절사정】

특허법 소정의 "의약품"인지 여부의 판별기준: 특허법 소정의 의약은 약사법 제2조 제4항 소정의 의약품과는 반드시 일치되는 관념이라고는 할 수 없고 따라서 약사법 소정의 의약품에 해당하는 여부를 가지고 특허법 소정의 의약에 해당하는 여부를 판별할 것은 아니고 특허법 제4조 제2호의 입법취지에 따라 독자적으로 정하여야 한다 할 것인바, 이와 같은 관점에서 보면 특허법 소정의 의약이라 함은 사람의 질병을 진단, 치료, 처치 또는 예방하는데 사용되는 물질을 지칭한다 할 것이고 이에는 단독으로 사용할 때 의약적 효과가 있는 것은 물론 단독으로는 의학적 효과를 나타내지 않지만 다른 약제와 병용하면 그 약제의 효과를 지속, 증강 또는 유효성분의 흡수를 좋게 하는 물질도 포함한다고 봄이 상당하다 할 것이고 그와 같은 지속효과 등의 효과가 인체 내에서의 그 물질의 작용에 의한 효과이건 인체 내에 주입되기 전에 병용하는 약제와 혼합되었을 때에 일어난 어떤 변화에 의한 효과이건 이를 구별할 것은 아니라 할 것이다.

나. 약사법의 경우

(1) 의약품 제조

(가) 관련규정

의약품의 제조를 업(業)으로 하려는 자는 대통령령으로 정하는 시설기준에 따라 필요한 시설을 갖추고 총리령으로 정하는 바에 따라 식품의약품안전처장의 허가를 받아야 한다(약사법 제31조제1항). 이를 위반한 경우에는 5년 이하의 징역 또는 5천만원 이하의 벌

금에 처하게 된다(약사법 제93조제1항)

한편 보건범죄 단속에 관한 특별조치법은 「약사법」 제31조제1항의 허가를 받지 아니하고 의약품을 제조한 경우에 의약품이 인체에 현저히 유해한 때는 무기 또는 5년 이상의 징역형에(제3조제1항제1호), 의약품의 가액이 소매가격으로 연간 1천만원 이상인 때에는 무기 또는 3년 이상의 징역형에(제3조제1항제2호), 제1호의 죄를 범하여 사람을 사상에 이르게 한 자는 사형·무기 또는 5年 이상의 징역형에(제3조제1항제3호) 각 처하도록 하고, 아울러 제조한 제품의 소매가격의 2배 이상 5배 이하에 상당하는 벌금을 병과하도록 하여(제3조제1항제2호) 그 형을 가중처벌하고 하고 있다.

(나) 판단

위에서 살펴본 바와 같이 약사법에 규정된 허가를 받지 않고 의약품의 제조를 하는 경우에는 보건범죄 단속에 관한 특별조치법에 의하여 제재를 받게 되고 그 제재내용도 사형, 징역, 벌금 등의 가중된 형벌이 적용된다. 한편 특정 행위에 대하여 형벌을 부과하는 경우에는 죄형법정주의의 원칙이 적용된다. 그런데 약사법은 목적성의 인식주체에 대하여 아무런 규정을 두고 있지 않다. 그런데도 행위자가 아닌 사회일반인의 인식을 기준으로 의약품성 여부를 인정하게 되면 이는 약사법이 인정하고 있는 의약품의 정의개념을 넘어서서 의약품의 범위를 부당하게 넓히게 되는바, 이는 죄형법정주의에 기초하는 유추해석금지의 원칙에 반할 뿐만 아니라 책임주의 원칙에도 반하게 된다는 주목할만한 견해가 있다[17].

생각건대 의약품의 제조는 원칙적으로 제3자와의 상호 관련없이 행위자 자신의 제조행위만에 의하여 성립될 수 있다(예를 들어 격리된 장소나 실험실 등에서 아무도 몰래 혼자서 제조한 경우 등을 생각하여 보라). 즉 제조행위는 행위의 상대방의 존재여부와 상관없이 제조자 자신의 일정한 행위로 인하여 그 모든 행위가 완성되는 것이다. 이 경우에는 제3자에게 일정한 약리작용에 대한 의사의 표방이 있을 수 없고, 따라서 그에 대한 신뢰로 인하여 사회 일반인이 적절한 진료를 받을 기회를 잃게 될 우려가 있다는 소극적 폐해조차 존재하지 않는다. 단지 허가없이 의약품을 제조한 행위자의 책임만이 부각된다. 따라서 의약품 제조의 경우 반드시 사회일반인의 인식을 근거로 하여 그 의약품성 여부를 판단할 필요는 없다고 생각된다. 결국 사회일반인의 인식과는 상관없이 제조자의 의사 또는 일정한 약리작용의 유무를 기준으로 하여 의약품의 제조행위가 있었는지를 판단하는 것이 책임주의 원칙에도 타당하다.

대법원은 피고인이 남원시로부터 식품위생법 제22조제1항, 동법시행규칙 제22조의

---

17) 정규원, 앞의 논문, 364면.

규정에 의하여 즉석판매제조가공 영업을 허가받고 오리, 하명, 누에, 동충하초, 녹용 등 여러 가지 재료를 혼합하여 '녹동달오리골드'라는 제품을 제조·가공한 사안에서 위 녹동달오리골드'의 성분과 제조방법 및 제조목적, 판매 및 선전방법에 비추어 이는 약사법 제2조제4항제2호의 의약품에 해당한다고 판시하고 있는바(대법원 2004. 1. 15. 선고, 2001도1429 판결), 위 판시내용에 비추어 볼 때 대법원은 의약품의 제조에도 일반인 기준설을 취하고 있음이 분명하다. 하지만 위와 같은 대법원의 태도는 앞서 살펴 본 바에 비추어 부당하다고 생각된다.

(2) 의약품 판매

(가) 관련규정

1) 약국 개설자(해당 약국에 근무하는 약사 또는 한약사를 포함한다)가 아니면 의약품을 판매하거나 판매할 목적으로 취득할 수 없다(약사법 제44조제1항). 이를 위반한 경우에는 5년 이하의 징역 또는 5천만원 이하의 벌금에 처하게 된다(약사법 제93조제1항)

약국개설자 및 의약품판매업자는 원칙적으로 그 약국 또는 점포 이외의 장소에서 의약품을 판매하여서는 아니 된다(약사법 제50조제1항). 이를 위반한 경우에는 3년 이하의 징역 또는 3천만원 이하의 벌금에 처하게 된다(약사법 제94조제1항).

약국개설자는 의사 또는 치과의사의 처방전에 따라 조제하는 경우 외에는 전문의약품을 판매하여서는 아니 된다(약사법 제50조제2항). 이를 위반한 경우에는 1년 이하의 징역 또는 1천만원 이하의 벌금에 처하게 된다(약사법 제95조제1항) 다만 일반의약품의 경우 의사 또는 치과의사의 처방전이 없이도 이를 판매할 수 있다(약사법 제50조제3항).

2) 또한 보건범죄 단속에 관한 특별조치법은 「약사법」 제31조제1항의 허가를 받지 아니하고 제조된 의약품인 정황을 알고 판매하거나 판매할 목적으로 취득한 사람 및 판매를 알선한 사람 또는 진료 목적으로 구입한 사람의 경우에 의약품이 인체에 현저히 유해한 때는 무기 또는 5년 이상의 징역형에(제3조제1항제1호), 의약품의 가액이 소매가격으로 연간 1천만원 이상인 때에는 무기 또는 3년 이상의 징역형에(제3조제1항제2호), 제1호의 죄를 범하여 사람을 사상에 이르게 한 자는 사형·무기 또는 5년 이상의 징역형에(제3조제1항제3호) 각 처하도록 하고, 아울러 제조한 제품의 소매가격의 2배 이상 5배 이하에 상당하는 벌금을 병과하도록(제3조제1항제2호) 하고 있다.

(나) 판단

의약품의 제조와는 달리 판매행위의 경우에는 반드시 판매의 상대방이 존재하게 된다. 그 과정에서 제3자에게 일정한 약리작용에 대한 의사의 표방이 있게 된다. 따라서 판매 상대방의 인식을 도외시하고 그 의약품성 여부를 판단할 수는 없다. 이 경우에는 판매의 상대방 즉 사회일반인이 목적성을 인식하는 주체가 되어야 한다.

즉 질병의 치료 또는 예방에 사용됨을 목적으로 하거나, 사람 또는 동물의 신체의 구조 또는 기능에 약리적 기능을 미치게 할 목적이 있는 것으로 사회 일반인에 의하여 인식되는 것의 판매를 그대로 방치할 경우 그 표방된 약리작용에 대한 신뢰로 인하여 국민이 올바른 치료를 받을 기회를 상실하여 그 건강의 유지·향상하는데 해악을 끼칠 우려가 있는 것이고, 국가는 이와 같은 소극적 폐단을 방지할 필요성이 있기 때문에 위 판매행위를 규제하는 것이므로 사회일반인을 기준으로 하여 그 의약품성 여부를 판단하는 것이 타당하다.

대법원은 건강원을 운영하는 피고인이 몸이 아프다며 찾아온 손님들에게 질병치료에 효과가 있다고 선전하면서 캡슐에 넣어져 있거나 약첩에 담겨져 있는 뱀가루를 80만 원 내지 160만 원의 고가에 판매한 사안에서 위 판매한 뱀가루의 외관, 사용목적, 효과, 용법, 용량 등의 선전내용, 포장방법, 판매가격 등을 고려하면 피고인이 판매한 뱀가루는 약사법상의 의약품에 해당한다고 판단하였는바(대법원 2001. 7. 13. 선고, 99도2328 판결; 동일한 취지의 판례로는 대법원 1996. 10. 15. 선고, 96도1941 판결 등), 위 판시내용에 비추어 볼 때 대법원은 판매행위의 경우에 일반적으로 사회일반인의 인식을 기준으로 하여 의약품성 여부를 판단하고 있는 것으로 보여지고, 이는 타당한 태도라고 생각된다.

다. 식품위생법의 경우: 식품의 제조·판매

(1) 관련규정

보건범죄 단속에 관한 특별조치법은 「식품위생법」 제37조제1항, 제4항 및 제5항의 허가를 받지 아니하거나 신고 또는 등록을 하지 아니하고 식품을 제조·가공한 사람, 그 사실을 알고 판매하거나 판매할 목적으로 취득한 사람 및 판매를 알선한 사람의 경우에 식품이 인체에 현저히 유해한 때는 무기 또는 5년 이상의 징역형에(제2조제1항제1호), 식품의 가액이 소매가격으로 연간 1천만원 이상인 때에는 무기 또는 3年 이상의 징역형에(제3조제1항제2호), 제1호의 죄를 범하여 사람을 사상에 이르게 한 자는 사형·무기 또는 5년 이상의 징역형에(제3조제1항제3호) 각 처하도록 하고 있으며, 아울러 제조한 제품의 소매가격의 2배 이상 5배 이하에 상당하는 벌금을 병과하도록(제3조제1항제2호) 하고 있다.

(2) 판단

식품제조의 경우는 의약품제조의 경우와 같이 제조자의 의사 또는 일정한 약리작용의 유무, 즉 제조자 의사설과 자연과학적 기준설을 기준으로 하여 식품성 여부를 판단하는 것이 타당하다.

반면에 식품판매의 경우에는 의약품의 경우와 마찬가지로 적절한 식품을 섭취할 기회를 박탈당할 우려가 있다는 소극적 폐해로부터 일반인을 보호하여야 한다는 취지에서 사회의 일반인을 기준으로 하여 그 식품성 여부를 판단하는 것이 타당하다고 생각된다.

라. 식품 등의 표시·광고에 관한 법률의 경우: 부당한 표시·광고

(1) 관련규정

누구든지 식품 등의 명칭·제조방법·성분 등 대통령령으로 정하는 사항에 관하여 식품 등을 의약품으로 인식할 우려가 있는 표시 또는 광고를 하여서는 아니 된다(식품 등의 표시·광고에 관한 법률 제8조제1항제2호). 이를 위반한 경우에는 10년 이하의 징역 또는 1억원 이하의 벌금에 처하거나 이를 병과할 수 있고(식품 등의 표시·광고에 관한 법률 제26조제1항). 그밖에도 영업을 정지하거나 영업허가 또는 등록을 취소할 수 있으며(식품 등의 표시·광고에 관한 법률 제16조). 기타 과징금을 부과할 수도 있다(식품 등의 표시·광고에 관한 법률 제20조)

(2) 판단

위 규정은 식품 등을 표시함에 있어서 의약품으로 인식할 우려가 있는 표시 또는 광고를 하는 경우에 이를 처벌하는 규정이다. 그런데 표시나 광고를 통하여 일반인이 의약품으로 인식하였거나 인식할 우려가 생긴 경우에 일반인 기준설에 의할 경우 그것은 더 이상 식품이 아니라 의약품으로 보아야 한다는 문제점이 발생한다. 즉 식품과 의약품의 구분에 관한 일반인 기준설을 취할 경우에 의약품성의 인식 주체는 일반인이므로 일반인이 의약품으로 인식하였거나 인식할 우려가 있을 정도에 도달할 경우에 그 음식물은 이미 의약품이라고 볼 수밖에 없다. 그렇다면 위 규정은 이미 의약품인 것(일반인의 통상의 인식에 따라서)을 의약품으로 표시·광고하였음에도 이를 처벌하는 결과가 된다.

일반인 기준설을 취할 경우 식품 등의 표시·광고에 관한 법률제8조제1항제2호 법문상의 '식품'이라는 개념과 '의약품으로 인식할 우려'라는 개념은 상호 양립 불가능한 논리모순을 내포하고 있는 것이다. 따라서 일반인 기준설을 따를 경우 위 규정은 성립 불가능한 내용을 규정한 것으로서 적용되는 사례가 존재할 수 없는 것이다.

그렇다면 결국 식품 등의 표시·광고에 관한 법률 제8조(부당한 표시 또는 광고행위의 금지)의 규정을 적용함에 있어서는 일반인 기준설을 채택할 수는 없고 식품공전이라는 형식적기준, 자연과학적 기준 및 제조자의 의사를 종합적으로 고려하여 식품이냐 의약품이냐를 판단할 수밖에 없다고 생각된다. 물론 이 경우 식품에 대하여 의약품으로 인식할 우려가 있는 표시 또는 광고 행위를 한 당사자가 자신은 이를 의약품으로 인식하였다고 변명할 경우 결국 당사자를 식품 등의 표시·광고에 관한 법률위반(부당한 표시)으로 처벌하지 못하게 되는 결과가 되지 않느냐는 문제가 생길 수 있다. 하지만 이 경우에는 사기죄, 의약품 제조·판매로 인한 보건범죄단속에관한특별조치법위반(부정의약품 제조 등)에 해당하게 될 것이므로(대법원 2004. 1. 15. 선고, 2001도1429 판결), 식품 등의 표시·광고에 관한 법률위반(부당한 표시)으로 처벌하지 못한다고 할지라도 행정규제 및 단속의 실효성을 거두는 데에는 아무런 지장이 없게 된다.

대법원은 구 식품위생법 제11조(허위표시 등의 금지) 규정위반 여부가 문제된 사안에서도 예외없이 일반인 기준설을 관철하고 있는 바(대법원 2006. 11. 24. 선고 2005도844 판결), 이는 앞서 살펴본 바와 같은 점에 비추어 볼 때 수긍하기 힘들다.

Ⅳ. 식품의 종류

1. 일반식품

후술하는 건강기능식품을 제외한 모든 식품을 통칭하여 일반식품이라고 한다.

2. 건강기능식품

건강기능식품이란 인체에 유용한 기능성을 가진 원료나 성분을 사용하여 제조(가공을 포함한다)한 식품을 말한다(건강기능식품에 관한 법률 제3조제1호). 건강기능식품은 정제·캅셀·분말·과립·액상·환 등의 제형을 갖추고 있는 경우가 일반적이지만, 그러한 형태를 갖추지 않았다고 해서 건강기능식품이 아니라고 말할 수는 없다. 여기서 "기능성"이란 인체의 구조 및 기능에 대하여 영양소를 조절하거나 생리학적 작용 등과 같은 보건용도에 유용한 효과를 얻는 것을 말한다(건강기능식품에 관한 법률 제3조제2호).

건강기능식품은 식품과 의약품의 경계지대에 놓여있다. 건강기능식품은 일반식품의 경우와 마찬가지로 식품에는 해당하나, 주로 정제·캅셀·분말·과립·액상·환 등의 제형을 갖추고 있고, 인체의 구조 및 기능에 대하여 영양소를 조절하거나 생리학적 작용 등과 같은 보건용도에 유용한 효과를 얻는 것을 목적으로 한다는 점에서 일반식품과 구별된다. 한편 건강기능식품은 의약품과 마찬가지로 인체의 구조 및 기능에 영향을 미치는 물품이

기는 하지만, 의약품의 경우처럼 약리학적 작용을 미치는 것을 목적으로 하는 것이 아니라, 영양소를 조절하거나 생리학적 작용을 하는 것을 목적으로 한다는 점에서 의약품과는 구분된다.

제2절 식품첨가물

Ⅰ. 의의

식품첨가물이란 식품을 제조·가공·조리 또는 보존하는 과정에서 감미(甘味), 착색(着色), 표백(漂白) 또는 산화방지 등을 목적으로 식품에 사용되는 물질을 말한다. 이 경우 기구(器具)·용기·포장을 살균·소독하는 데에 사용되어 간접적으로 식품으로 옮아갈 수 있는 물질을 포함한다(법 제2조제2호). 여기서 제조라고 함은 원료에 본질적인 변화를 주어 다른 것으로 만드는 것을 의미하며, 가공은 형태상의 변화를 주는 것을 말하며, 조리는 요리를 만드는 것을 말하여, 보존이라 함은 식품의 성질과 상태를 변화시키지 않고 유지시키는 것을 말한다.

위 정의에 따르면 어떤 물질이 식품첨가물로 취급되려면 다음과 같은 2가지 조건을 만족시켜야 한다. 첫째 조건은 그 물질이 식품을 제조·가공·조리 또는 보존하는 과정에서 사용되어야 한다는 것이고, 둘째 조건은 감미, 착색, 표백 또는 산화방지 등을 목적으로 사용되어야 한다는 것이다. 한편 식품첨가물은 식품에 첨가·혼합·침윤 기타의 방법으로 사용되어 지는 것이 일반적이다.

Ⅱ. 식품첨가물의 종류

식품첨가물의 종류는 다양하게 나누어질 수 있다. 그중 가장 기본적인 분류방법은 다음과 같다.

1. 화학적 합성품

화학적 합성품이란 화학적 수단에 의하여 원소 또는 화합물에 분해반응 이외의 화학반응을 일으켜 얻는 물질을 말한다(법 제2조제3호). 여기서 원소는 특정한 원자 종에 의해서 대표되는 물질을, 화합물은 두 종류 이상의 원소(원자)의 화학결합에 의하여 생성되는 순수물질을 지칭하며, 화학적 수단은 물질의 성질, 구조를 변화시키는 방편(산화, 환원, 축합, 중합, 치환 등)을 말한다. 한편 분해반응은 산 등의 가수분해반응, 효소반응 등을 말하는바, 이와 같이 분해반응을 제외하는 이유는 분해반응에서 얻는 물질은 그 성상 등이 이미 알려져 있는 것이 많고 비교적 그 위험성이 적기 때문이다.

이러한 화학적 합성품은 ① 화학물질 등으로부터 화학적으로 합성된 것, ② 동·식물, 과일 등 이른바 천연물 또는 이들의 추출물을 원료로 하여 이에 화학반응(분해반응은 제외)을 일으켜 얻은 것, ③ 여러 가지 반응을 거치는 제조공정 중에서 단 한번 만이라도 분해반응 이외의 화학반응이 적용되는 경우에 그 결과로 얻어지는 물질을 포함한다.

2. 천연첨가물

천연물을 원료로 하여 추출, 분해, 발효, 효소반응 등 화학적 합성반응 이외의 제법으로 얻은 물질을 말한다. 이러한 식품첨가물은 식품소재로부터 추출하여 만든 것과 식품 이외의 소재로부터 추출하여 만든 것으로 나눌 수 있다.

천연물을 소재로 하여 추출한 첨가물은 화학적 합성품에 비하여 비교적 안전하다고 볼 수 있다. 그러나 이것은 상대적인 차이에 불과하지 천연첨가물이 무조건 해롭지 않다는 의미는 아니다. 천연첨가물의 경우도 특정성분을 추출할 때 사용하는 용제 등으로 인해 의외로 해로운 물질들이 적지 않다. 특히 식품 이외의 소재로부터 뽑아낸 천연첨가물은 화학첨가물만큼이나 위험하다는 것이 정설이다[18]. 천연첨가물에 대하여도 일정한 규제의 필요성이 크다고 할 수 있다.

3. 혼합제재

식품첨가물을 2종 이상 혼합하거나, 1종 또는 2종 이상 혼합한 것을 희석제와 혼합 또는 희석한 것 등을 말한다. 다만, 혼합제재에 속하는 것일지라도 따로 규격이 정하여진 것은 이 규격의 적용을 받지 아니한다.

Ⅲ. 식품첨가물의 기능

오늘날 인류는 어느 시대보다 풍요로운 식생활을 영위하고 누리고 있다. 이는 자본주

18) 안병수, 과자, 내 아이를 해치는 달콤한 유혹, 국일미디어, 2005, 237면.

의적인 대량생산 기술의 발달에 기인한 것이지만 그에 못지않게 가공식품의 발달에 힘입은 바도 크다. 그리고 이러한 가공식품의 발달은 식품첨가물이라는 요소를 빼고는 생각할 수 없다. 현존하는 가공식품 중에서 식품첨가물이 들어 있지 않은 식품은 전무하다고 하여도 과언이 아니다. 식품첨가물은 ① 식품제조공정의 능률화와 품질안정의 효과, ② 식품의 기호성(맛, 향, 색 등)을 높이는 효과, ③ 영양강화의 효과, ④ 식품의 손상을 방지시키는 효과 등을 통하여 가공식품의 발달에 기여한 바가 크다.

그러나 식품첨가물에 이러한 순기능만이 있는 것은 아니다. 즉 식품첨가물 중에는 천연첨가물도 있지만 그 대부분이 화학적 합성품이다. 이러한 화학물질은 그 자체가 독성이 있는 경우도 많고 제조(주로 합성)하는 과정 중에 정제가 불충분하여 유해성분이 잔존함으로써 결과적으로 유해하게 되기도 한다. 가장 중요한 문제는 그 유해성 여부를 판정하기가 쉽지 않고 처음에는 무해한 것으로 인식되었으나 과학기술의 발달에 따라 그 유해성이 새로이 입증되는 경우도 비일비재하다는 것이다[19]. 한편 식품업체는 영리를 목적으로 영업활동을 하는 존재이다. 그리하여 식품을 제조·가공·조리 또는 보존하는 과정에서 인체에 유해하거나 그 유해성 유무가 검증되지 않은 식품첨가물을 쉽게 사용하게 될 위험성이 상존하게 된다. 각국이 식품첨가물에 대하여 엄격한 규제를 하고 시행하고 있는 이유가 여기에 있다.

제3절 기구와 용기·포장

Ⅰ. 기구

식품위생법상의 '기구'란 다음 각 목의 어느 하나에 해당하는 것으로서 식품 또는 식품첨가물에 직접 닿는 기계·기구나 그 밖의 물건(농업과 수산업에서 식품을 채취하는 데

19) 미국의 식품, 의약 및 화장품에 관한 법률(The Food, Drug, And Cosmetic Act)에는 델라니 조항(Delaney Clause)이라는 규정이 존재한다. 이 규정은 일단 사용기준이 정하여진 식품첨가물이라고 하더라도 그것이 발암성 물질로 확인되면 그 위험성의 정도와 무관하게 이를 첨가물 리스트에서 즉각 추방한다는 내용을 골자로 하고 있다. 위 조항은 첨가물 사용의 불가피성, 소량무해, 자연계에도 발암물질이 존재한다는 사유 등을 내세우는 식품업계의 주장 및 로비에 의하여 현재 색소첨가물 이외의 경우에는 거의 그 효력을 상실하였다. 하지만 위 조항이 식품첨가물에 대한 경각심을 높이는 데에 새로운 지평을 열었다는 점을 부인할 수는 없다.

에 쓰는 기계·기구나 그 밖의 물건 및 「위생용품 관리법」 제2조제1호에 따른 위생용품은 제외한다)을 말한다(법 제2조제4호).

가. 음식을 먹을 때 사용하거나 담는 것

나. 식품 또는 식품첨가물을 채취·제조·가공·조리·저장·소분[(小分): 완제품을 나누어 유통을 목적으로 재포장하는 것을 말한다]·운반·진열할 때 사용하는 것

Ⅱ. 용기·포장

식품위생법상의 '용기·포장'이란 식품 또는 식품첨가물을 넣거나 싸는 것으로서 식품 또는 식품첨가물을 주고받을 때 함께 건네는 물품을 말한다(법 제2조제5호).

제3장

식품위생 행정조직

제3장 식품위생 행정조직

제1절 행정기관

Ⅰ. 행정기관의 의의

행정기관이라 함은 행정권한을 행사하는 행정조직의 구성단위를 말한다. 행정기관은 행정기관의 구성자인 공무원과는 구별된다. 행정기관은 그를 구성하는 공무원의 변경과 관계없이 통일적인 일체로서 존속한다.

행정기관을 행정작용법적 관점 내지는 권한에 의하여 분류하여 보면 다음과 같다.

Ⅱ. 종류

1. 행정관청·행정청

행정관청이라 함은 행정에 관한 국가의사를 결정하고 이를 자기의 이름으로 외부에 표시하는 권한을 가진 행정기관을 말한다. 행정에 관한 지방자치단체의 의사를 결정하고 이를 자신의 이름으로 외부에 표시할 수 있는 권한을 가진 행정기관을 행정청이라고 한다. 나아가 행정관청과 행정청을 합하여 행정청이라고도 한다(행정소송법 제2조제2항, 제3조, 제13조 참조). 실정법상으로는 '행정기관의 장'이라고 표현되기도 한다(정부조직법 제7조제1항).

행정청의 예로는 독임제 행정청으로 장관, 처장, 청장, 지방자치단체의 장(특별시장, 광역시장, 도지사, 시장, 군수, 구청장) 및 권한의 위임을 받은 행정기관 등을 들 수 있다. 합의제 행정청으로는 토지수용위원회, 중앙선거관리위원회, 감사원, 배상심의회, 노동위원회, 소청심사위원회 등을 들 수 있다.

위원회 중 의사를 결정하여 그 결정된 의사를 자기의 이름으로 대외적으로 표시할 수 있는 권한을 가진 위원회만이 행정청이다. 대외적인 표시권이 없이 심리권이나 의결권만 갖고 있는 위원회는 행정청이 아니다.

2. 보조기관·보좌기관

행정청에 소속되어 행정청의 권한행사를 보조하는 것을 임무로 하는 기관을 보조기관이라고 하는데, 행정 각부의 차관, 차장, 실장, 국장, 과장, 팀장, 계장 및 지방자치단체의 부지사, 부시장, 국장, 과장 등이 이에 해당한다. 보조기관은 독자적으로 의사를 결정하고 외부에 대하여 표시하는 권한을 갖지 못한다. 이러한 보조기관 가운데 특히 정책의 기획·연구·조사 등 참모적 기능을 담당하는 기관(차관보, 담당관)을 보좌기관이라고 한다.

3. 의결기관

행정주체의 의사를 결정하는 권한을 가지고는 있으나 이를 외부에 표시할 권한은 가지지 못하는 기관을 말한다. 즉 의결기관은 행정에 관한 의사를 외부에 표시할 권한이 없다는 점에서 그러한 권한이 있는 합의체 행정청과 구별된다. 각종 징계위원회·교육위원회 등이 이에 해당한다.

의결기관의 결정은 행정청을 구속한다. 따라서 행정청은 의결기관의 결정에 따라 처분을 행하여야 하며, 그 의결내용에 반하는 처분을 한 경우 이는 위법한 처분이 된다.

4. 자문기관

행정청의 자문에 응하여, 혹은 스스로 행정청의 권한행사에 대하여 의견(자문)을 제시하는 것을 임무로 하는 기관을 말한다.

행정청은 자문기관의 의견에 구속되지 않는다. 그러나 적어도 자문절차가 법령에 의해 규정되어 있는 경우에 자문절차를 거치지 않고 한 처분은 절차에 하자가 있는 위법한 행위가 된다.

Ⅲ. 행정권한의 위임

1. 의의

행정청의 권한이라 함은 행정청이 행정주체를 대표하여 의사를 결정하고 표시할 수 있는 범위를 말한다. 그리고 권한의 위임이란 행정청이 그의 권한의 일부를 다른 행정기관에게 이전하고 수임기관이 그 위임받은 권한을 자신의 이름과 책임으로 행사할 수 있게 하는 것을 말한다. 위임은 권한의 일부에 한하여 인정되며 권한의 전부 또는 위임청의 존립근거를 위태롭게 하는 주요부분의 위임은 허용되지 않는다.

2. 법적 근거

권한의 위임은 법률이 정한 권한의 분배를 대외적으로 변경하는 것이므로 법률의 명시적 근거를 필요로 한다.

식품위생법은 제91조에서 "이 법에 따른 식품의약품안전처장의 권한은 대통령령으로 정하는 바에 따라 그 일부를 시·도지사, 식품의약품안전평가원장 또는 지방식품의약품안전청장에게, 시·도지사의 권한은 그 일부를 시장·군수·구청장 또는 보건소장에게 각각 위임할 수 있다"고 규정하여 권한위임의 법적 근거를 명시적으로 마련하여 두고 있다.

그에 따라 식품의약품안전처장의 권한 중 식품위생법 제31조의3제1항 후단[확인검사 요청 사실 보고의 접수(제21조제1호의 식품제조·가공업 중 「주세법」에 따른 주류를 제조·가공하는 영업자의 보고에 관한 권한으로 한정한다] , 제37조제1항 및 제2항(영업의 허가 및 변경허가), 제37조제3항(폐업신고 및 변경신고), 제37조제5항 본문(영업의 등록 및 변경등록), 제37조제6항(보고 및 변경보고), 제37조제7항(등록 사항의 직권말소), 제39조(영업 승계 신고의 수리), 제45조(위해식품 등의 회수계획 보고에 관한 업무 및 행정처분 감면), 제46조제1항[이물(異物) 발견보고], 제48조제8항(식품안전관리인증기준적용업소에 대한 조사·평가 및 인증취소 또는 시정명령), 제49조제1항 및 제3항(식품이력추적관리 등록 및 변경신고), 제49조제5항(식품이력추적관리기준 준수 여부 등에 대한 조사·평가), 제49조제7항(식품이력추적관리 등록을 한 자에 대한 등록취소 또는 시정명령), 제71조(시정명령), 제72조(식품 등의 압류·폐기처분 또는 위해 방지 조치 명령), 제73조(위해식품 등의 공표), 제74조(시설 개수명령), 제75조(허가·등록 취소 또는 영업정지명령), 제76조(품목 또는 품목류 제조정지명령), 제79조(영업소를 폐쇄하기 위한 조치 및 그 해제를 위한 조치), 제81조제2호 및 제3호(청문), 제82조 및 제83조(과징금의 부과·징수), 제90조제1항(포상금 지급), 제92조제5호(수수료의 징수), 제101조(과태료의 부과·징수)의 권한은 지방식품의약품안전청장에게 위임되어 있다(시행령 제65조).

한편 위와 같이 개별법령의 명시적 근거규정이 없는 경우에도, 정부조직법 제6조제1항[1]과 행정권한의위임및위탁에관한규정[2]에 근거하여 바로 권한위임이 가능한가에 대하

---

1) 정부조직법 제6조(권한의 위임 또는 위탁) ① 행정기관은 법령이 정하는 바에 의하여 그 소관사무의 일부를 보조기관 또는 하급행정기관에 위임하거나 다른 행정기관·지방자치단체 또는 그 기관에 위탁 또는 위임할 수 있다. 이 경우 위임 또는 위탁을 받은 기관은 특히 필요한 때에는 법령이 정하는 바에 의하여 위임 또는 위탁을 받은 사무의 일부를 보조기관 또는 하급행정기관에 재위임할 수 있다.

2) 행정권한의위임및위탁에관한규정

여는 학설의 대립이 있다. 판례는 정부조직법 제6조제1항은 법문상 권한의 위임 및 재위임의 근거규정임이 명백하고, 권한의위임및위탁에관한규정은 위 법률규정에 근거하여 권한의 위임 및 위탁에 관한 구체적 근거를 규정하고 있다고 하여 긍정설을 취하고 있다(대법원 1990. 2. 27. 선고 89누5287 판결).

대법원 1990. 2. 27. 선고 89누5287 판결【석유판매사업정지처분취소】

정부조직법 제5조 제1항(*현행법 제6조 제1항)을 근거로 하여 도지사가 군수에게 한 권한재위임의 적부: 정부조직법 제5조 제1항은 법문상 권한의 위임 및 재위임의 근거규정임이 명백하고 같은 법이 국가행정기관의 설치, 조직, 직무범위의 대상을 정하는데 그 목적이 있다는 이유만으로 권한위임, 재위임에 관한 위 규정마저 권한위임 등에 관한 대강을 정한 것에 불과할 뿐 권한위임의 근거규정이 아니라고 할 수는 없으므로 충청남도지사가 자기의 수임권한을 위임기관인 동력자원부장관의 승인을 얻은 후 충청남도의 사무 시, 군위임규칙에 따라 군수에게 재위임하였다면 이는 위 조항 후문 및 행정권한의위임및위탁에관한규정 제4조에 근거를 둔 것으로서 적법한 권한의 재위임에 해당하는 것이다.

제2절 중앙행정기관

Ⅰ. 보건복지부

우리나라 식품위생관리의 중앙행정 조직으로는 먼저 보건복지부를 들 수 있다. 과거에는 보건복지부가 식품위생관리의 중추적인 역할을 하여 왔으나 현재는 대부분의 식품위생 관련업무가 식품의약품안전처에 이관된 결과 이제는 한정된 범위 내에서만 식품위생 관련업무를 처리하고 있을 뿐이다.

제3조(위임·위탁의 기준 등) ① 행정기관의 장은 허가·인가·등록 등 민원에 관한 사무, 정책의 구체화에 따른 집행사무와 일상적으로 반복되는 상규적 사무로서 그가 직접 시행하여야 할 사무를 제외하고는 그 권한의 일부(이하 "행정권한"이라 한다)를 그 보조기관이나 하급행정기관의 장, 다른 행정기관의 장, 지방자치단체의 장에게 위임 또는 위탁한다.

제4조(재위임) 특별시장·광역시장·도지사(특별시·광역시 및 도의 교육감을 포함한다) 또는 시장·군수·구청장(자치구의 구청장을 말한다. 이하 같다)은 행정의 능률향상과 주민의 편의를 위하여 필요하다고 인정되는 때에는 수임사무의 일부를 그 위임기관의 장의 승인을 얻어 규칙이 정하는 바에 따라 시장·군수·구청장(교육장을 포함한다) 또는 읍·면·동장 기타 소속기관의 장에게 다시 위임할 수 있다.

보건복지부장관은 행정관청으로서의 지위를 지닌다. 한편 식품의약품안전처장은 부령을 제정할 권한이 없으므로 식품위생법 시행을 위한 세부기준 등은 보건복지부장관을 통하여 보건복지부령의 형식으로 제정할 수밖에 없다.

Ⅱ. 식품의약품안전처

다음으로 식품위생관리를 행하는 중앙행정 조직으로는 식품의약품안전처을 들 수 있다. 현재 대부분의 식품위생 관련업무는 식품의약품안전처에서 행하여지고 있다.

식품의약품안전처는 식품·의약품·의료기기 등에 대한 시험·검정 및 평가, 독성연구 및 안전관리에 관한 사무를 관장한다. 식품의약품안전처본부는 그 하부조직으로 소비자위해예방국, 식품안전정책국, 수입식품안전정책국, 식품소비안전국, 의약품안전국, 바이오생약국, 의료기기안전국 등 8개 국과, 식품기준기획관, 마약안전기획관 등의 부서를 두고 있다. 식품의약품안전처는 위 본부의 부서와는 별도로 식품의약품안전평가원과 6개의 지방식품의약품안전청을 운영하고 있다[3].

한편 식품의약품안전처장은 행정관청으로서의 지위를 지니고 있으므로 식품 및 의약품 행정에 관한 의사결정을 하고 그 이름으로 외부에 이를 표시할 수 있는 권한을 가진다. 즉 행정처분을 행할 수 있는 권한을 가진다. 따라서 식품의약품안전처장의 이러한 처분에 대하여 불복하는 경우에는 식품의약품안전처장을 피고로 하여 행정소송을 제기하여야 한다(행정소송법 제2조제1항, 제2항).

Ⅲ. 식품위생심의위원회

1. 법적성격

식품위생심의위원회는 식품의약품안전처 소속의 자문기구로서 식품위생에 관한 중요사항의 조사·심의의 업무를 수행한다. 따라서 동 위원회는 법적으로는 의결기구나 결정기구가 아니며, 식품의약품안전처장의 요구가 있을 경우 이에 응하는 자문기구라 할 수 있다. 그러나 실제 운영에 있어서는 위원회의 의결이 대부분 그대로 수용되고 있어 사실상의 의결기구로서의 역할을 수행하고 있다[4].

3) https://www.mfds.go.kr/index.do
4) 강윤구·최영현·이성훈, 알기 쉬운 식품위생법(개정판), 1997, 375-376면.

2. 업무의 내용

식품위생심의위원회는 식품의약품안전청장의 자문에 응하여 다음의 사항을 조사·심의한다(법 제57조).

① 식중독방지에 관한 사항
② 농약·중금속 등 유독·유해물질 잔류 허용 기준에 관한 사항
③ 식품 등의 기준과 규격에 관한 사항
④ 국민영양의 조사·지도 및 교육에 관한 사항
⑤ 그 밖에 식품위생에 관한 중요사항

3. 위원의 자격 및 위촉

심의위원회의 위원은 다음 각 호의 어느 하나에 해당하는 사람 중에서 식품의약품안전처장이 임명하거나 위촉한다(법 제58조제2항).

① 식품위생 관계 공무원
② 식품 등에 관한 영업에 종사하는 사람
③ 시민단체의 추천을 받은 사람
④ 제59조에 따른 동업자조합 또는 제64조에 따른 한국식품산업협회(이하 "식품위생단체"라 한다)의 추천을 받은 사람
⑤ 식품위생에 관한 학식과 경험이 풍부한 사람

위원의 위촉을 함에 있어서 식품의약품안전처장은 제3호의 사람을 전체 위원의 3분의 1 이상 위촉하고, 제2호와 제4호의 사람을 합하여 전체 위원의 3분의 1 이상 위촉하여야 한다(법 제58조제2항).

위원의 임기는 2년으로 하되, 공무원인 위원은 그 직위에 재직하는 기간 동안 재임한다. 다만, 위원이 궐위된 경우 그 보궐위원의 임기는 전임위원 임기의 남은 기간으로 한다(법 제58조제3항).

4. 위원회의 구성

심의위원회는 위원장 1명과 부위원장 2명을 포함한 100명 이내의 위원으로 구성한다(법 제58조제1항).

심의위원회의 위원장은 위원 중에서 호선하고, 심의위원회의 부위원장은 심의위원회의 위원장이 지명하는 위원이 된다(시행령 제39조).

위원장은 심의위원회를 대표하며, 심의위원회의 업무를 총괄한다(시행령 제40조제2항). 부위원장은 위원장을 보좌하며, 위원장이 부득이한 사유로 직무를 수행할 수 없을 때에는 그 직무를 대행한다(시행령 제40조제3항).

5. 위원회의 운영

가. 회의 및 의사

위원장은 심의위원회의 회의를 소집하고 그 의장이 된다(시행령 제41조제1항).

위원장은 식품의약품안전처장 또는 위원 3분의 1 이상의 요구가 있을 때에는 지체 없이 회의를 소집하여야 한다(시행령 제41조제2항).

회의는 재적위원 과반수의 출석과 출석위원 과반수의 찬성으로 의결한다(시행령 제41조제3항).

나. 의견의 청취

위원장은 심의위원회의 심의사항과 관련하여 필요한 경우에는 관계인을 출석시켜 의견을 들을 수 있다(시행령 제42조).

다. 분과위원회

심의위원회에 전문분야별로 분과위원회를 둘 수 있다(시행령 제43조제1항).

분과위원회의 위원장은 분과위원회에서 심의·의결한 사항을 지체없이 심의위원회의 위원장에게 보고하여야 한다(시행령 제43조제2항).

분과위원회의 회의 및 의사에 관하여는 제41조를 준용한다. 이 경우 "심의위원회"는 "분과위원회"로 본다(시행령 제43조제3항).

라. 연구위원 등

법 제58조제4항에 따라 심의위원회에 20명 이내의 연구위원을 둘 수 있다(시행령 제44조제1항).

법 제58조제5항제4호에 따른 연구위원의 업무는 다음 각 호와 같다(시행령 제44조제2항).

① 국제식품규격위원회에서 논의할 기준·규격의 제·개정안 발굴 및 제안

② 식품 등의 국제 기준·규격에 관한 국내외 전문가 네트워크 구축 및 운영

③ 국제식품규격위원회가 발행한 문서에 대한 번역본 발간 및 배포

④ 그 밖에 식품 등의 국제 기준·규격에 관한 사항으로서 식품의약품안전처장이 심의

위원회에 조사·연구를 의뢰한 사항

연구위원은 심의위원회의 회의에 출석하여 발언할 수 있다(시행령 제44조제3항).

연구위원은 식품 등에 관한 학식과 경험이 풍부한 자중에서 식품의약품안전처장이 임명한다(시행령 제44조제4항).

마. 간사

심의위원회의 서무를 처리하기 위하여 심의위원회에 간사 1명을 두며, 식품의약품안전처장이 소속 공무원 중에서 임명한다(시행령 제45조).

제3절 지방행정기관

Ⅰ. 지방자치단체

1. 종류

식품위생관리와 관련된 지방행정조직으로는 특별시, 광역시·도(이하 시·도라고 한다) 및 그 산하기관인 보건환경연구원, 그리고 시·군·구 및 보건소 등이 있다.

먼저 시·도의 경우 보건환경국(보건사회국)의 위생과(보건위생과)에서 식품제조·가공업소 등의 인·허가와 지도·감독, 부정·불량식품의 단속 및 위생감시 업무 등을 수행한다. 또한 이러한 자체기능과 함께 식품의약품안전처와 시·군·구의 중간위치에 서서 중앙의 지시, 계획을 시·군·구에 전달하고, 시·군·구의 업무실적을 중앙에 보고하는 등의 교량적 기능을 수행한다.

다음으로 시·군·구의 경우 위생과(사회과)에서 식품접객업소 및 식품판매업소 등의 인·허가와 지도·감독 및 부정·불량식품의 단속 및 위생감시 업무 등을 수행하고, 시·군·구의 산하기관인 보건소는 식품 등으로 인한 식중독의 원인조사 및 보고 등의 업무를 수행한다.

2. 사무의 종류

지방자치단체는 지방자치단체에 고유한 고유사무와 국가로부터 위임 받은 단체위임사무를 수행한다. 고유사무와 단체위임사무는 지방자치단체의 사무가 되므로 지방자치단체의 행정기관의 활동의 법적 효과는 법주체인 지방자치단체에 귀속된다.

반면에 기관위임사무는 지방자치단체 자체가 아니라 지방자치단체의 행정기관(특히 지방자치단체의 장)에게 위임되는 사무로 그 사무는 지방자치단체의 사무가 아니라 국가사무이다. 따라서 그 기관위임사무의 수행의 법적 효과는 국가에 귀속된다.

현실적으로 자치사무와 기관위임사무를 명백히 구분한다는 것은 쉽지 않다. 그러나 사무의 성질을 보아 그것이 주로 지역적 이익에 관한 사무이고 지역의 특성에 따라 다르게 처리되는 것이 타당한 사무이면 자치사무로 보아야 하고, 반면에 그것이 국가적 이익에 관한 사무이고 전국에 걸쳐 통일적으로 처리되어야 할 사무이면 국가사무로 보아야 한다[5].

식품으로 인한 위생상의 위해방지 및 식품의 위생적 취급에 관한 업무는 전국에 걸쳐 통일적으로 처리되어야 할 사무로 보는 것이 타당하다. 따라서 특별한 사정이 없는 한 위 업무는 기관위임사무라고 보는 것이 일반적이다. 다만 지방자치법상 공중접객업소의 위생을 개선하기 위한 지도사무는 주민의 복지증진에 관한 사무로서 자치사무에 속한다(지방자치법 제9조제2항제2호아목).

Ⅱ. 지방식품의약품안전청

식품의약품안전처는 서울, 부산, 경인, 대구, 광주, 대전 등 6개의 지방에 지방식품의약품안전청을 두고 있다. 위 지방식품의약품안전청은 중앙행정기관인 식품의약품안전처의 하부조직이므로 지방행정기관이 아니다.

지방식품의약품안전청장은 현재 권한의 위임에 따라 식품위생법 제31조의3제1항 후단(확인검사 요청 사실 보고의 접수), 제37조제1항 및 제2항(영업의 허가 및 변경허가), 제37조제3항(폐업신고 및 변경신고), 제37조제5항 본문(영업의 등록 및 변경등록), 제37조제6항(보고 및 변경보고), 제37조제7항(등록 사항의 직권말소), 제39조(영업 승계 신고의 수리), 제45조(위해식품 등의 회수계획 보고에 관한 업무 및 행정처분 감면), 제46조제1항[이물(異物) 발견보고], 제48조제8항(식품안전관리인증기준적용업소에 대한 조사·평가 및 인증취소 또는 시정명령), 제49조제1항 및 제3항(식품이력추적관리 등록 및 변경신고), 제49

5) 법령상 지방자치단체의 장이 처리하도록 규정하고 있는 사무가 기관 위임사무에 해당하는지 여부를 판단함에 있어서는 그에 관한 법령의 규정 형식과 취지를 우선 고려하여야 할 것이지만 그 외에도 그 사무의 성질이 전국적으로 통일적인 처리가 요구되는 사무인지 여부나 그에 관한 경비부담과 최종적인 책임귀속의 주체 등도 아울러 고려하여 판단하여야 할 것이다(대법원 1999. 9. 17. 선고 99추30 판결 등).

조제5항에 따른 식품이력추적관리기준 준수 여부 등에 대한 조사·평가), 제49조제7항(식품이력추적관리 등록을 한 자에 대한 등록취소 또는 시정명령), 제71조(시정명령), 제72조(식품 등의 압류·폐기처분 또는 위해 방지 조치 명령), 제73조(위해식품 등의 공표), 제74조(시설 개수명령), 제75조(허가·등록 취소 또는 영업정지명령), 제76조(품목 또는 품목류 제조정지명령), 제79조(영업소를 폐쇄하기 위한 조치 및 그 해제를 위한 조치), 제81조제2호 및 제3호(청문), 제82조 및 제83조(과징금 부과·징수), 제90조제1항(포상금 지급), 제92조제5호(수수료의 징수), 제101조(과태료 부과·징수) 등에 관한 업무를 수행한다(시행령 제65조).

각 지방식품의약품안전청은 그 산하에 운영지원과, 식품안전관리과, 의료제품안전과, 유해물질분석과 등을 두고 있다. 한편 부산지방청과 경인지방청은 시험분석센터를 별도로 두고 있는바, 위 시험분석센터 소속하에 다시 유해물질분석과와 식품기준분석과를 두고 있다[6].

제4절 식품위생단체

Ⅰ. 공무수탁사인

1. 의의

공무수탁사인이란 공행정사무를 위탁받아 자신의 이름으로 처리할 수 있는 권한을 가지고 있는 행정주체인 사인을 말한다. 사인은 통상 행정법관계에 있어서 행정주체의 상대방인 행정객체로서의 지위에 서지만 행정주체로부터 공행정사무를 위탁받아 처리하는 한도 내에서는 행정주체의 지위에 서게 된다. 공무수탁사인은 자연인일 수도 있고 법인 또는 법인격 없는 단체일 수도 있다. 행정의 민간위탁이 확대됨에 따라 점차로 공무수탁사인이 늘고 있다.

이러한 공무수탁사인의 예로는 사인이 기업자 또는 공공사업의 시행자로서 토지수용권 등 공권력을 행사하는 경우(공익사업을 위한 토지 등의 취득 및 보상에 관한 법률 제4조, 도시 및 주거환경정비법 제38조 등 참조), 사인이 별정우체국을 지정을 받아 체신업무를 수행하는 경우(별정우체국법 제3조), 사선의 선장이 경찰사무 및 호적사무를 집행하는 경우(사법경찰관리의 직무를 행할 자와 그 직무범위에 관한 법률 제7조, 가족관계의 등록

6) https://www.mfds.go.kr/wpge/m_275/de010705l0003.do

등에 관한 법률 제49조 등 참조) 등이 이에 해당한다. 또한 변호사협회와 의사협회와 같은 직업별 협회가 직업에 대한 규제법규를 제정하거나 등록업무를 수행하거나 위법한 영업활동을 한 회원에 대한 제재처분을 내리는 등 공무를 수행하는 경우도 그 예로 들 수 있다.

한편, 식품위생법상의 동업자조합이나 식품공업협회가 공무수탁사인(행정주체로서의 사인)에 해당하는지에 대하여는 논란이 있을 수 있으나 식품위생관련 업무를 수행하는 한도에서는 그 자체 공행정의 부분으로 다른 사인을 상대하는 것이므로 공무수탁사인으로 보는 것이 옳다고 생각된다.

2. 공무위탁의 법적 근거

행정권한 법정주의에 따라 공무를 사인에게 위탁하기 위해서는 법률에 근거가 있어야 한다. 그리하여 공무수탁사인은 거의 예외없이 개별법률의 근거를 가지고 있다.

문제는 개별법령의 명시적 규정이 없는 경우에도 정부조직법 제6조제3항[7]과 그에 근거한 행정권한의위임및위탁에관한규정[8]에 의하여 바로 공무위탁이 가능한가이다. 행정권한법정주의에 비추어 법률의 개별적인 근거가 필요하다는 학설이 있으나[9], 판례는 긍정설을 취하고 있다는 것(대법원 1990. 2. 27. 선고 89누5287 판결)은 권한의 위임 부분에서 살펴본 바와 같다. 다만 이 경우에도 개별 법률에 명시적인 근거규정을 두는 것이 바람직하다는 점은 두말할 필요가 없다.

3. 공무수탁사인의 법적지위

가. 공무위탁자와의 법률관계

사인에 대한 공무의 위탁은 법률, 공법상 계약, 행정행위의 형식 등으로 행하여진다.

---

7) 정부조직법 제6조(권한의 위임 또는 위탁) ③ 행정기관은 법령이 정하는 바에 의하여 그 소관사무 중 조사·검사·검정·관리업무 등 국민의 권리·의무와 직접 관계되지 아니하는 사무를 지방자치단체가 아닌 법인·단체 또는 그 기관이나 개인에게 위탁할 수 있다.

8) 행정권한의위임및위탁에관한규정 제11조(민간위탁의 기준) ① 행정기관은 법령이 정하는 바에 따라 그 소관사무중 조사·검사·검정·관리업무 등 국민의 권리·의무와 직접 관계되지 아니하는 다음의 사무를 민간위탁 할 수 있다.
1. 단순사실행위인 행정작용
2. 공익성보다 능률성이 현저히 요청되는 사무
3. 특수한 전문지식 및 기술을 요하는 사무
4. 기타 국민생활과 직결된 단순행정사무

9) 박균성, 행정법론(하)(15판), 2017, 33면.

행정주체와 공무위탁사인 사이에는 공법상의 위임관계가 발생한다. 이러한 위임관계의 내용은 그 근거가 되는 법률이나 구체적인 위탁행위에 의하여 결정된다.

공무수탁사인은 공무를 수행할 권리를 갖는다. 반면에 공무수탁사인은 자신에게 위탁된 공무수행을 중단하여서는 아니 되고, 공무수행과정에서 평등의 원칙을 준수하여야 할 의무가 있다.

공무수탁관계는 자연인인 공무수탁사인의 사망 및 법인의 해산을 통하여, 또는 법률에서 정한 요건의 충족 및 위임의 종료와 동시에 소멸한다.

나. 제3자와의 법률관계

(1) 행정청으로서의 지위: 공무수탁사인은 위탁된 공무를 수행함에 있어서 행정주체이면서, 동시에 행정청으로서의 지위를 가진다.

(2) 법률에의 기속: 공무수탁사인은 다른 국가기관과 마찬가지로 행정의 법률적합성의 원칙에 기속된다. 그 권한행사에 있어서 법률 및 행정법의 일반원칙을 준수하여야 하며, 법률유보가 적용되는 범위내에서는 법률에 근거하여 활동하여야 한다.

(3) 행정절차: 행정절차법 제2조제1호는 "행정청이라 함은 행정에 관한 의사를 결정하여 표시하는 국가 또는 지방자치단체의 기관 기타 법령 또는 자치법규에 의하여 행정권한을 가지고 있거나 위임 또는 위탁받은 공공단체나 그 기관 또는 사인을 말한다"고 규정하여 공무수탁사인을 이에 포함시키고 있다. 따라서 공무수탁사인이 행정행위를 발하거나 행정지도를 하는 경우에는 행정절차법이 적용된다.

(4) 행정쟁송: 공무수탁사인은 제3자에 대하여 행정주체로서의 지위를 가진다. 따라서 이론상 행정행위나 행정강제 등을 할 수 있는 지위에 있으므로 공무수탁사인의 고권적 조치에 대하여는 행정쟁송를 제기할 수 있다. 공무수탁사인이 행정행위라는 법형식으로 일방적 처분을 한 경우에 그 처분의 위법을 다투는 항고소송의 제기는 공무수탁자를 상대방으로 제기하여야 한다(행정소송법 제2조제2항).

(5) 국가배상: 국가배상법 제2조제1항은 "국가나 지방자치단체는 공무원 또는 공무를 위탁받은 사인이 직무를 집행하면서 고의 또는 과실로 법령을 위반하여 타인에게 손해를 입힌 경우에 이 법에 따라 그 손해를 배상하여야 한다"고 규정하고 있다.

그런데 국가배상법 제2조제1항의 '공무를 위탁받은 사인'은 독립적인 지위를 가지는 협의의 공무수탁사인이 아니라, 행정보조인·행정대행자와 같이 사인이 행정기관의 지시를 받아 보조적인 임무를 수행하는데 그치는 경우만을 의미하는 것으로 파악하는 견해가 있고[10], 이것이 판례의 태도로 보여진다((대법원 2010. 1. 28. 선고 2007다82950,82967 판결). 이 견해는 협의의 공무수탁사인은 행정주체이므로 스스로가 배상책임을 지면되고, 따로 국가의 배상책임을 인정할 필요가 없다고 본다. 그렇지 않을 경우 책임의 대부분을 차지하는 경과실의 경우에 협의의 공무수탁사인은 피해자에 대한 배상책임 및 국가에 대한 구상책임을 모두 면제받게 되는 불합리한 결과를 초래하게 된다는 것이다.

Ⅱ. 동업자조합

1. 설립

가. 목적

동업자조합은 대통령령으로 정하는 영업 또는 식품의 종류별로 설립하며, 이를 통하여 당해 영업의 발전과 국민 건강의 보호·증진에 이바지함을 그 목적으로 한다(법 제59조 제1항).

나. 성격 및 설립단위

동업자 조합은 법인으로 한다(법 제59조제2항).

동업자조합의 설립단위는 전국으로 한다. 다만, 지역 또는 영업의 특수성 등으로 인하여 전국적 조합 설립이 불가능하다고 식품의약품안전처장이 인정하는 경우에는 그러하지 아니하다(시행령 제48조제2항).

대법원 1999. 6. 22. 선고 98두137 판결【부당노동행위구제재심판정취소】

[1] 구 노동조합법(1996. 12. 31. 법률 제5244호로 폐지) 제33조 제1항, 제4항에 의하여 노동조합과 단체교섭을 할 상대방인 사용자단체는 노동관계에 관하여 그 구성원인 사용자에 대하여 조정 또는 규제할 수 있는 권한을 가진 자이어야 하는데, 사용자단체가 이러한 권한을 갖기 위하여는 노동조합과의 단체교섭 및 단체협약을 체결하는 것을 그 목적으로 하고 또 그 구성원인 각 사용자에 대하여 통제력을 가지고 있어야 한다.

[2] 식품위생법 제44조(*현행 식품위생법 제59조에 해당)에 의하여 조직된 '동업자조합'이 노동조합과 단체교섭을 한 상대방인 사용자단체에 해당하지 않는다고 한 사례.

10) 박균성, 행정법론(상)(제21판), 2022, 888면

다. 설립절차

조합을 설립하려는 경우에는 대통령령으로 정하는 바에 따라 조합원 자격이 있는 자 10분의 1(20명을 초과하면 20명으로 한다) 이상의 발기인이 정관을 작성하여 식품의약품안전처장의 설립인가를 받아야 한다(법 제59조제3항).

조합의 설립인가를 받으려는 자는 설립인가신청서에 다음 각 호의 서류를 첨부하여 식품의약품안전처장에게 제출하여야 한다(시행령 제49조).

① 창립총회의 회의록

② 정관

③ 사업계획서 및 수지예산서

④ 재산목록

⑤ 임원명부

⑥ 임원의 취임승낙서

⑦ 임원의 이력서

⑧ 임원의 주민등록증 사본 등 신원을 확인할 수 있는 증명서 사본

2. 사업의 내용

동업자조합은 다음 각 호의 사업을 한다(법 제60조).

① 영업의 건전한 발전과 조합원 공동의 이익을 위한 사업

② 조합원의 영업시설 개선에 관한 지도

③ 조합원을 위한 경영지도

④ 조합원과 그 종업원을 위한 교육훈련

⑤ 조합원과 그 종업원의 복지증진을 위한 사업

⑥ 식품의약품안전처장이 위탁하는 조사·연구 사업

⑦ 조합원의 생활안정과 복지증진을 위한 공제사업

⑧ 제1호부터 제5호까지에 규정된 사업의 부대사업

3. 공제회

가. 설립 및 운영

조합은 조합원의 생활안정과 복지증진을 도모하기 위하여 식품의약품안전처장의 인가를 받아 공제회를 설립하여 공제사업을 영위할 수 있다(법 제60조의2 제1항).

공제회의 구성원(이하 “공제회원”이라 한다)은 공제사업에 필요한 출자금을 납부하여야 한다(법 제60조의2 제2항).

조합이 제1항에 따라 공제사업을 하기 위하여 공제회를 설립하고자 하는 때에는 공제회원의 자격에 관한 사항, 출자금의 부담기준, 공제방법, 공제사업에 충당하기 위한 책임준비금 및 비상위험준비금 등 공제회의 운영에 관하여 필요한 사항을 포함하는 공제정관을 작성하여 식품의약품안전처장의 인가를 받아야 한다. 공제정관을 변경하고자 하는 때에도 또한 같다(법 제60조의2 제4항).

공제회의 설립인가 절차, 운영 등에 관하여 필요한 사항은 대통령령으로 정한다(법 제60조의2 제3항).

나. 공제사업의 내용

공제회는 다음 각 호의 사업을 한다(법 제60조의3).

① 공제회원에 대한 공제급여 지급

② 공제회원의 복리·후생 향상을 위한 사업

③ 기금 조성을 위한 사업

④ 식품위생 영업자의 경영개선을 위한 조사·연구 및 교육 사업

⑤ 식품위생단체 등의 법인에의 출연

⑥ 공제회의 목적달성에 필요한 대통령령으로 정하는 수익사업

다. 감독

식품의약품안전처장은 공제회에 대하여 감독상 필요한 경우에는 그 업무에 관한 사항을 보고하게 하거나 자료의 제출을 명할 수 있으며, 소속 공무원으로 하여금 장부·서류, 그 밖의 물건을 검사하게 할 수 있다(법 제60조의4 제1항).

제1항에 따라 조사 또는 검사를 하는 공무원 등은 그 권한을 표시하는 증표 및 조사기간, 조사범위, 조사담당자, 관계 법령 등 대통령령으로 정하는 사항이 기재된 서류를 가지고 이를 관계인에게 보여주어야 한다(법 제60조의4 제2항).

식품의약품안전처장은 공제회의 운영이 적정하지 아니하거나 자산상황이 불량하여 공제회원 등의 권익을 해칠 우려가 있다고 인정하면 업무집행방법 및 자산예탁기관의 변경, 가치가 없다고 인정되는 자산의 손실처리 등 필요한 조치를 명할 수 있다(법 제60조의4 제3항).

공제회가 제3항의 개선명령을 이행하지 아니한 경우 식품의약품안전처장은 공제회의

임직원의 징계·해임을 요구할 수 있다(법 제60조의4 제4항).

4. 대의원회

조합원이 500인을 초과하는 조합은 정관으로 정하는 바에 따라 총회를 갈음할 수 있는 대의원회를 둘 수 있다(법 제61조제1항). 대의원은 조합원이어야 한다(법 제61조제2항).

5. 자율지도사업

조합은 조합원의 영업시설 개선과 경영에 관한 지도 사업 등을 효율적으로 수행하기 위하여 자율지도원을 둘 수 있다(법 제63조제1항).

가. 자율지도원의 자격

동업자 조합에 자율지도원을 두는 경우 자율지도원은 정관으로 정하는 자격기준에 해당하는 자이어야 한다(시행령 제50조제1항).

나. 자율지도원의 임명

조합이 자율지도원을 두는 경우 자율지도원은 정관으로 정하는 바에 따라 해당 조합의 장이 임명한다(시행령 제50조제2항).

다. 자율지도원의 직무

자율지도원은 소속된 조합의 조합원에 대하여 다음 각 호의 사항에 관한 직무를 수행한다(시행령 제33조).

① 법 제36조에 따른 시설기준에 관한 지도

② 영업자 및 그 종업원의 위생교육, 건강진단, 그 밖에 위생관리의 지도

③ 법 제44조에 따른 영업자의 준수사항 이행 지도 및 법 제37조제2항에 따른 조건부 허가에 따른 조건 이행 지도

④ 그 밖에 정관으로 정하는 식품위생 지도에 관한 사항

6. 준용규정

동업자조합에 관하여 이 법에서 규정하지 아니한 것에 대하여는 민법 중 사단법인에 관한 규정을 준용한다(법 제62조제1항).

공제회에 관하여 이 법에서 규정하지 아니한 것에 대해서는 민법 중 사단법인에 관한 규정과 상법 중 주식회사의 회계에 관한 규정을 준용한다(법 제62조제2항).

Ⅲ. 식품산업협회

1. 설립

가. 목적

식품산업협회는 식품산업의 발전과 식품위생의 향상을 그 목적으로 하고 있다(법 제64조제1항).

나. 법적성격

식품산업협회의 회원이 될 수 있는 자는 식품위생법상의 영업자 중 식품 또는 식품첨가물을 제조·가공·운반·판매·보존하는 자 및 그 밖에 식품 관련 산업을 운영하는 자이고(법 제64조제3항), 식품산업협회는 사단법인의 성격을 가진다(법 제64조제2항, 제4항).

식품산업협회는 임의기관인 동업자조합과는 달리 법적으로 그 설립이 의무화된 기관으로서 식품산업의 발전과 식품위생의 향상을 목적으로 하는 제반 업무를 수행하도록 법규상에 그 의무가 부여되어 있다.

2. 사업의 내용

식품산업협회는 다음 각 호의 사업을 한다(법 제65조).

① 식품산업에 관한 조사·연구

② 식품 및식품첨가물과 그 원재료에 대한 시험·검사업무

③ 식품위생과 관련한 교육

④ 영업자 중 식품이나 식품첨가물을 제조·가공·운반·판매 및 보존하는 자의 영업시설 개선에 관한 지도

⑤ 회원을 위한 경영지도

⑥ 식품안전과 식품산업 진흥 및 지원·육성에 관한 사업

⑦ 제1호부터 제5호까지에 규정된 사업의 부대사업

3. 민법 등의 준용

식품산업협회에 관하여 식품위생법에 규정하지 아니한 것에 대하여는 민법 중 사단법인에 관한 규정을 준용하며(법 제64조제4항), 협회의 자율지도원 등과 관련하여서는 동업자조합에 관한 법 제63조제1항(자율지도원 등)의 규정을 준용한다.

Ⅳ. 식품안전정보원

1. 설립

가. 목적

식품안전정보원은 법 제49조에 따른 식품이력추적관리업무와 식품안전에 관한 업무 중 법 제68조제1항 각 호에 관한 업무를 효율적으로 수행하는 것을 그 목적으로 하고 있다(법 제67조제1항).

나. 법적성격

식품안전정보원은 법인으로 한다(법 제67조제2항).

2. 사업의 내용

식품안전정보원은 다음 각 호의 사업을 한다(법 제68조제1항).

① 국내외 식품안전정보의 수집·분석·정보제공 등

② 식품안전정책 수립을 지원하기 위한 조사·연구 등

③ 식품안전정보의 수집·분석 및 식품이력추적관리 등을 위한 정보시스템의 구축·운영 등

④ 식품이력추적관리의 등록·관리 등

⑤ 식품이력추적관리에 관한 교육 및 홍보

⑥ 식품사고가 발생한 때 사고의 신속한 원인규명과 해당 식품의 회수·폐기 등을 위한 정보제공

⑦ 식품위해정보의 공동활용 및 대응을 위한 기관·단체·소비자단체 등과의 협력 네트워크 구축·운영

⑧ 소비자 식품안전 관련 신고의 안내·접수·상담 등을 위한 지원

⑨ 그 밖에 식품안전정보 및 식품이력추적관리에 관한 사항으로서 식품의약품안전처장이 정하는 사업

3. 사업계획서 등의 제출

식품안전정보원은 총리령으로 정하는 바에 따라 매 사업연도 개시 전에 사업계획서와 예산서를 식품의약품안전처장에게 제출하여 승인을 받아야 한다(법 제69조제1항).

식품안전정보원은 법 제69조에 따라 매 사업연도 시작 전까지 다음 연도의 사업계획서와 다음 각 호의 서류를 첨부한 예산서에 대하여 이사회의 의결을 거친 후 식품의약품안전처장에게 승인을 받아야 한다. 이를 변경할 때에도 또한 같다(시행규칙 제85조).

① 추정재무상태표

② 추정손익계산서

③ 자금의 수입·지출 계획서

식품안전정보원은 식품의약품안전처장이 지정하는 공인회계사의 검사를 받은 매 사업연도의 세입·세출결산서를 식품의약품안전처장에게 제출하여 승인을 받아 결산을 확정한 후 그 결과를 다음 사업연도 5월 말까지 국회에 보고하여야 한다(법 제69조제2항).

4. 지도·감독 등

식품의약품안전처장은 식품안전정보원에 대하여 감독상 필요한 때에는 그 업무에 관한 사항을 보고하게 하거나 자료의 제출, 그 밖에 필요한 명령을 할 수 있고, 소속 공무원으로 하여금 그 사무소에 출입하여 장부·서류 등을 검사하게 할 수 있다(법 제70조제1항).

제1항에 따라 출입·검사를 하는 공무원은 그 권한을 표시하는 증표 및 조사기간, 조사범위, 조사담당자, 관계 법령 등 대통령령으로 정하는 사항이 기재된 서류를 지니고 이를 관계인에게 내보여야 한다(법 제70조제2항).

정보원에 대한 지도·감독에 관하여 그 밖에 필요한 사항은 총리령으로 정한다(법 제70조제3항).

식품의약품안전처장은 법 제70조제3항에 따라 정보원에 대하여 매년 1회 이상 다음 각 호의 사항을 지도·감독하여야 한다(시행규칙 제86조제1항).

① 법 제68조에 따른 정보원의 사업에 관한 사항

② 운영예산 편성·집행의 적정 여부

③ 운영 장비 관리의 적정 여부

④ 그 밖에 식품의약품안전처장이 필요하다고 인정한 사항

식품의약품안전처장은 정보원의 사업과 관련하여 필요한 경우에는 정보원의 장에게 관련 업무의 처리상황을 보고하게 할 수 있다(시행규칙 제86조제2항).

제4장

기준 및 규격

제1절 기준 및 규격의 의의

제2절 식품의 기준 및 규격

제3절 식품첨가물의 기준 및 규격

제4절 기구 및 용기·포장의 기준 및 규격

제5절 한시적 기준 및 규격

제4장 기준 및 규격

제1절 기준 및 규격의 의의

Ⅰ. 관련규정 및 개념

식품의약품안전처장은 국민 건강을 보호·증진하기 위하여 필요하면 판매를 목적으로 하는 식품 또는 식품첨가물에 관한 다음 각 호의 사항을 정하여 고시한다(법 제7조제1항).

① 제조·가공·사용·조리·보존 방법에 관한 기준

② 성분에 관한 규격

식품의약품안전처장은 국민보건을 위하여 필요한 경우에는 영업에 사용하는 기구 및 용기·포장에 관하여 다음 각 호의 사항을 정하여 고시한다(법 제9조제1항).

① 제조 방법에 관한 기준

② 기구 및 용기·포장과 그 원재료에 관한 규격

식품위생법은 식품 등으로 인하여 생기는 위생상의 위해를 방지하고 식품영양의 질적 향상을 도모함을 목적으로 한다. 그러한 목적을 달성하기 위하여 식품의약품안전처장은 위에서 본 바와 같이 식품 등에 대한 일정한 기준 및 규격을 설정할 수 있다.

여기에서 식품 또는 식품첨가물의 기준이라 함은 식품 또는 식품첨가물의 제조·가공·사용·조리 및 보존방법의 표준이다. 다시 말하자면 식품 또는 식품첨가물의 제조·가공에서부터 판매에 이르는 일련의 행위에 있어서의 식품위생상 필요로 하는 최소한도의 규범이라 할 수 있다. 기구 및 용기·포장에 있어서도 기준이라 함은 그 제조방법에 있어서의 표준을 말하며 그 행위의 규범이라고 할 수 있다.

또한 식품 또는 식품첨가물의 규격이라 함은 식품 또는 식품첨가물의 성분에 있어서의 식품위생상 필요한 최소한도의 표준이며, 식품 또는 식품첨가물의 상태에 착안하여 정하여진다는 점에서 기준과 그 의의가 다르다고 할 것이다. 기구 및 용기·포장에 있어서의 규격도 그 상태에 착안하여 식품위생상 필요하다고 생각되는 최소한의 표준으로서 기구 및 용기·포장뿐만 아니라 그 원재료에 있어서의 표준까지를 포함하고 있다.

Ⅱ. 기준 및 규격에 대한 제·개정의 필요성

식품이 부족했던 옛날에는 식품 등의 질보다는 양에 치중한 관계로 위생적인 문제에 대해서는 별로 큰 관심을 기울이지 않았다. 그러나 최근의 사회발전과정에서 여성인력의 사회진출이 활발해짐에 따라 가공식품을 필두로 외식사업 등 식품산업이 급속히 발달하고 있으며 이에 따라 대량생산 체계의 구축, 광범위한 유통구조로의 전환, 장기저장의 필요성 등으로 식품의 형태가 다양하게 바뀌게 되었다. 또한, 각종산업의 발달과 경제적 성장에 따른 생활환경의 변화에 기인하여 농약, 항생물질, 중금속 등 환경오염물질의 발생과 사용이 증가하고 있으며, 식품가공과 저장·유통에 있어서도 보존료 등 각종 식품첨가물의 사용이 증가함에 따라 이들에 오염된 식품 등에 의하여 인체에 위해를 끼칠 우려가 높아지고 있다. 더욱이 WTO체제 출범에 의하여 시장개방이 불가피하게 되었고 이에 따라 유해한 식품 등의 수입 가능성이 높아졌고 아울러 우리나라와 수출국과의 서로 다른 기준 및 규격에 기인한 국제간 무역분쟁의 가능성이 점점 더 높아지고 있다.

이에 따라 국민건강을 위하여 식품으로 인한 위생상의 위해를 방지해야 할 필요성이 높아지고 있고 아울러 식품영양의 질적 향상을 도모하고 국제교역환경의 변화에 적극적으로 대처하기 위하여 식품 등의 기준 및 규격을 시의적절하게 제·개정하여나갈 필요성이 증대하고 있다[1].

Ⅲ. 기준 및 규격의 적용예외

식품 등의 제조·가공 등은 식품의약품안전처장이 정하여 고시하는 식품 등의 기준과 규격(한시적 기준 및 규격 포함)에 따라야 한다(법 제7조제1항 및 제2항, 법 제9조제1항 및 제2항).

그러나 수출할 식품 또는 식품첨가물, 기구 및 용기·포장의 기준과 규격은 이러한 원칙에도 불구하고 수입자가 요구하는 기준과 규격을 따를 수 있다(법 제7조제3항, 제9조제3항).

이는 우리나라의 기준 및 규격에 불구하고 외국의 구매자가 원하는 기준 및 규격에 부합하게 할 수 있도록 함으로써 식품 등의 교역증대를 도모하고 수출자에게 그 편의를 제공하고자 하는데 그 의의가 있다.

---

1) 강윤구·최영현·이성훈, 알기 쉬운 식품위생법(개정판), 1997, 86-87면.

Ⅳ. 식품 등의 공전

식품의약품안전처장은 다음 각 호의 기준 등을 실은 식품 등의 공전을 작성·보급하여야 한다(법 제14조).

① 제7조제1항에 따라 정하여진 식품 또는 식품첨가물의 기준과 규격

② 제9조제1항에 따라 정하여진 기구 및 용기·포장의 기준과 규격

이에 따라 식품의약품안전처장은 식품의 기준 및 규격을 규정한 『식품공전』과 기구 및 용기·포장의 기준 및 규격을 규정한 『식품용 기구 및 용기·포장 공전』을 작성하여 보급하고 있다. 한편 식품첨가물의 기준 및 규격의 경우 따로 공전을 작성하고 있지 않고, 식품의약품안전처 고시 형식으로 공표하고 있다.

현행 식품공전의 체계는 제1. 총칙, 제2. 식품일반에 대한 공통기준 및 규격, 제3. 영·유아 또는 고령자를 섭취대상으로 표시하여 판매하는 식품의 기준 및 규격, 제4. 장기보존식품의 기준 및 규격, 제5. 식품별 기준 및 규격, 제6. 식품접객업소(집단급식소 포함)의 조리식품 등에 대한 기준 및 규격, 제7. 검체의 채취 및 취급방법, 제8. 일반시험법, 제9. 재검토기한 등 9개 부분으로 구성되어 있다.

이러한 식품 등의 공전과 식품의약품안전처 고시는 법령보충적 행정규칙에 해당하는바, 이러한 법령보충적 행정규칙은 비록 행정규칙의 형식을 취하고 있지만 수권법령과 결합하여 법규명령의 효력을 갖는 것으로 보는 것이 일반적이다(대법원 1987. 9. 29. 선고 86누484 판결 등).

대법원 2000. 10. 27. 선고 2000도1007 판결 【식품위생법위반】

[1] 형사처벌에 관한 위임입법이 허용되기 위한 요건: 사회현상의 복잡다기화와 국회의 전문적·기술적 능력의 한계 및 시간적 적응능력의 한계로 인하여 형사처벌에 관련된 모든 법규를 예외 없이 형식적 의미의 법률에 의하여 규정한다는 것은 사실상 불가능할 뿐만 아니라 실제에 적합하지도 아니하기 때문에, 특히 긴급한 필요가 있거나 미리 법률로써 자세히 정할 수 없는 부득이한 사정이 있는 경우에 한하여 수권법률(위임법률)이 구성요건의 점에서는 처벌대상인 행위가 어떠한 것인지 이를 예측할 수 있을 정도로 구체적으로 정하고, 형벌의 점에서는 형벌의 종류 및 그 상한과 폭을 명확히 규정하는 것을 전제로 위임입법이 허용된다.

[2] 구 식품위생법 제7조 제1항 및 구 식품공전 제3.의 규정이 죄형법정주의에 위배되는지 여부(소극): 구 식품위생법(1999. 5. 24. 법률 제5892호로 개정되기 전의 것) 제7조 제1항 소정의 식품 또는 식품첨가물은 지극히 다양할 뿐만 아니라 그 제조· 가공·사용·조리 및 보존의 방법에 관한 기준과 그 성분에 관한 규격은 기술적, 전문적인 것이어서 입법기술상 이를 보건복지부장

관(위 법률 개정 후부터는 식품의약품안전청장)으로 하여금 고시하도록 한 것은 부득이 하다 할 것이고, 또 위 조항에서 규정한 식품 또는 식품첨가물의 제조·가공·사용·조리 및 보존의 방법에 관한 기준과 그 성분에 관한 규격이란 개념은 비교적 구체성을 가져 그 내용에 관한 대강을 예측할 수 있다고 할 것이며, 한편 같은 법에 의한 보건복지부장관의 고시인 구 식품공전(1997. 8. 13. 보건복지부장관 고시 제1997-55호) 제3. 식품일반에 대한 공통기준 및 규격, 3. 원료 등의 구비요건, 1) 식품원료 (7)은 "다음에 해당하는 동·식물성 기타 원재료는 식품의 제조·가공·조리용으로 사용하여서는 아니 된다. ① 일반인들의 전래적인 식생활이나 통념상 식용으로 하지 아니하는 것, ③ 식품원료로서 안전성 및 건전성이 입증되지 아니한 것"이라고 규정하고 있는바, 위 '일반인들의 전래적인 식생활이나 통념상 식용으로 하지 아니하는 것', '식품원료로서 안전성 및 건전성이 입증되지 아니한 것'의 개념이 다소 불명확하다고 보여지나, 일반인들이 식용으로 하는 것과 식용으로 하지 아니하는 것은 너무 다양하여 일일이 나열할 수 없고, 또 안전성 및 건전성이 입증되지 아니한 식품원료를 미리 예측하여 규정하는 것이 사실상 불가능한 점에 비추어 보면, 위 규정이 추상적이고 규범적인 개념을 사용한 것은 불가피하다 할 것이고, 또한 위 규정의 개념은 구 식품위생법의 입법목적과 건전한 상식 및 통상적인 법감정을 통하여 판단할 수 있음은 물론 구체적인 사건에서는 법관의 합리적인 해석에 의하여 판단할 수 있다고 할 것이어서 어떤 행위가 이에 해당하는지 의심을 가질 정도로 명확성을 결한 것이라고는 할 수 없다.

제2절 식품의 기준 및 규격

『식품공전』에 규정된 총칙, 식품일반에 대한 공통기준 및 규격, 영·유아 또는 고령자를 섭취대상으로 표시하여 판매하는 식품의 기준 및 규격, 장기보존식품의 기준 및 규격, 식품별 기준 및 규격, 식품접객업소(집단급식소 포함)의 조리식품 등에 대한 기준 및 규격, 검체의 채취 및 취급방법 등의 상세한 내용은 『식품공전』(2022. 12. 1. 일부개정된 식품의약품안전처고시 제2022-84호 등)을 참조할 것.

대법원 1995. 11. 7. 선고 95도1966 판결 【식품위생법위반】

가. 식품위생법 제12조의 규정에 의한 식품·첨가물 등의 공전에 수록된 기준·규격에 적합하지 아니하거나 그 공전에 수록되지 아니한 것으로서 보건사회부장관이 유해의 정도가 인체의 건강을 해할 우려가 없는 것으로 인정한 것이 아닌 것은 그 판매 등이 금지되는지 여부 및 보건사회부장관이 식품의 성분에 관한 규격을 정하여 고시하지 아니하였다 하여 유독·유해한 성분을 용인하는 것이라고 볼 수 있는지 여부:

식품위생법 제4조 제2호 단서, 같은법시행규칙 제2조에 비추어 보면 식품·첨가물 등의 공전에 수록된 기준·규격에 적합하지 아니하거나 위 공전에 수록되지 아니한 것으로서 보건사회부장관이 유해의 정도가 인체의 건강을 해할 우려가 없는 것으로 인정한 것이 아닌 것은 그 판매 등이 금지되고, 같은 법 제7조, 제12조에서 보건사회부장관이 식품의 성분에 관한 규격을 정하여 고시할 수 있고, 그러한 기준을 수록한 공전을 작성·보급하도록 규정하고 있는 취지는 국민보건상 특히 필요하다고 인정되는 판매용 식품의 성분 규격을 미리 정하여 규격에 맞지 아니한 식품의 제조, 판매 등을 금지시키기 위한 것에 불과하므로 식품의 각 품목마다 반드시 그 고시를 하여야 하는 것은 아니고 또 이러한 고시를 아니하였다하여 유독·유해한 성분을 용인하는 것이라고는 볼 수 없다.

나. 보통독성 농약인 치오파네이트 메틸과 카벤다짐이 들어 있는 콩나물이 식품위생법 제4조 제2호 소정의 유해·유독물질이 들어 있는 식품이라고 본 사례: 치오파네이트 메틸과 카벤다짐은 식품위생법 제12조의 규정에 의한 식품·첨가물 등의 공전에 수록된 기준·규격에 적합하지 아니하고, 또한 보건사회부장관이 식품위생심의위원회의 심의를 거쳐 유해의 정도가 인체의 건강을 해할 우려가 없는 것으로 인정한 것도 아니므로, 이들이 들어 있는 콩나물은 같은 법 제4조 제2호에서 금지하고 있는 유해·유독물질이 들어있는 식품이다.

대법원 1989. 7. 25. 선고 88도1575 판결【식품위생법위반】

식품위생법상 보건사회부장관이 식품의 각 품목마다 반드시 성분에 관한 규격을 정하여 고시하여야 하는지 여부(소극) 및 고시하지 아니한 경우에는 식품의 유독 유해성을 용인하였다고 볼 수 있는지 여부(소극): 식품위생법 제7조에서 보건사회부장관이 식품의 성분에 관한 규격을 정하여 고시할 수 있도록 규정하고 있는 취지는 국민보건상 특히 필요하다고 인정되는 판매용식품의 성분 규격을 미리 정하여 규격에 맞지 아니한 식품의 제조, 판매 등을 금지시키기 위한 것에 불과하므로 식품의 각 품목마다 반드시 그 고시를 하여야 하는 것은 아니고 또 이러한 고시를 아니하였다 하여 유독·유해한 성분을 용인하는 것이라고는 볼 수 없다.

대법원 2018. 7. 11. 선고 2018도6254 판결【보건범죄단속에관한특별조치법위반(부정식품제조등)·뇌물공여·특정범죄가중처벌등에관한법률위반(뇌물)·변호사법위반·뇌물수수】

고춧가루에 별도로 고추씨를 첨가하여 고춧가루를 제조하는 행위가 식품의약품안전처고시인 구 식품의 기준 및 규격(식품공전)에서 정한 제조·가공기준을 위반한 행위로서 식품위생법 제7조 제4항 위반죄에 해당하여 이를 판매한 소매가격이 연간 5,000만 원 이상인 경우 구 보건범죄 단속에 관한 특별조치법 제2조 제1항 제2호에 따라 가중처벌되는지 여부(적극) 및 위 행위가 단순히 향신료가공품을 제조한 후 이를 표시하지 않은 행위로서 식품위생법 제10조 제1항 위반죄에 해당하는지 여부(소극): (1) 구 보건범죄 단속에 관한 특별조치법(2017. 12. 19. 법률 제15252호로 개정되기 전의 것, 이하 '보건범죄단속법'이라고 한다)은 식품위생법 제7조 제4항을 위반하여 식품을 제조한 사람이 연간 소매가격 5,000만 원 이상 판매한 사람을 무기 또는 3년 이상의 징역에 처하도록 가중처벌하는 규정을 두고 있다(제2조 제1항 제2호). 식품위생법은 식품의약품안전처장이 국민보건을 위하여 판매를 목적으로 하는 식품 또는 식품첨가물에 관한 제조기준 등을 정하여 고시한다고 규정하고 있고(제7조 제1항 제1호), 판매를 목적으로 하는 식품 또는 식품첨가물의 표시기준을 고시한다고 규정하고 있다(제10조 제1항 제1호).

(2) 식품위생법의 위임을 받은 식품의약품안전처고시인 구 식품의 기준 및 규격(2017. 12. 15. 식품의약품안전처고시 제2017-102호로 개정되기 전의 것, 이하 '식품공전'이라고 한다)은 식품 또는 식품첨가물의 제조 및 표시에 관한 기준을 규정하고 있는데, '제5 식품별 기준 및 규격' 중 21-5에서 고춧가루, 21-6에서 향신료가공품에 관한 제조·가공기준을 규정하고 있다. 한편 식품공전은 향신료가공품에 관한 정의에서 따로 식품별 기준·규격이 정하여진 식품을 제외하고 있는데, 2005. 8. 3. 식품의약품안전청고시 제2005-46호로 개정되면서 고춧가루 제조·가공기준에 "고춧가루에 포함되는 고추씨는 원료 고추에서 생성된 것에 한하여 사용이 가능하고, 별도로 고추씨를 첨가하여 고춧가루 제조에 사용할 수 없다."라는 규정이 추가되었다.

(3) 위 규정의 체계와 내용 및 규정 취지 등을 종합하면, 고춧가루에 별도로 고추씨를 첨가하여 고춧가루를 제조하는 행위는 식품공전에서 정한 제조·가공기준을 위반한 행위로서 식품위생법 제7조 제4항 위반죄에 해당하여 판매한 소매가격이 연간 5,000만 원 이상인 경우에는 보건범죄단속법 제2조 제1항 제2호에 따라 가중처벌된다고 해석하여야 하고, 위 행위가 단순히 향신료가공품을 제조한 후 이를 표시하지 않은 행위로서 식품위생법 제10조 제1항 위반죄에 해당한다고 볼 수 없다.

제3절 식품첨가물의 기준 및 규격

Ⅰ. 설정의 필요성

식품첨가물에는 천연물질도 있지만 그 대부분이 화학적 합성품이다. 이러한 화학물질은 그 자체가 독성이 있는 경우도 많고 제조(주로합성)하는 과정 중 정제가 불충분하여 유해성분이 잔존함으로써 결과적으로 유해하게 되기도 한다.

따라서, 이와 같은 위해요소를 제거하기 위하여 식품첨가물은 그 품목마다 성분규격을 엄격히 정하여 유해불순물이 최대한 제거되고 순도가 높은 식품첨가물이 되도록 규제할 필요성이 있다.

또한 식품첨가물은 아무리 순도가 높고 좋은 제품이라 하더라도 아무 식품에나 무제한적으로 사용된다면 식품을 통하여 과량 섭취되는 등 인체에 극히 위험할 수 있다. 따라서 식품첨가물은 그 사용기준을 정하여 식품첨가물의 종류별로 각각 사용 대상식품의 종류, 허용한계치, 사용방법, 사용목적 등을 제한함으로써 계속 섭취하여도 인체에 해를 일으키지 않도록 제한을 가할 필요성이 있다.

Ⅱ. 구체적인 내용

『식품첨가물의 기준 및 규격』에 규정된 총칙, 식품첨가물 및 혼합제제류(1. 제조기준, 2. 일반사용기준, 3. 보존 및 유통기준, 4. 품목별 성분규격, 5. 품목별 사용기준), 일반시험법 등의 상세한 내용은 『식품첨가물의 기준 및 규격』(2022. 10. 28. 일부개정된 식품의약품안전처고시 제2022-77호 등)을 참조할 것.

한편 사용이 금지되었던 식품첨가물이 이후 관련 고시의 개정에 따라 사용이 가능하게 되었다고 할지라도 이는 법률이념의 변천으로 종래의 규정에 따른 처벌 자체가 부당하다는 반성적 고려에서 비롯된 것이라기보다는 그때그때의 특수한 필요에 대처하기 위한 정책적 조치에 따른 것으로 보여지므로, 그러한 고시(공전)가 변경되기 전에 이미 범하여진 위반행위에 대한 가벌성이 소멸되는 것은 아니라는 것이 지금까지의 판례의 태도였다(대법원 2005. 12. 23. 선고 2005도747 판결 등). 하지만 대법원은 최근 전원합의체로 위 판례를 변경하여, 형벌법규 자체 또는 그로부터 수권 내지 위임을 받은 법령에 관하여 유리한 법개정이 이루어진 경우 그것이 법률이념의 변경에 기인한 경우이건, 일시적 사정변화에 기인한 경우이건 구분하지 않고 원칙적으로 형법 제1조제2항이 적용된다고 판시하고 있다(대법원 2022. 12. 22. 선고 2020도16420 전원합의체 판결), 위 변경된 판례의 취지에 따른다면 한때 사용이 금지되었던 식품첨가물이 이후 관련 고시의 개정에 따라 사용이 가능하게 되었다면, 그러한 고시(공전)가 변경되기 전에 이미 범하여진 위반행위에 대한 가벌성은 소멸되는 것이라고 보아야 한다.

대법원 1985. 10. 22. 선고 85도1681 판결 【식품위생법위반】

식품첨가물이 식품위생법 제6조 제1항에 근거한 보건사회부고시의 허용기준을 초과하는지 여부의 판단방법: 식품에 첨가함유된 아황산나트륨이 식품위생법 제6조 제1항에 근거한 보건사회부 고시의 허용기준을 초과하여 같은법 제6조 제4항에 위반하는 여부는 위 식품 자체에 함유된 아황산나트륨의 양에 따라 판별하여야 할 것이고 이를 물에 세척하거나 삶았을 경우에 잔류하는 첨가물의 양에 따라 그 위반여부를 판단할 것은 아니다(대법원 1985. 10. 22. 선고 85도1681 판결).

대법원 2005. 12. 23. 선고 2005도747 판결 【보건범죄단속에관한특별조치법위반(부정식품제조등)·식품위생법위반】

사용이 금지되었던 식품첨가물이 '건강기능식품에 관한 법률' 및 이에 의하여 고시된 '건강기능식품의 기준 및 규격' 등에 의하여 그 제한적 사용이 가능하도록 법률이 변경된 경우, 위 법률 및 고시가 시행되기 전에 이미 범하여진 위반행위에 대한 가벌성이 소멸되는 것은 아니라고 한 원심의 판단을 수긍한 사례: 사용이 금지되었던 식품첨가물이 '건강기능식품에 관한 법률' 및 이에 의하여 고시된 '건강기능식품의 기준 및 규격' 등에 의하여 그 제한적 사용이 가능하도록 법률이 변경된 것은 법률이념의 변천으로 종래의 규정에 따른 처벌 자체가 부당하다는 반성적 고려에서 비롯된 것이라기보다는 건강기능식품의 국내 수요 확대 등 여건의 변화에 따른 규제범위의 합리적 조정의 필요와 건강기능식품의 안전성 제고 등 그때그때의 특수한 필요에 대처하기 위한 정책적 조치에 따른 것으로 보아, 위 법률 및 고시가 시행되기 전에 이미 범하여진 위반행위에 대한 가벌성이 소멸되는 것은 아니라고 한 원심의 판단을 수긍한 사례: 〈해설〉 이 판례는 대법원 2022. 12. 22. 선고 2020도16420 전원합의체 판결에 의하여 폐기되었다고 보아야 할 것이다.

대법원 1999. 5. 28. 선고 97도1764 판결 【보건범죄단속에관한특별조치법위반】

식품공전의 개정으로 해조류의 혼합가공시 청색 1호 및 황색 4호의 색소 사용이 허용되기 전에 위 색소가 첨가된 해조류의 혼합가공식품을 판매한 행위가 형법 제1조 제2항 소정의 '범죄 후 법률의 변경에 의하여 그 행위가 범죄를 구성하지 아니한 때'에 해당하는지 여부(소극): 1995. 2. 17. 보건복지부고시 제1995-5호로 식품공전이 개정되어 그 시행일인 1995. 8. 1.부터는 혼합가공의 경우 해조류에 청색 1호 및 황색 4호 또는 이를 함유하는 제재를 사용할 수 있게 됨에 따라 위 각 색소가 첨가된 해조류의 혼합가공식품에 대한 판매행위를 처벌할 수 없게 되었는바, 위 고시의 변경은 법률이념의 변천으로 종래의 규정에 따른 처벌 자체가 부당하다는 반성적 고려에서 비롯된 것이라기보다는 해조류 식품의 국내 수요 확대 등 여건의 변화에 따른 규제범위의 합리적 조정의 필요와 식품제조원료의 공급상태, 식품의 안정성 제고 등 그때 그때의 특수한 필요에 대처하기 위한 정책적 조치에 따른 것으로 보여지므로, 이와 같이 위 각 색소가 첨가된 해조류의 혼합가공식품의 판매가 허용되었다 하더라도 그 고시가 변경되기 전에 이미 범하여진 위반행위에 대한 가벌성이 소멸되는 것은 아니다: 〈해설〉 이 판례도 대법원 2022. 12. 22. 선고 2020도16420 전원합의체 판결에 의하여 폐기되었다고 보아야 할 것이다.

대법원 2022. 12. 22. 선고 2020도16420 전원합의체 판결 【사기·전자금융거래법위반·교통사고처리특례법위반(치상)·도로교통법위반(무면허운전)·도로교통법위반(음주운전)】

범죄의 성립과 처벌에 관하여 규정한 형벌법규 자체 또는 그로부터 수권 내지 위임을 받은 법령의 변경에 따라 범죄를 구성하지 아니하게 되거나 형이 가벼워진 경우에는, 종전 법령이 범죄로 정하여 처벌한 것이 부당하였다거나 과형이 과중하였다는 반성적 고려에 따라 변경된 것인지 여부를 따지지 않고 원칙적으로 형법 제1조 제2항과 형사소송법 제326조 제4호가 적용된다. 형벌법규가 대통령령, 총리령, 부령과 같은 법규명령이 아닌 고시 등 행정규칙·행정명령, 조례 등(이하 '고시 등 규정'이라고 한다)에 구성요건의 일부를 수권 내지 위임한 경우에도 이러한 고시 등 규정이 위임입법의 한계를 벗어나지 않는 한 형벌법규와 결합하여 법령을 보충하는 기능을 하는 것이므로, 그 변경에 따라 범죄를 구성하지 아니하게 되거나 형이 가벼워졌다면 마찬가지로 형법 제1조 제2항과 형사소송법 제326조 제4호가 적용된다.

제4절 기구 및 용기·포장의 기준 및 규격

『식품용 기구 및 용기·포장 공전』에 규정된 총칙, 공통기준 및 규격, 재질별 규격, 기구 및 용기·포장의 시험법, 재검토기한 등에 관한 구체적 내용은 『식품용 기구 및 용기·포장 공전』(2021. 9. 7. 일부개정된 식품의약품안전처고시 제2021-76호 등)을 참조할 것.

제5절 한시적 기준 및 규격

Ⅰ. 관련규정 및 의의

식품의약품안전처장은 제1항에 따라 기준과 규격이 고시되지 아니한 식품 또는 식품첨가물의 기준과 규격을 인정받으려는 자에게 제1항 각 호(1. 제조·가공·사용·조리·보존 방법에 관한 기준, 2. 성분에 관한 규격)의 사항을 제출하게 하여 「식품·의약품분야 시험·검사 등에 관한 법률」 제6조제3항제1호에 따라 식품의약품안전처장이 지정한 식품전문 시험·검사기관 또는 같은 조 제4항 단서에 따라 총리령으로 정하는 시험·검사기관의 검토를 거쳐 제1항에 따른 기준과 규격이 고시될 때까지 그 식품 또는 식품첨가물의 기준과 규격으로 인정할 수 있다(법 제7조제2항).

또한 식품의약품안전처장은 제1항에 따라 기준과 규격이 고시되지 아니한 기구 및 용기·포장의 기준과 규격을 인정받으려는 자에게 제1항 각 호(1. 제조 방법에 관한 기준, 2. 기구 및 용기·포장과 그 원재료에 관한 규격)의 사항을 제출하게 하여 「식품·의약품분야 시험·검사 등에 관한 법률」 제6조제3항제1호에 따라 식품의약품안전처장이 지정한 식품전문 시험·검사기관 또는 같은 조 제4항 단서에 따라 총리령으로 정하는 시험·검사기관의 검토를 거쳐 제1항에 따라 기준과 규격이 고시될 때까지 해당 기구 및 용기·포장의 기준과 규격으로 인정할 수 있다(법 제9조제2항).

식품위생법은 판매를 목적으로 하는 식품 또는 식품첨가물과 판매를 목적으로 하거나 영업상 사용하는 기구 및 용기·포장에 대하여는 그 기준 및 규격을 정하여 반드시 고시토록 하는 제도를 채택하고 있다.

한편 식품산업이 발달됨에 따른 다양한 가공식품의 개발되었고 아울러 위 가공식품에 사용되는 식품첨가물이나 기구 및 용기·포장 또한 다양하게 개발 보급되게 되었다. 그런데 신개발 제품 등의 경우에 공정기준 및 규격을 제품개발 즉시 설정한다는 것은 불가능하다. 그리하여 신소재를 이용하여, 질 좋은 식품 또는 식품첨가물이나 기구 및 용기·포장을 개발하였으나 공정기준 및 규격이 설정되지 아니하였기 때문에 이를 사용치 못하게 되는 결과가 발생할 수도 있다. 이러한 점을 보완키 위하여 한시적으로 당해 제품에 대하여 기준 및 규격을 인정하는 제도를 도입하게 되었고, 이와 같은 제도가 『한시적 기준 및 규격』인정제도이다[2].

Ⅱ. 대상 및 절차

1. 대상

식품위생법 제7조제2항 또는 제9조제2항에 따라 한시적으로 제조·가공 등에 관한 기준과 성분에 관한 규격을 인정받을 수 있는 식품 등은 다음 각 호와 같다(시행규칙 제5조제1항).

① 식품(원료로 사용되는 경우만 해당한다)

가. 국내에서 새로 원료로 사용하려는 농산물·축산물·수산물 등

나. 농산물·축산물·수산물 등으로부터 추출·농축·분리 등의 방법으로 얻은 것으로서 식품으로 사용하려는 원료

② 식품첨가물: 법 제7조제1항에 따라 개별 기준 및 규격이 정하여지지 아니한 식품첨가물

③ 기구 또는 용기·포장: 법 제9조제1항에 따라 개별 기준 및 규격이 고시되지 아니한 식품 및 식품첨가물에 사용되는 기구 또는 용기·포장

2) 강윤구·최영현·이성훈, 알기 쉬운 식품위생법(개정판), 1997, 129-130면.

2. 절차

한시적으로 인정하는 식품 등의 제조·가공 등에 관한 기준과 성분의 규격에 관하여 필요한 세부 검토기준 등에 대해서는 식품의약품안전처장이 정하여 고시한다(시행규칙 제5조제4항).

식품의약품안전처장은 「식품·의약품분야 시험·검사 등에 관한 법률」 제6조제3항제1호에 따라 지정된 식품전문 시험·검사기관 또는 같은 조 제4항 단서에 따라 총리령으로 정하는 시험·검사기관(이하 이 조에서 "식품 등 시험·검사기관"이라 한다)이 한시적으로 인정하는 식품 등의 제조·가공 등에 관한 기준과 성분의 규격에 대하여 검토한 내용이 제4항에 따른 검토기준에 적합하지 아니하다고 인정하는 경우에는 그 식품 등 시험·검사기관에 시정을 요청할 수 있다(시행규칙 제5조제2항).

식품 등 시험·검사기관은 제2항에 따른 검토를 하는 데에 필요한 경우에는 그 검토를 의뢰한 자에게 관계 문헌, 원료 및 시험에 필요한 특수시약의 제출을 요청할 수 있다(시행규칙 제5조제3항).

제5장

표시 및 광고

제5장 표시 및 광고

제1절 표시의 의의

Ⅰ. 표시의 목적

식품 등의 표시란 식품, 식품첨가물, 기구, 용기·포장, 건강기능식품, 축산물(이하 '식품 등'이라 한다) 및 이를 넣거나 싸는 것(그 안에 첨부되는 종이 등을 포함한다)에 적는 문자·숫자 또는 도형을 말한다(식품 등의 표시·광고에 관한 법률 제2조제7호).

식품 등에 이러한 표시를 하도록 한 근본취지는 소비자 및 당해 식품 등의 취급자에게 정확한 정보를 제공하고, 행정청의 신속하고 효율적인 감시활동을 도모하기 위함이다. 즉 식품 등의 표시는 소비자가 식품 등을 구입할 때 그 품질이나 내용을 확인하고 선택할 수 있도록 하며 아울러 보존방법이나 취급요령을 알려주는 정보로 활용되고 있다. 또한 식품위생관리의 측면에서는 부정·불량식품의 단속이나 허위·과대광고의 단속시 신속하고 적절한 조치를 취할 수 있는 근거가 되고 있다. 따라서 식품 등에 있어서의 올바르고 정확한 표시는 위생적으로 안전한 식품의 유통·소비에 매우 중요한 역할을 한다.

식품 등에 대한 표시제도의 의의를 구체적으로 기술하면 다음과 같다[1].

1. 소비자에게 올바른 정보를 제공한다

상품에 관한 정보제공의 수단으로는 신문, 잡지, 라디오, TV등 여러 대중매체가 있다. 그러나 식품 등의 경우에 있어서 소비자는 대부분 상품 등에 붙어 있는 영영가, 원재료, 성분 및 용도성분 등의 표시를 우선적으로 확인하여 그 유용성을 판단·선택하게 된다. 따라서 식품 등에 있어서 용기·포장에 기재된 표시내용은 소비자들에게 가장 유용한 정보 제공 수단이라고 할 수 있다.

2. 식품위생관리의 근거가 된다

식품에 의한 사고 특히 식중독 등은 국민보건위생상 철저치 방지되어야 한다. 따라서

1) 강윤구·최영현·이성훈, 알기 쉬운 식품위생법(개정판), 1997, 138면.

식품위생관리의 중점은 식중독 방지와 아울러 국민이 안전한 식생활을 영위할 수 있도록 위해의 우려가 있는 식품의 유통을 방지하는데 두어야 할 것이다. 유통기한 등 표시 의무사항은 이러한 부정·불량 식품의 예방 및 단속활동이나 허위·과대광고의 단속 등 사후위생관리의 근거기준이 되고 있다. 또한 불가피하게 식품 등으로 인한 사고가 발생하였을 경우에도 원인 제공의 제품에 필요사항이 표시되어져 있다면 이에 따라 적절한 조치를 강구할 수 있을 것이며, 또한 제조자의 성명, 주소 등은 책임자의 소재를 추적하거나 제품회수 등의 행정조치를 취하는 데에 유용하게 활용될 것이다.

3. 상거래의 적정화를 도모한다

식품 등에 대한 정확한 표시는 공정한 거래질서를 확립하고 나아가서 소비자와 제조업자간의 신회를 도모하여 궁극적으로 소비자를 보호함과 동시에 제조업자의 적절한 상거래에 도움을 준다.

Ⅱ. 표시의 내용

표시는 생산자와 소비자 양측에 도움을 주어야 하며, 특히 소비자가 식품 등을 선택할 때 상품의 내용, 거래조건 등의 식별을 위하여 필요한 것이기 때문에 이러한 사항들을 소비자가 쉽게 식별할 수 있도록 이루어져야 한다. 따라서 식품 등에 관한 표시는 다음과 같은 사항들을 포함하여야 한다.

1. 내용의 표시

① 무엇으로 이루어져 있는가를 알려주는 표시: 식품의 원재료(특히 특정성분의 표시), 식품첨가물 등의 표시

② 어떤 방법으로 만들어졌는가를 알려주는 표시: 제조방법 등의 표시

③ 무엇에 사용할 수 있는가를 알려주는 표시: 성능·효능·용도 표시, 성능·효능·용도의 한계 표시, 안전성 식별 표시, 중량 표시 등

④ 어떻게 사용하는가를 알려주는 표시: 사용방법, 취급주의 표시(경고표시), 사용조건 표시, 제조년월일 표시, 유통기한 표시, 품질보존기간 표시 등

⑤ 어떻게 보존·유지하느냐와 어떻게 보존·유지해서는 안되는가를 알려주는 표시: 보존방법 표시 등

⑥ 어느 정도의 품질인가를 알려주는 표시: 영양성분·품질표시, 규격·등급표시, 제조

년월일 표시, 품질보증 표시 등

⑦ 언제까지 사용이 가능하며 언제 이후 사용해서는 안 되는가를 알려주는 표시: 유효기간 표시, 품질유지기간 표시 등

2. 거래조건의 표시

① 값이 어는 정도인가를 알려주는 표시 : 단위가격 표시등

② 수량이 어느 정도인가를 알려주는 표시 : 용량·중량 또는 수량의 표시등

3. 신용의 표시

① 상품의 생산자, 판매자를 알려주는 표시: 제조자 표시, 판매자 표시등

② 어디에서 생산되었는가를 알려주는 표시: 원산지 표시등

식품 등의 표시에 있어서는 물론 이와 같은 내용을 표시기준으로 정하는 바에 따라 표시하여야 한다. 그러나 이러한 규정은 각 나라마다 그 나라의 식생활관습 또는 제품의 특성에 따라 서로 다르게 표시하도록 규제하고 있으며, 또한 표시기준에서 정하고 있는 사항 이외의 사항을 표시하는 것을 금지하는 것은 아니다. 따라서 표시기준에서 정하고 이는 사항 이외의 사항이라도 그 내용이 적정한 것으로서 소비자들에게 보다 상세한 정보를 제공하기 위한 것이라면 그 표시가 가능할 것이며, 오히려 소비자보호 측면에서 바람직하다 할 것이다[2].

「식품 등의 표시·광고에 관한 법률」제4조 및 제5조에 따라 식품의약품안전처장은 『식품 등의 표시기준』(식품의약품안전처고시 제2022-86호, 2022. 12. 14., 일부개정) 및『건강기능식품의 표시기준』(식품의약품안전처고시 제2022-59호, 2022. 8. 12., 일부개정)을 별도로 고시하여 이를 시행하고 있다.

Ⅲ. 용어의 정의

『식품 등의 표시기준』(식품의약품안전처고시 제2022-86호, 2022. 12. 14., 일부개정)에서 사용하는 용어의 정의는 다음과 같다.

가. "제품명"이라 함은 개개의 제품을 나타내는 고유의 명칭을 말한다.

---

2) 강윤구·최영현·이성훈, 알기 쉬운 식품위생법(개정판), 1997, 139-140면.

나. “식품유형”이라 함은「식품위생법」제7조제1항 및「축산물 위생관리법」 제4조제2항에 따른「식품의 기준 및 규격」의 최소분류단위를 말한다.

다. “제조연월일”이라 함은 포장을 제외한 더 이상의 제조나 가공이 필요하지 아니한 시점(포장 후 멸균 및 살균 등과 같이 별도의 제조공정을 거치는 제품은 최종공정을 마친 시점)을 말한다. 다만, 캅셀제품은 충전·성형완료시점으로, 소분판매하는 제품은 소분용 원료제품의 제조연월일로, 포장육은 원료포장육의 제조연월일로, 식육즉석판매가공업 영업자가 식육가공품을 다시 나누어 판매하는 경우는 원료제품에 표시된 제조연월일로, 원료제품의 저장성이 변하지 않는 단순 가공처리만을 하는 제품은 원료제품의 포장시점으로 한다. (제조연월일의 영문명 및 약자 예시: Date of Manufacture, Manufacturing Date, MFG, M, PRO(P), PROD, PRD)

라. “소비기한”이라 함은 식품 등에 표시된 보관방법을 준수할 경우 섭취하여도 안전에 이상이 없는 기한을 말한다. (소비기한 영문명 및 약자 예시: Use by date, Expiration date, EXP, E)

마. “품질유지기한”이라 함은 식품의 특성에 맞는 적절한 보존방법이나 기준에 따라 보관할 경우 해당식품 고유의 품질이 유지될 수 있는 기한을 말한다. (품질유지기한 영문명 및 약자 예시: Best before date, Date of Minimum Durability, Best before, BBE, BE)

바. “원재료”는 식품 또는 식품첨가물의 처리·제조·가공 또는 조리에 사용되는 물질로서 최종 제품내에 들어있는 것을 말한다.

사. “성분”이라 함은 제품에 따로 첨가한 영양성분 또는 비영양성분이거나 원재료를 구성하는 단일물질로서 최종제품에 함유되어 있는 것을 말한다.

아. “영양성분”이라 함은 식품에 함유된 성분으로서 에너지를 공급하거나 신체의 성장, 발달, 유지에 필요한 것 또는 결핍시 특별한 생화학적, 생리적 변화가 일어나게 하는 것을 말한다.

자. “당류”라 함은「식품 등의 표시·광고에 관한 법률 시행규칙」(이하 “규칙”이라 한다) 제6조제2항제4호에 따른 당류로서 당류 함량은 모든 단당류와 이당류의 합을 말한다.

차. “트랜스지방”이라 함은 트랜스구조를 1개 이상 가지고 있는 비공액형의 모든 불포화지방을 말한다.

카. “1회 섭취참고량”은 만 3세 이상 소비계층이 통상적으로 소비하는 식품별 1회 섭취량과 시장조사 결과 등을 바탕으로 설정한 값을 말한다. 이 경우 1회 섭취참고량은 표3과 같다.

타. “영양성분표시”라 함은 제품의 일정량에 함유된 영양성분의 함량을 표시하는 것

을 말한다.

파. "영양강조표시"라 함은 제품에 함유된 영양성분의 함유사실 또는 함유정도를 "무", "저", "고", "강화", "첨가", "감소"등의 특정한 용어를 사용하여 표시하는 것으로서 다음의 것을 말한다.

i) "영양성분 함량강조표시" : 영양성분의 함유사실 또는 함유정도를 "무○○", "저○○", "고○○", "○○함유"등과 같은 표현으로 그 영양성분의 함량을 강조하여 표시하는 것을 말한다.

ii) "영양성분 비교강조표시" : 영양성분의 함유사실 또는 함유정도를 "덜", "더", "강화", "첨가"등과 같은 표현으로 같은 유형의 제품과 비교하여 표시하는 것을 말한다.

하. "1일 영양성분 기준치"라 함은 소비자가 하루의 식사 중 해당식품이 차지하는 영양적 가치를 보다 잘 이해하고, 식품간의 영양성분을 쉽게 비교할 수 있도록 식품표시에서 사용하는 영양성분의 평균적인 1일 섭취 기준량을 말하며, 이 경우 1일 영양성분 기준치는 규칙 제6조 관련 별표 5에 따른다.

거. "주표시면"이라 함은 용기·포장의 표시면 중 상표, 로고 등이 인쇄되어 있어 소비자가 식품 또는 식품첨가물을 구매할 때 통상적으로 소비자에게 보여지는 면으로서 도 1에 따른 면을 말한다.

너. "정보표시면"이라 함은 용기·포장의 표시면 중 소비자가 쉽게 알아 볼 수 있도록 표시사항을 모아서 표시하는 면으로서 도 1 에 따른 면을 말한다.

더. "복합원재료"라 함은 2종류 이상의 원재료 또는 성분으로 제조·가공하여 다른 식품의 원료로 사용되는 것으로서 행정관청에 품목제조보고되거나 수입신고된 식품을 말한다.

러. "통·병조림식품"은 통 또는 병에 넣어 탈기와 밀봉 및 살균 또는 멸균한 것을 말한다.

머. "레토르트(retort)식품"은 단층플라스틱필름이나 금속박 또는 이를 여러 층으로 접착하여 파우치와 기타 모양으로 성형한 용기에 제조·가공 또는 조리한 식품을 충전하고 밀봉하여 가열살균 또는 멸균한 것을 말한다.

버. "냉동식품"은 제조·가공 또는 조리한 식품을 장기 보존할 목적으로 냉동처리, 냉동보관 하는 것으로서 용기·포장에 넣은 식품을 말한다.

서. "품목보고번호"라 함은 「식품위생법」 제37조에 따라 제조·가공업 영업자 또는 「축산물 위생관리법」 제25조에 따라 축산물가공업, 식육포장처리업 영업자가 관할기관에 품목제조를 보고할 때 부여되는 번호를 말한다.

어. "표시사항"이란 제품명, 식품유형, 영업소(장)의 명칭(상호) 및 소재지, 제조연월일, 소비기한 또는 품질유지기한, 내용량 및 내용량에 해당하는 열량, 원재료명, 성분명 및 함량, 영양성분 등 Ⅲ. 개별표시사항 및 표시기준에서 식품 등에 표시하도록 규정한 사항을 말한다.

저. "기계발골육"이라 함은 살코기를 발라내고 남은 뼈에 붙은 살코기를 기계를 이용하여 분리한 식육을 말한다.

처. "산란일"이란 닭이 알을 낳은 날을 말한다.

커. "얼음막"이란 수산물을 동결하는 과정에서 수산물의 표면에 얼음으로 막을 씌우는 것을 말한다.

터. "포인트"란 한국산업표준 KS A 0201(활자의 기준 치수)이 정하는 바에 따라 활자의 크기를 표시하는 단위를 말한다.

제2절 표시대상 식품 등의 범위

식품 등의 표시·광고에 관한 법률은 표시대상인 식품 등을 ⅰ) 식품, 식품첨가물 또는 축산물, ⅱ) 기구 또는 용기·포장, ⅲ) 건강기능식품으로 구분하고 있다(제2조제7호, 제4조). 이러한 표시대상 식품 등의 구체적인 내용은 『식품 등의 표시기준』(식품의약품안전처고시 제2022-86호, 2022. 12. 14., 일부개정) 및 『건강기능식품의 표시기준』(식품의약품안전처고시 제2022-59호, 2022. 8. 12., 일부개정)을 참고하기 바람.

원래는 식품과 관련된 표시기준은 구 식품위생법 제10조, 제11조 및 규칙 제6조, 식약처 고시 『식품 등의 표시기준』에서 정하고 있었으며, 축산물과 관련된 표시기준은 구 축산물위생관리법 제6조, 식약처 고시 『축산물의 표시기준』에서 정하고 있었으며, 건강기능식품과 관련된 표시기준은 건강기능식품에 관한 법률 제17조, 식약처 고시 『건강기능식품의 표시기준』에서 정하고 있었다.

그런데 식품 등의 표시·광고에 관한 법률이 제정되면서 구 식품위생법 제10조 및 제11조, 구 축산물위생관리법 제6조, 건강기능식품에 관한 법률 제17조가 모두 삭제되었고, 이제는 식품 등의 표시·광고에 관한 법률에서 표시 관련 기준을 통일적으로 규율하게 되었다.

제3절 표시의무자

표시를 하여야 할 자, 즉 표시의무자에 대하여는 식품 등의 표시·광고에 관한 법률 시행규칙 제4조에서 자세한 규정을 두고 있다. 일반적으로는 영업으로 식품 등을 제조·가공하는 자를 표시의무자라고 할 수 있다. 그런데 표시에 관한 기준이 정하여진 식품 등의 경우 그 기준에 맞는 표시가 없으면 그 판매 및 영업상의 사용이 금지되어 있으므로 이러한 의미에서 위 표시의무자가 제조·가공업자에 한정되는 것만은 아닌 것으로 해석된다는 견해도 있다. 예컨대, 제조업자가 표시하지 아니한 식품 등을 소매업자에게 판매하고, 소매업자는 그대로 소비자에게 판매하였을 경우 제조업자, 소매업자 모두가 표시의무를 위반한 것으로 되며, 따라서 소매업자는 그 식품 등을 소비자에게 판매하려고 하는 경우 제조업자에게 적정한 표시를 하게 한 후 판매하여야 할 것이고, 이 경우 소매업자도 표시의무자로 볼 수 있다는 것이다[3]. 그러나 식품 등의 제조·가공업자나 도매업자도 아닌 영세소매업자에게까지 이러한 표시의무의 이행을 요구하는 것이 현실적으로 가능할지는 의문이다. 실제로 식품 등의 표시기준은 매우 전문적·기술적인 사항을 포함하고 있고, 제조·가공업자도 아닌 소매업자가 현실적으로 그 표시대상에 해당하는지의 여부, 표시사항의 포함여부, 표시방법의 준수여부 등에 대한 구체적인 판단을 하기는 어렵다는 점을 고려하면 더욱 그러하다.

식품 등의 표시·광고에 관한 법률 시행규칙 제4조에서는 주로 식품 등의 제조·가공업을 하는 자를 표시의무자로 규정하고 있으며, 판매업을 영위하는 자가 표시의무자가 되는 경우는 이를 다음과 같이 제한적으로 열거하고 있다.

①「식품위생법 시행령」 제21조제5호나목4)에 따른 집단급식소 식품판매업을 하는 자

②「축산물 위생관리법 시행령」 제21조제7호가목에 따른 식육판매업을 하는 자

③「수입식품안전관리 특별법 시행령」 제2조제1호에 따른 수입식품 등 수입·판매업을 하는 자

④ 농산물·임산물·수산물 또는 축산물을 용기·포장에 넣거나 싸서 출하·판매하는 자

⑤ 식품 등의 표시·광고에 관한 법률 제2조제3호에 따른 기구를 생산, 유통 또는 판매하는 자

3) 강윤구·최영현·이성훈, 알기 쉬운 식품위생법(개정판), 1997, 141면.

제4절 표시사항

Ⅰ. 표시사항의 내용

1. 식품, 식품첨가물 또는 축산물

식품, 식품첨가물 또는 축산물에는 ⅰ) 제품명, 내용량 및 원재료명 , ⅱ) 영업소 명칭 및 소재지, ⅲ) 소비자 안전을 위한 주의사항, ⅳ) 제조연월일, 유통기한 또는 품질유지기한, ⅴ) 그 밖에 소비자에게 해당 식품, 식품첨가물 또는 축산물에 관한 정보를 제공하기 위하여 필요한 사항으로서 총리령으로 정하는 사항을 표시하여야 한다(식품 등의 표시·광고에 관한 법률 제4조제1항제1호).

ⅴ)에서의 "총리령으로 정하는 사항"이란 다음 각 호(1. 식품유형, 품목보고번호, 2. 성분명 및 함량, 3. 용기·포장의 재질, 4. 조사처리(照射處理) 표시, 5. 보관방법 또는 취급방법, 6. 식육(食肉)의 종류, 부위 명칭, 등급 및 도축장명, 7. 포장일자, 생산연월일 또는 산란일)의 사항을 말한다(식품 등의 표시·광고에 관한 법률 시행규칙 제3조제1항).

2. 기구 또는 용기·포장

기구 또는 용기·포장에는 ⅰ) 재질, ⅱ) 영업소 명칭 및 소재지, ⅲ) 소비자 안전을 위한 주의사항, ⅳ) 그 밖에 소비자에게 해당 기구 또는 용기·포장에 관한 정보를 제공하기 위하여 필요한 사항으로서 총리령으로 정하는 사항을 표시하여야 한다(식품 등의 표시·광고에 관한 법률 제4조제1항제2호).

ⅳ)에서의 "총리령으로 정하는 사항"이란 식품용이라는 단어 또는 식품용 기구를 나타내는 도안을 말한다(식품 등의 표시·광고에 관한 법률 시행규칙 제3조제2항).

3. 건강기능식품

"건강기능식품"이란 인체에 유용한 기능성을 가진 원료나 성분을 사용하여 제조(가공을 포함한다)한 식품을 말한다(건강기능식품에 관한 법률 제3조제1호).

건강기능식품에는 ⅰ) 제품명, 내용량 및 원료명, ⅱ) 영업소 명칭 및 소재지, ⅲ) 유통기한 및 보관방법, ⅳ) 섭취량, 섭취방법 및 섭취 시 주의사항, ⅴ) 건강기능식품이라는 문자 또는 건강기능식품임을 나타내는 도안, ⅵ) 질병의 예방 및 치료를 위한 의약품이 아니라는 내용의 표현, ⅶ) 「건강기능식품에 관한 법률」 제3조제2호에 따른 기능성에 관한 정보 및 원료 중에 해당 기능성을 나타내는 성분 등의 함유량, viii) 그 밖에 소비자에게 해당 건강기능식품에 관한 정보를 제공하기 위하여 필요한 사항으로서 총리령으로 정하는 사항을 표시하여야 한다(식품 등의 표시·광고에 관한 법률 제4조제1항제3호).

viii)에서의 "총리령으로 정하는 사항"이란 다음 각 호(1. 원료의 함량, 2. 소비자 안전을 위한 주의사항)의 사항을 말한다(식품 등의 표시·광고에 관한 법률 시행규칙 제3조제3항).

4. 기타 표시사항

식품 등의 표시·광고에 관한 법률 제4조제1항 및 제2항에 따른 소비자 안전을 위한 주의사항의 구체적인 표시사항은 별표 2와 같다(식품 등의 표시·광고에 관한 법률 시행규칙 제5조제1항).

한편 '식품 등의 표시기준'이 정하는 표시사항 중 유통기한을 표시하지 않을 수 있는 식품이라고 하더라도 해당 식품의 제조자나 수입자가 자발적으로 그 식품에 유통기한을 설정·표시해 소정의 보고 또는 신고·검사를 마친 경우에는 법적으로 유효한 유통기한이 설정된 것으로 보아야 한다. 따라서 이 경우 이미 표시된 유통기한을 다시 고쳐 기재한 행위는 식품위생법 제11조 1항의 '허위표시'에 해당하게 된다(대법원 2008. 7. 10. 선고 2007도5583 판결).

대법원 2008. 7. 10. 선고 2007도5583 판결【식품위생법위반】

유통기한을 표시하지 않을 수 있는 식품의 제조자나 수입자가 자발적으로 그 식품의 유통기한을 설정·표시하여 신고 등을 마친 후 이와 다른 유통기한을 표시한 경우, 구 식품위생법상 '허위표시'에 해당하는지 여부(적극): 구 식품위생법(2005. 1. 27. 법률 제7374호로 개정되기 전의 것) 제22조 제6항, 구 식품위생법 시행규칙(2005. 7. 28. 부령 제324호로 개정되기 전의 것) 제25조, 제26조 제2항에 의하면, 식품제조업자가 식품을 제조·가공하는 때에는 스스로 유통기간을 설정하여 품목제조보고를 하여야 하고, 그 유통기간을 연장하고자 할 때에는 그 연장사유서를 첨부한 유통기간연장보고서를 제출하여야 하도록 하고 있으며, 같은 법 제16조, 시행규칙 제11조에는 식품수입자가 식품을 수입하는 때에도 수입신고서에 스스로 유통기간을 기재하여 수입신고를 하고 그에 따라 소정의 검사를 받도록 규정하고 있다. 이와 같은 제반 규정의 취지를 종합하면 유통기간이나 유통기한은 기본적으로 식품제조업자 또는 수입업자가 자율적으로 정하는 것으로서, 일단 설정한 유통기한에는 그 자신도 구속을 받는 것으로 보이고, 나아가 유통기한을 표시하는 취지가 소비자에게 그 식품에 대한 정확하고도 신뢰성 있는 정보를 제공함으로써 소비자를 보호하고 국민보건의 증진에 이바지하고자 함에 있음을 감안하면, 위 '식품 등의 표시기준'이 정하는 표시사항 중 유통기한을 표시하지 않을 수 있는 '식품 등의 표시기준'

제3조 제1호 (바)목 해당 식품이라 하더라도, 당해 식품의 제조자나 수입자가 자발적으로 그 식품에 유통기한을 설정·표시하여 소정의 보고 또는 신고·검사를 마친 경우에는 법적으로 유효한 유통기한이 설정된 것이나 다름없으므로, 그와 다른 유통기한을 표시하게 되면 이는 구 식품위생법 제11조 제1항의 '허위표시'에 해당한다(대법원 2008. 7. 10. 선고 2007도5583 판결)

Ⅱ. 표시사항의 적용특례

일부식품 등에 있어서는 위 표시사항에 관한 규정을 일률적으로 적용하기 어려운 특수한 사정이 있을 수 있다. 그러한 경우에는 식품의 특성을 고려하여 표시사항을 특별히 완화하거나 이를 변형할 수 있도록 할 필요가 있다.

그리하여 총리령으로 정하는 경우에는 식품 등의 표시사항 중 그 일부만을 표시할 수 있다(식품 등의 표시·광고에 관한 법률 제4조제1항단서). 식품 등의 표시·광고에 관한 법률 제4조제1항 각 호 외의 부분 단서에 따라 식품, 식품첨가물, 기구, 용기·포장, 건강기능식품, 축산물에 표시사항 중 일부만을 표시할 수 있는 경우는 별표 1과 같다(식품 등의 표시·광고에 관한 법률 시행규칙 제2조). 그 구체적인 내용은 위 별표 1을 참고하기 바람.

제5절 표시방법

식품 등의 표시·광고에 관한 법률 제4조제2항에 따른 글씨크기·표시장소 등의 표시방법은 [별표 3]과 같다(식품 등의 표시·광고에 관한 법률 시행규칙 제5조제2항).

제1항 및 제2항에서 규정한 사항 외에 표시사항 및 표시방법에 관한 세부 사항은 식품의약품안전처장이 정하여 고시한다(식품 등의 표시·광고에 관한 법률 시행규칙 제5조제3항).

식품 등의 표시방법의 구체적인 내용은 『식품 등의 표시기준』(식품의약품안전처고시 제2022-86호, 2022. 12. 14., 일부개정) 및 『건강기능식품의 표시기준』(식품의약품안전처고시 제2022-59호, 2022. 8. 12., 일부개정) 등을 참고하기 바람.

제6절 부당한 표시·광고의 금지

Ⅰ. 의의

부당한 표시 또는 광고행위는 금지된다. 부당한 표시 또는 광고에 있어서 '부당'의 의미는 주로 '거짓 또는 과장'을 말하는 것이라고 보아야 할 것인바, 여기서 거짓이란 사실에 반하는 것을 나타내는 것을 말하며, 과장은 반드시 거짓은 아니지만 사실을 부당하게 과대해서 나타내는 것을 말한다. 그러나 현실적으로는 거짓과 과장의 구분이 명확치 않은 경우가 많으며 실제에 있어서도 그 구별의 실익도 크다고 할 수는 없다.

'표시'란 식품, 식품첨가물, 기구, 용기·포장, 건강기능식품, 축산물(이하 "식품 등"이라 한다) 및 이를 넣거나 싸는 것(그 안에 첨부되는 종이 등을 포함한다)에 적는 문자·숫자 또는 도형을 말하며(식품 등의 표시·광고에 관한 법률 제2조제7호), '광고'란 라디오·텔레비전·신문·잡지·인터넷·인쇄물·간판 또는 그 밖의 매체를 통하여 음성·음향·영상 등의 방법으로 식품 등에 관한 정보를 나타내거나 알리는 행위를 말한다(식품 등의 표시·광고에 관한 법률 제2조제10호).

대법원 1990. 9. 25. 선고 90도1771 판결【식품위생법위반】

성분배합비율 100퍼센트로 소꼬리를 제조하는 품목허가를 받았음에도 불구하고 소꼬리 20퍼센트, 소엉덩이뼈(반골) 80퍼센트를 혼합하여 소꼬리를 제조한 후 그 전체가 100퍼센트 소꼬리이고 품목허가를 받은 것처럼 표시하여 판매한 경우에는 이는 식품위생법 제22조 제2항 소정의 변경허가를 받지 아니한 채 식품을 제조한 후 허위표시를 하여 이를 판매한 것으로 보아야 한다.

Ⅱ. 부당한 표시·광고의 범위

1. 부당한 표시·광고의 금지대상

「식품 등의 표시·광고에 관한 법률」제8조제1항 각 호 외의 부분에서 "식품 등의 명칭·제조방법·성분 등 대통령령으로 정하는 사항"이란 다음 각 호의 사항을 말한다(식품 등의 표시·광고에 관한 법률 시행령 제2조).

① 식품, 식품첨가물, 기구, 용기·포장, 건강기능식품, 축산물(이하 "식품 등"이라 한다)의 명칭, 영업소 명칭, 종류, 원재료, 성분(영양성분을 포함한다), 내용량, 제조방법(축산물을 생산하기 위한 해당 가축의 사육방식을 포함한다), 등급, 품질 및 사용정보에 관한 사항

② 식품 등의 제조연월일, 생산연월일, 소비기한, 품질유지기한 및 산란일에 관한 사항

③「식품위생법」제12조의2에 따른 유전자변형식품 등의 표시 또는「건강기능식품에 관한 법률」제17조의2에 따른 유전자변형건강기능식품의 표시에 관한 사항

④ 다음 각 목의 이력추적관리에 관한 사항

i)「식품위생법」제2조제13호에 따른 식품이력추적관리

ii)「건강기능식품에 관한 법률」제3조제6호에 따른 건강기능식품이력추적관리

iii)「축산물 위생관리법」제2조제13호에 따른 축산물가공품이력추적관리

⑤ 축산물의 인증과 관련된 다음 각 목의 사항

i)「축산물 위생관리법」제9조제2항 본문에 따른 자체안전관리인증기준에 관한 사항

ii)「축산물 위생관리법」제9조제3항에 따른 안전관리인증작업장·안전관리인증업소 또는 안전관리인증농장의 인증에 관한 사항

iii)「축산물 위생관리법」제9조제4항 전단에 따른 안전관리통합인증업체의 인증에 관한 사항

2. 부당한 표시·광고의 내용

누구든지 식품 등의 명칭·제조방법·성분 등 대통령령으로 정하는 사항에 관하여 다음 각 호의 어느 하나에 해당하는 표시 또는 광고를 하여서는 아니 된다(식품 등의 표시·광고에 관한 법률 제8조제1항).

① 질병의 예방·치료에 효능이 있는 것으로 인식할 우려가 있는 표시 또는 광고

② 식품 등을 의약품으로 인식할 우려가 있는 표시 또는 광고

③ 건강기능식품이 아닌 것을 건강기능식품으로 인식할 우려가 있는 표시 또는 광고

④ 거짓·과장된 표시 또는 광고

⑤ 소비자를 기만하는 표시 또는 광고

⑥ 다른 업체나 다른 업체의 제품을 비방하는 표시 또는 광고

⑦ 객관적인 근거 없이 자기 또는 자기의 식품 등을 다른 영업자나 다른 영업자의 식품 등과 부당하게 비교하는 표시 또는 광고

⑧ 사행심을 조장하거나 음란한 표현을 사용하여 공중도덕이나 사회윤리를 현저하게 침해하는 표시 또는 광고

⑨ 총리령으로 정하는 식품 등이 아닌 물품의 상호, 상표 또는 용기·포장 등과 동일하거나 유사한 것을 사용하여 해당 물품으로 오인·혼동할 수 있는 표시 또는 광고

⑩ 제10조제1항에 따라 심의를 받지 아니하거나 같은 조 제4항을 위반하여 심의 결과에 따르지 아니한 표시 또는 광고

제1항 각 호의 표시 또는 광고의 구체적인 내용과 그 밖에 필요한 사항은 대통령령으로 정한다(식품 등의 표시·광고에 관한 법률 제8조제2항). 식품 등의 표시·광고에 관한 법률 제8조제1항에 따른 부당한 표시 또는 광고의 구체적인 내용은 별표 1과 같다(식품 등의 표시·광고에 관한 법률 시행령 제3조제1항). 제1항에서 규정한 사항 외에 부당한 표시 또는 광고의 내용에 관한 세부적인 사항은 식품의약품안전처장이 정하여 고시한다(식품 등의 표시·광고에 관한 법률 시행령 제3조제2항).

대법원 2002. 11. 26. 선고 2002도2998 판결【식품위생법위반】

식품위생법 제11조 제2항이 과대광고 등의 범위 및 기타 필요한 사항을 보건복지부령에 위임하고 있는 것은 과대광고 등으로 인한 형사처벌에 관련된 법규의 내용을 빠짐없이 형식적 의미의 법률에 의하여 규정한다는 것은 사실상 불가능하다는 고려에서 비롯된 것이고, 또한 같은법시행규칙 제6조 제1항은 처벌대상인 행위가 어떠한 것인지 예측할 수 있도록 구체적으로 규정되어 있다고 할 것이므로 식품위생법 제11조 및 같은법시행규칙 제6조 제1항의 규정이 위임입법의 한계나 죄형법정주의에 위반된 것이라고 볼 수는 없다.

대법원 2013. 3. 14. 선고 2011두7991 판결【시정명령등취소청구】

[2] 구 표시·광고의 공정화에 관한 법률 제3조 제1항 제4호 등에 의하여 금지되는 이른바 '비방적인 광고'의 의미: 구 표시·광고의 공정화에 관한 법률(2011. 9. 15. 법률 제11050호로 개정되기 전의 것) 제3조 제1항 제4호 및 같은 조 제2항의 위임에 따른 구 표시·광고의 공정화에 관한 법률 시행령(2012. 9. 5. 대통령령 제24081호로 개정되기 전의 것) 제3조 제4항에 의하여 금지되는 이른바 '비방적인 광고'는 다른 사업자 등 또는 다른 사업자 등의 상품 등에 관하여 객관적인 근거가 없는 내용으로 비방하거나 일부 불리한 사실만을 추출·왜곡하여 비방함으로써 공정한 거래질서를 저해할 우려가 있는 광고를 말한다.

[3] 어떤 식품이나 그와 직접 연관된 제품의 인체 유해성에 관하여 어느 정도 객관적 근거를 갖춘 우려가 제기되어 현실적으로 논란이 되고 있는 경우, 그와 같은 경쟁 제품의 인체 유해의 가능성 또는 위험을 언급하거나 지적하는 광고가 비방광고로서 금지되는지 여부(소극): 식품 또는 그와 직접 연관된 제품

의 안전성 또는 인체에 대한 유해성과 관련하여 소비자들이 고도의 경각심을 갖고 그 위험을 미리 회피하기 위하여 최선의 노력을 다하는 것은 소비자들에게 주어진 정당한 선택의 권리에 속한다고 보아야 하는 점에 비추어, 어떠한 식품이나 그와 직접 연관된 제품의 인체 유해성에 관하여 어느 정도 객관적 근거를 갖춘 우려가 제기되어 현실적으로 논란이 되고 있다면, 그 유해성이나 유해 수준이 과학적으로 명백하게 입증되지는 않았다고 하더라도 경쟁 제품이 갖고 있는 위와 같은 유해의 가능성 또는 위험을 언급하거나 지적하는 내용의 광고에 대하여 함부로 공정한 거래질서를 저해할 우려가 있는 비방광고로서 금지하여야 한다고 단정할 것은 아니다.

대법원 2006. 11. 24. 선고 2005도844 판결【식품위생법위반】

[1] 식품·식품첨가물의 표시에 있어 의약품과 혼동할 우려가 있는 표시나 광고를 금지한 구 식품위생법 제11조 제1항의 해석방법 및 어떠한 표시·광고가 식품광고로서의 한계를 벗어나 의약품으로 혼동·오인하게 하는 것인지의 판단 기준: 가. 구 식품위생법(2005. 12. 23. 법률 제7735호로 개정되기 전의 것, 이하 '법'이라고 한다) 제11조 제1항에서는 "…식품·식품첨가물의 표시에 있어서는 의약품과 혼동할 우려가 있는 표시를 하거나 광고를 하여서는 아니 된다. 식품·식품첨가물의 영양가·원재료·성분 및 용도에 관하여도 또한 같다."고 규정하고 있고, 같은 법 시행규칙(2005. 7. 28. 보건복지부령 제324호로 개정되기 전의 것) 제6조 제1항은 법 제11조의 규정에 의한 허위표시·과대광고에 해당하는 행위 등을 열거하면서 그 제2호에서 "질병의 치료에 효능이 있다는 내용 또는 의약품으로 혼동할 우려가 있는 내용의 표시·광고"가 그러한 행위에 해당한다고 규정하고 있다.

나. 그런데 위 법령조항의 의미를 해석함에 있어 위 규정이 식품의 약리적 효능에 관한 표시·광고를 전부 금지하고 있는 것으로 볼 것은 아니므로, 그러한 내용의 표시·광고라 하더라도 그것이 식품으로서 갖는 효능이라는 본질적 한계 내에서 식품에 부수되거나 영양섭취의 결과 나타나는 효과임을 표시·광고하는 것과 같은 경우에는 허용된다고 보아야 할 것이다. 결국, 위 법령조항은 식품 등에 대하여 마치 특정 질병의 치료·예방 등을 직접적이고 주된 목적으로 하는 것인 양 표시·광고하여 소비자로 하여금 의약품으로 혼동·오인하게 하는 표시·광고만을 규제하고 있는 것이라고 한정적으로 해석하여야 할 것이며, 어떠한 표시·광고가 식품광고로서의 한계를 벗어나 의약품으로 혼동·오인하게 하는 것인지는 사회일반인의 평균적 인식을 기준으로 법적용기관이 구체적으로 판단하여야 할 것이다.

[2] 피고인이 자신이 대표로 있는 법인의 인터넷 홈페이지에 마늘의 효능에 관하여 위염, 위궤양 등에 치료효과가 있다는 내용의 글을 게재한 행위가 허위·과대광고를 한 경우에 해당하지 않는다고 본 사례

대법원 2002. 11. 26. 선고 2002도2998 판결【식품위생법위반】

[1] 식품위생법 제11조 및 같은법시행규칙 제6조 제1항의 규정이 위임입법의 한계나 죄형법정주의에 위반된 것이라고 볼 수 있는지 여부(소극): 식품위생법 제11조 제2항이 과대광고 등의 범위 및 기타 필요한 사항을 보건복지부령에 위임하고 있는 것은 과대광고 등으로 인한 형사처벌에 관련된 법규의 내용을 빠짐없이 형식적 의미의 법률에 의하여 규정한다는 것은 사실상 불가능하다는 고려에서 비롯된 것이고, 또한 같은법시행규칙 제6조 제1항은 처벌대상인 행위가 어떠한 것인지 예측할 수 있도록 구체적으로 규정되어 있다고 할 것이므로 식품위생법 제11조 및 같은법시행규칙 제6조 제1항의 규정이 위임입법의 한계나 죄형법정주의에 위반된 것이라고 볼 수는 없다.

[2] 일반식품에 질병치료의 효능이 있다 하더라도 의약품으로 공인받지 못한 식품을 표시하거나 광고함에 있어서 의약품과 혼동할 우려가 있는 표현을 사용한 경우, 식품위생법 제11조에 위반되는지 여부(적극): 일반식품이 질병의 치료에 효능이 있는 것이 사실이라 할지라도, 그 제품을 식품위생법에 의하여 식품으로 공인받았을 뿐 의약품으로 공인받지 아니한 이상, 식품위생법의 규제대상인 식품에는 그 제2조 제1호에 의하여 처음부터 의약품은 제외되어 있으므로, 그 식품을 표시하거나 광고함에 있어서 의약품과 혼동할 우려가 있는 표현을 사용한다면 그것은 식품에 관한 표시나 광고로서의 범위를 벗어나 그 자체로 식품의 품질에 관한 허위표시나 과대광고로서 소비자의 위생에 위해를 가할 우려가 있다고 할 것이어서, 식품으로 인한 위생상의 위해를 방지한다는 관점에서 식품에 관한 표시와 광고를 규제하는 식품위생법 제11조, 같은 법시행규칙 제6조 제1항 제2호에 위반되게 되는 것이다.

대법원 2002. 6. 14. 선고 2001도4633 판결【식품위생법위반】

[1] 식품이 아니라 원재료에 질병치료의 효능이 있는 것으로 광고한 경우 식품위생법 제11조에 위반되는지 여부(적극) 및 그 광고에서 제품을 의약품이 아니라 식품이라고 명시하고 있는 경우 식품위생법 제11조에 위반되는지 여부(적극): 식품위생법 제11조 및 같은법시행규칙 제6조 제1항에서 그 제품의 성분 및 원재료에 대하여 질병의 치료에 효능이 있는 것처럼 광고하는 행위도 과대광고로 규제하고 있는 점에 비추어 볼 때, 그 식품 자체에 관하여 그러한 효능이 있는 것으로 광고하지 아니하였다 할지라도 그 원재료가 그러한 효능이 있는 것으로 광고한 경우에는 그 식품에 관하여 과대광고를 한 것이 된다 할 것이며, 또 그 광고에서 그 제품을 의약품이 아니라 식품이라고 명시하고 있다 할지라도 그 표시나 광고의 내용에 의학적 효능·효과가 있는 것으로 오인될 우려가 있는 표현이 포함되어 있는 경우에는 그 제품이 질병의 치료에 효능이 있는 것처럼 광고한 것이라고 보지 아니할 수 없어 역시 과대광고에 해당한다.

[2] 식품의 유용성 표시가 허용되지 않는 다류 제품에 대한 광고를 게재하면서 그 식품의 원료인 은행나무잎의 유용성을 표시함으로써 질병치료의 효능이 있다는 취지의 표현을 사용한 것은 식품위생법 제11조 제1항 소정의 식품의 품질에 관한 과대광고에 해당한다고 한 사례: 식품의 유용성 표시가 허용되지 않는 다류제품에 대한 광고를 게재하면서 그 식품의 원료인 은행나무잎의 유용성을 표시

함으로써 질병치료의 효능이 있다는 취지의 표현을 사용한 것은 식품위생법 제11조 제1항 소정의 식품의 품질에 관한 과대광고에 해당한다고 한 사례.

헌법재판소 2000. 3. 30. 선고 97헌마108 전원재판부

식품·식품첨가물의 표시에 있어서 의약품과 혼동할 우려가 있는 표시나 광고를 금지하고 있는 식품위생법 제11조 제1항 중 식품·식품첨가물에 관하여 의약품과 혼동할 우려가 있는 표시·광고를 금지하는 부분 및 같은 법시행규칙 제6조 제1항 제2호가 영업의 자유 등의 기본권을 침해하는지 여부(소극): 의약품과 혼동할 우려가 있는 표시·광고 및 질병의 치료에 효능이 있다는 내용의 표시·광고를 금지하고 있는 위 법령조항을 식품의 약리적 효능에 관한 표시·광고를 전부 금지하는 것으로 풀이하는 것은 위 법령조항의 입법취지에 어긋날 뿐만 아니라, 식품제조업자 등의 영업의 자유, 광고표현의 자유 등에 대한 지나치게 포괄적인 규제를 허용하는 셈이 되어 헌법적으로 용인되지 아니하나, 위 법령조항을 식품 등에 대하여 마치 특정 질병의 치료·예방 등을 직접적이고 주된 목적으로 하는 것인 양 표시·광고하여 소비자로 하여금 의약품으로 혼동·오인하게 하는 표시·광고만을 규제하고 있는 것으로 한정적으로 풀이하면 부당하게 의약품인 양 오도하는 표시·광고를 규제함으로써 국민의 건강을 보호한다는 입법목적을 달성할 수 있을 뿐만 아니라, 식품이 가지고 있는 약리적 효능에 관한 정보를 적절히 소비자에게 제공할 수도 있게 됨으로써 과잉규제로 인한 헌법위반의 소지도 아울러 없어지므로, 위 법령조항은 그 적용범위를 위와 같은 합헌적인 범위 밖에까지 부당히 확장하지 아니하는 한 식품제조업자 등의 영업의 자유, 광고표현의 자유 또는 학문의 자유를 헌법 제37조 제2항에 위반하여 침해하는 것이라고 볼 수 없다.

대법원 1998. 2. 13. 선고 97도2925 판결【약사법위반】

식품을 표시하거나 광고함에 있어서 의약품과 혼동할 우려가 있는 표현을 사용한 경우, 식품위생법 제11조 및 약사법 제55조 제2항에 위반되는지 여부(적극): 비록 식품위생법에 의하여 그 기준과 규격을 공인받은 품목허가의 식품이라고 할지라도, 식품위생법의 규제대상인 식품에는 그 제2조 제1호에 의하여 처음부터 의약품은 제외되어 있으므로, 그 식품을 표시하거나 광고함에 있어서 의약품과 혼동할 우려가 있는 표현을 사용한다면 그것은 식품에 관한 표시나 광고로서의 범위를 벗어나 그 자체로 식품의 품질에 관한 허위표시나 과대광고로서 소비자의 위생에 위해를 가할 우려가 있다고 할 것이고, 따라서 식품으로 인한 위생상의 위해를 방지한다는 관점에서 식품에 관한 표시와 광고를 규제하는 식품위생법 제11조, 같은법시행규칙 제6조 제1항 제2호에 위반되게 됨은 물론, 다른 한편, 그 제품이 사회일반인이 볼 때 한 눈으로 식품으로 인식되어 의약품이 아닌 것임이 명백한 경우라고 할지라도 그 표시나 광고의 내용이 의학적 효능·효과가 있는 것으로 오인될 우려가 있는 표현이 포함되어 있는 경우에는 약사에 관한 사항을 규정하고 그 적정을 기하여 국민보건 향상에 기여한다는 관점에서 규정된 약사법 제55조 제2항에도 위반된다.

그런데 식품 등의 표시·광고에 관한 법률 제8조제1항에서는 '식품 등을 의약품으로 인식할 우려가 있는 표시 또는 광고' 이외에 '질병의 예방·치료에 효능이 있는 것으로 인식할 우려가 있는 표시 또는 광고'까지를 금지의 대상으로 규정하고 있다.

위 법률규정은 형식상으로는 양자를 독립적인 의미를 가진 금지 및 처벌규정으로 규정하고 있고, 일부 판례도 이와 동일한 취지인 것으로 보여진다(대법원 2002. 6. 14. 선고 2001도4633 판결). 이에 대하여 ① 식품이나 식품에 함유된 영양소도 경우에 따라 일정한 약리적 작용을 할 수 있고, 사람의 건강증진과 질병의 치료 및 예방에 일정한 역할을 할 수 있다는 사실이 점차 받아들여지고 있으며, 이에 관한 과학적 연구성과도 축적되어 가고 있으므로 어떠한 식품에 어떠한 약리적 효능이 있다면 그에 관한 정확한 정보를 제공하는 것은 국민의 건강수준 향상을 위하여 필요한 일이라는 점, ② 위 관련조항이 식품의 약리적 효능에 관한 표시 또는 광고 전부를 무조건 금지하는 것으로 풀이하는 것은 불필요하고 지나치게 포괄적인 규제를 허용하는 셈이 되어, 국민건강에 관한 유용한 정보를 사장시키고, 식품의 약리적 효능에 관한 연구·개발, 건강보조식품 또는 식이식품의 개발·개선 및 보급도 위축시킴으로써, 오히려 국민의 건강수준과 국가전체의 보건수준 향상에 걸림돌이 될 수 있다는 점, ③ 위 관련조항은 식품 등에 대하여 마치 특정 질병의 치료·예방 등을 직접적이고 주된 목적으로 하는 것처럼 표시 또는 광고하여 소비자로 하여금 의약품으로 혼동·오인하게 하는 표시 또는 광고만을 규제하고 있는 것으로 한정적으로 풀이하는 것이 기본권 조화적 해석방법이라는 점 등에 비추어 볼 때, 식품 등의 표시·광고에 관한 법률 제8조제1항에 규정된 '질병의 예방·치료에 효능이 있는 것으로 인식할 우려가 있는 표시 또는 광고'는 결국 식품 등을 의약품으로 인식할 우려가 있는 표시 또는 광고의 한 예시라고 보는 것이 타당하다고 보는 견해도 있다.[4]. 판례의 주류적 태도는 이러한 입장인 것으로 보여진다(대법원 2006. 11. 24. 선고 2005도844 판결; 대법원 2010. 12. 23. 선고 2010도3444 판결; 헌법재판소 2000. 3. 30. 97헌마108 전원재판부).

한편 위와 같이 식품에 약리적인 효능이 있다는 광고를 보고 그것을 의약품으로 오인 내지 혼동할 가능성이 있는지의 판단에 대하여 과연 누구를 그 판단의 주체로 삼아야 할 것인가의 문제가 제기될 수 있다. 이에 대하여는 사회 일반인의 평균적 인식 내지 합리적인 행동을 하는 소비자들의 입장에서 이를 판단하여야 한다는 것이 일반적이고[5], 판례의 입장도 이와 동일하다(대법원 2006. 11. 24. 선고 2005도844 판결; 헌법재판소 2000. 3. 30.

4) 정완, "일반식품에 대한 과대광고의 범위 및 처벌기준", 인천법조 제7집, 2005, 128면.

5) 위의 논문, 128면.

97헌마108 전원재판부).

Ⅲ. 부당한 표시·광고의 제외사유

1. 식품접객업 영업소의 경우

식품위생법 시행령 제21조제8호의 식품접객업(휴게음식점영업·일반음식점영업·단란주점영업·유흥주점영업·위탁급식영업·제과점영업) 영업소에서 조리·판매·제조·제공하는 식품의 경우 다음에 해당하는 표시·광고는 부당한 표시 또는 광고의 범위에서 제외된다(시행령 제6조 제1항 비고).

① 질병의 예방·치료에 효능이 있는 것으로 인식할 우려가 있는 표시 또는 광고

② 건강기능식품이 아닌 것을 건강기능식품으로 인식할 우려가 있는 표시 또는 광고

2. 영업신고·영업등록 대상에서 제외된 영업의 경우

식품위생법 시행령 제25조제2항제6호 각 목 외의 부분 본문에 따라 영업신고 대상에서 제외되거나 같은 시행령 제26조의2제2항제6호 각 목 외의 부분 본문에 따라 영업등록 대상에서 제외되는 경우로서 가공과정 중 위생상 위해가 발생할 우려가 없고 식품의 상태를 관능검사(官能檢査)로 확인할 수 있도록 가공하는 식품의 경우 다음에 해당하는 표시·광고는 부당한 표시 또는 광고의 범위에서 제외된다(시행령 제6조 제1항 비고).

① 질병의 예방·치료에 효능이 있는 것으로 인식할 우려가 있는 표시 또는 광고

② 건강기능식품이 아닌 것을 건강기능식품으로 인식할 우려가 있는 표시 또는 광고

3. 일부 기능성 표시·광고

"기능성"이란 인체의 구조 및 기능에 대하여 영양소를 조절하거나 생리학적 작용 등과 같은 보건 용도에 유용한 효과를 얻는 것을 말한다(건강기능식품에 관한 법률 제3조제2호). 일반식품에 대하여 이러한 기능성 표시를 할 경우 이는 부당한 표시·광고에 해당하게 된다. 하지만 그 경우에도 다음과 같은 예외적인 경우에는 부당한 표시·광고로 보지 아니한다(식품 등의 표시·광고에 관한 법률 시행령 제3조제1항[별표 1] 제3호단서).

① 건강기능식품에 관한 법률 제14조에 따른 건강기능식품의 기준 및 규격에서 정한 영양성분의 기능 및 함량을 나타내는 표시·광고([별표 1] 제3호가목).

② 제품에 함유된 영양성분이나 원재료가 신체조직과 기능의 증진에 도움을 줄 수 있

다는 내용으로서 식품의약품안전처장이 정하여 고시하는 내용의 표시·광고([별표 1] 제3호나목). 위 별표 1 제3호나목에 따라 제품에 함유된 영양성분이나 원재료가 신체조직과 기능의 증진에 도움을 줄 수 있다는 내용으로써 부당한 표시 또는 광고로 보지 아니하는 표시·광고의 범위 및 요건에 관한 구체적인 내용은 『부당한 표시 또는 광고로 보지 아니하는 식품 등의 기능성 표시 또는 광고에 관한 규정』(식품의약품안전처고시 제2022-25호, 2022. 3. 31., 타법개정) 을 참고하기 바람.

③ 특수영양식품(영아·유아, 비만자 또는 임산부·수유부 등 특별한 영양관리가 필요한 대상을 위하여 식품과 영양성분을 배합하는 등의 방법으로 제조·가공한 식품을 말한다) 및 특수의료용도식품으로 임산부·수유부·노약자, 질병 후 회복 중인 사람 또는 환자의 영양보급 등에 도움을 준다는 내용의 표시·광고([별표 1] 제3호다목)

④ 해당 제품이 발육기, 성장기, 임신수유기, 갱년기 등에 있는 사람의 영양보급을 목적으로 개발된 제품이라는 내용의 표시·광고([별표 1] 제3호라목)

위와 같이 부당한 표시·광고로 보지 아니하는 기능성 표시는 원래 특수영양식품과 건강보조식품·인삼제품류의 경우에만 적용되고 있었다. 이는 이들 제조업체에서 제조·가공하는 식품은 주로 건강 증진의 목적으로 제조·가공된 것으로서 이들 식품에 대한 표시 및 광고를 다른 일반식품과 같이 제한하여 건강효과표시를 할 수 없게 할 경우 이들 식품의 특성을 살릴 수 없게 되는 점을 고려하였던 것이다.

그런데 미국, EU, 일본 등의 선진국에서는 일반식품의 경우에도 일정한 요건 하에 특정건강효과를 표시하는 것을 허용하고 있다. 그리고 이 제도가 소비자와 식품업계 모두에게 긍정적인 반응을 얻고 있는 상태에서 점차 건강효과표시가 된 식품 수가 증가하고 있었다[6]. 이에 우리나라도 2006. 12. 29. 당시의 식품위생법 시행규칙 제6조제2항 관련 [별표 3]을 개정하여 특수영양식품뿐만 아니라 일반식품에도 일부 기능성 표시에 대하여 부당한 표시·광고로 보지 아니하는 예외사유를 적용할 수 있도록 하였다. 그리하여 일반식품의 경우에도 일정한 요건하에 건강효과표시를 할 수 있는 길이 열렸다고 볼 수는 있으나 이 제도의 구체적인 시행을 위해서는 다음과 같은 조건이 충족될 것이 요구된다. 첫째, 국민정서나 식품업계의 입장을 배제하고 철저히 과학적 근거에 따라 그 허용여부를 판정하여야 한다. 둘째, 건강효과표시가 허용된 식품이라도 의약품은 아니라는 사실을 적극 홍보하여야 한다. 셋째, 이를 허용하더라도 해당 건강성분의 섭취 제한량을 식품 라벨에 분명하게 표시하여 소비자가 적절한 양을 섭취할 수 있도록 하여야 한다.

---

6) 중앙일보 2007. 8. 22. 제27면

대법원 1998. 2. 13. 선고 97도2925 판결 【약사법위반】

건강보조식품의 효능에 관한 표시 및 광고의 허용 범위: 의약품이 아닌 식품에 대한 규제는 그로 인한 위생상의 위해방지에 관련된 범위 내에서는 일차적으로 식품위생법의 규정에 따라야 할 것이므로 식품위생법시행규칙 제6조 제2항 [별표 3]에서 건강보조식품 등을 대상으로 허위표시·과대광고로 보지 않도록 규정한 것, 즉 (1) 질병의 예방과 치료에 관한 사항을 포함하지 않는 범위 내에서 신체조직 기능의 일반적인 증진을 주목적으로 하는 표현, (2) 임신수유기영양보급, 노약자영양보급 등과 같이 식품영양학적으로 공인된 사실의 표현, (3) 제품의 함유된 주요영양성분의 식품영양학적 기능·작용에 대한 표현, (4) 특정질병을 지칭하지 아니하는 단순한 권장내용의 표현 등은 약사법 제55조 제2항 소정의 의약품이 갖는 의학적 효능·효과와 오인될 우려가 있는 표시나 광고에 해당하지 않는다고 해석함이 상당하다.

제6장

판매 등의 금지

제1절 서론

제2절 위해식품 등의 판매 등 금지

제3절 병든 동물 고기 등의 판매 등 금지

제4절 기준·규격이 정하여지지 아니한 화학적 합성품 등의 판매 등 금지

제5절 기준·규격에 맞지 아니하는 식품 등의 판매 등 금지

제6절 유독기구 등의 판매·사용 금지

제7절 표시기준에 맞지 아니하는 식품 등의 판매 등 금지

제8절 위해우려가 제기되는 식품 등의 판매 등의 일시금지

제9절 특정 식품 등의 수입·판매 등 금지

제6장 판매 등의 금지

제1절 서론

판매 등의 금지는 인체의 건강을 위하여 판매는 물론 판매에 이르기까지의 일련의 행위까지를 금지하는 규정으로서 식품 등에 관한 규제의 골격을 이루는 기본적인 규정이다.

이는 식품으로 인한 위생상의 위해를 방지하고 아울러 국민건강의 보호·증진에 이바지 하는 것을 그 목표로 삼고 있는 식품위생법의 취지 달성을 위하여 필요한 기본적인 규제라고 볼 수 있다.

이 장에서는 위해식품은 물론이고 병든 동물 고기, 기준·규격이 정하여지지 아니한 화학적 합성품 등의 판매 등 금지에 관하여 살펴보기로 한다.

제2절 위해식품 등의 판매 등 금지

Ⅰ. 의의

누구든지 다음 각 호의 어느 하나에 해당하는 식품 등을 판매하거나 판매할 목적으로 채취·제조·수입·가공·사용·조리·저장·소분·운반 또는 진열하여서는 아니 된다(법 제4조).

여기에서 판매라 함은 일반적으로 영리를 목적으로 일정한 대가를 받고 특정인에게 상품 등을 파는 행위를 의미하나, 식품위생법 제3조의 규정에서 정하고 있듯이 판매 외의 불특정다수인에 대한 제공을 포함하는 개념이다. 따라서 판매 등은 이러한 불특정다수인에 대한 제공을 포함하는 넓은 의미의 판매와 판매를 위한 일련의 행위 즉 판매 목적의 채취·제조·수입·가공·사용·조리·저장·소분·운반 또는 진열 등을 말하며 본 규정은 이러한 판매와 관련한 일체의 행위를 금지하고 있다.

Ⅱ. 구체적인 기준

1. 썩거나 상하거나 설익어서 인체의 건강을 해칠 우려가 있는 것(법 제4조제1호)

썩거나 상하거나 설익은 식품 등은 통상적으로 음식에 부적합하고 식중독을 일으킬 가능성이 크므로 원칙적으로 판매 등을 금지하고 있다.

그러나, 식품의 본래의 특성상 설익은 것이거나 썩혀야만 식품으로서의 가치가 있고 그 자체로 섭취하는 경우가 있다. 따라서 썩거나 상하거나 설익은 것이라 하더라도 판매 등을 일체 금지하고 있는 것이 아니라, 그로 인하여 인체의 건강을 해칠 우려가 있는 것만 판매 등이 금지된다.

2. 유독·유해물질이 들어 있거나 묻어 있는 것 또는 그러할 염려가 있는 것. 다만, 식품의약품안전처장이 인체의 건강을 해칠 우려가 없다고 인정하는 것은 제외한다(법 제4조제2호)

유독·유해한 물질이 들어 있거나 묻어 있는 것 또는 그러할 염려가 있는 식품 등은 원칙적으로 판매 등을 금지시키되 식품의약품안전처장이 인체의 건강을 해칠 우려가 없다고 인정하는 경우에는 예외로 하고 있다.

여기에서 유독·유해한 물질이라 함은 일정량을 섭취할 경우에는 통상적으로 건강상의 위해를 일으킬 우려가 있는 물질을 말한다. 이중 유독물질이란 그 물질 자체로써 인체에 미치는 위해의 정도가 심하여 통상 독물로 알려지고 있으며 이들은 치사량도 매우 소량인 경우가 많다. 반면 유해물질은 유독물질에 비해 독성의 정도가 비교적 낮은 것으로 양자의 구별은 상대적이다. 그러나 본 규정에 있어서의 유독물질과 유해물질은 동일하게 취급되고 있으며 따라서 이를 엄밀하게 구별할 실익은 없을 것이다.

본 규정에서는 기본적으로 유독·유해한 물질이 함유된 경우를 말하지만 한 걸음 더 나아가 현실적으로 건강상의 피해를 일으키는 정도에 이르지 않는 경우라도 그 우려가 있을 경우에는 식품 등으로 적당치 않은 것으로 보고 이의 판매 등을 금지하고 있다. 이는 최근들어 유통구조의 개선 등에 따라 식품 등의 유통범위가 광역화되어 식품으로 인한 사고가 일어났을 경우 당해 식품은 물론이고 동종의 제품에 있어서도 신속한 행정조치가 필요하기 때문이며 이 경우 우려라 함은 상당한 정도의 개연성이 있는 경우를 말한다고 할 수 있다.

그러나 이러한 경우에도 식품의약품안전처장이 인체의 건강을 해칠 우려가 없다고 인정하는 경우에는 본 규정의 적용을 배제하고 있다. 즉 식품의약품안전처장이 유독·유해물질이 들어 있거나 묻어 있는 것 또는 그러할 염려가 있는 식품 등에서 인체의 건강을 해칠 우려가 없다고 인정하여 판매 등의 금지를 하지 아니할 수 있는 것은 다음과 같다(시행규칙 제3조).

① 법 제7조제1항·제2항 또는 법 제9조제1항·제2항에 따른 식품 등의 제조·가공 등에 관한 기준 및 성분에 관한 규격(이하 "식품 등의 기준 및 규격"이라 한다)에 적합한 것(시행규칙 제3조제1호)

② 제1호의 식품 등의 기준 및 규격이 정해지지 아니한 것으로서 식품의약품안전처장이 법 제57조에 따른 식품위생심의위원회의 심의를 거쳐 유해의 정도가 인체의 건강을 해칠 우려가 없다고 인정한 것(시행규칙 제3조제2호)

대법원 1997. 7. 25. 선고 95도2471 판결【식품위생법위반(인정된 죄명 : 농약관리법위반)】

[1] 농약인 호마이가 들어있는 콩나물이 유해·유독물질이 들어있는 식품인지 여부(적극): 농약인 '호마이' 내지는 그 성분인 '톱신'은 사람이 이를 장기간 섭취하면 발암을 촉진하고 돌연변이를 유발하는 등의 만성 중독현상을 일으키는 것으로서 인체에 유해하고, 식품위생법 제12조의 규정에 의한 식품·첨가물등의공전에 수록된 기준 규격에 적합하거나, 보건사회부장관이 식품위생심의위원회의 심의를 거쳐 유해의 정도가 인체의 건강을 해할 우려가 없는 것으로 인정한 것도 아니므로, 위 농약이 들어있는 콩나물은 같은 법 제4조 제2호에서 금지하고 있는 유해·유독물질이 들어있는 식품에 해당한다.

[2] 호마이를 넣은 물에 원료콩을 불려 콩나물을 재배·판매한 경우, 유독·유해물질이 들어 있을 염려가 있는 식품을 판매한 것으로 볼 수 있는지 여부(한정 적극): 원료콩을 불리는 물에 투입되어 원료콩에 흡수된 농약의 양, 콩나물을 재배하는 동안의 살수의 정도와 양, 온도, 습도, 재배기간에 따라서 콩나물이 판매될 당시에 농약이 들어 있는지 또한 얼마나 들어 있는지가 달라질 것이기 때문에 피고인이 유독·유해물질인 호마이를 혼합한 물에 콩을 불려 콩나물을 재배하여 판매할 당시에 콩나물에 위 농약이 들어 있을 가능성을 배제할 수는 없으므로, 피고인이 콩나물을 재배하는 과정에서 그 성분으로 보아 인체에 유해한 유독·유해물질인 호마이를 넣은 물에 원료콩을 불려 콩나물을 재배한 이상, 콩나물이 판매될 당시 콩나물에 유독·유해물질이 포함되어 있지 않았다거나 그 재배 과정에서의 적정한 처리에 의하여 그 염려가 없게 되었다는 점에 대한 충분한 입증이 없는 한, 피고인은 적어도 유독·유해물질이 들어 있을 염려가 있는 식품을 판매한 것이라고 보지 않을 수 없다.

대법원 2014. 4. 10. 선고 2013도9171 판결【업무상횡령·식품위생법위반】

[1] 유독·유해물질이 들어 있거나 묻어 있는 것 또는 그러할 염려가 있는 식품 등으로서 식품위생법 시행규칙 제3조 각 호에 해당하지 않는 것은 식품위생법상 판매 등이 금지되는지 여부(적극): 식품위생법(이하 '법'이라고 한다) 제94조 제1호, 제4조 제2호는 유독·유해물질이 들어 있거나 묻어 있는 것 또는 그러할 염려가 있는 식품, 식품첨가물 등을 판매한 경우에는 처벌하도록 규정하고 있고, 다만 같은 제2호 단서에 의하여 식품의약품안전처장이 인체의 건강을 해칠 우려가 없다고 인정하는 것은 판매 등 금지대상에서 제외하고 있으며, 식품위생법 시행규칙 제3조는 법 제4조 제2호 단서에 따라 판매 등이 허용되는 식품의 범위를 '법 제7조 제1항·제2항에 따른 식품 등의 제조·가공 등에 관한 기준 및 성분에 관한 규격에 적합한 것과 그 기준 및 규격이 정해지지 아니한 것으로서 식품의약품안전처장이 식품위생심의위원회의 심의를 거쳐 유해의 정도가 인체의 건강을 해칠 우려가 없다고 인정한 것'으로 한정하고 있으므로, 이에 해당하지 않는 것은 그 판매 등이 금지된다고 보아야 한다.

[2] 영업자에 의해 판매되는 식품에 실제로 유독·유해물질이 들어 있지 않거나 그로 인하여 사람의 건강을 해한 결과가 발생하지 않았으나 그러한 염려가 있음이 인정되는 경우, 식품위생법상 처벌대상이 되는지 여부(적극): 영업자에 의해 유독·유해물질이 들어 있는 식품이 시중에 판매되는 경우, 다수의 소비자들이 위험성을 미처 인식하지 못하고 섭취하게 됨으로써 사람의 생명과 신체에 대한 피해가 광범위하고 급속하게 발생할 우려가 있고, 일단 피해가 발생하면 사후적인 구제는 별 효과가 없는 경우가 대부분이다.

식품으로 인하여 생기는 위생상의 위해를 방지하고 식품영양의 질적 향상을 도모하며 식품에 관한 올바른 정보를 제공하여 국민보건의 증진에 이바지함을 목적으로 하여 제정된 식품위생법 제4조 제2호는 위해식품으로 인하여 생기는 위와 같은 피해의 특수성을 고려하여 유독·유해물질이 들어 있거나 묻어 있는 것 외에 그러할 염려가 있는 것에 대해서까지도 판매하는 등의 행위를 금지하고 있으므로, 실제로 유독·유해물질이 들어 있지 않거나 그로 인하여 사람의 건강을 해한 결과가 발생하지 아니하였더라도 그러한 염려가 있음만 인정된다면 식품위생법 제94조 제1호, 제4조 제2호에 의한 처벌대상이 된다.

3. 병(病)을 일으키는 미생물에 오염되었거나 그러할 염려가 있어 인체의 건강을 해칠 우려가 있는 것(법 제4조제3호)

병을 일으키는 미생물이란 질병의 원인이 되는 각종 세균류·진균·곰팡이류 등이며, 예컨대 소화기계전염병의 원인이 되는 이질균, 장티푸스균, 파라티프스균, 콜레라균 등을 말한다. 오염되었거나 그러할 염려가 있다 함은 오염이 확인되었거나 또는 상당한 정도의 개연성이 있는 경우를 말한다.

미생물은 일정 수 이상 증식하면 질병의 원인이 되지만 그 존재 자체로 음식에 부적합한 것은 아니기 때문에 인체의 건강을 해칠 우려가 있는 경우에 한해서 판매 등을 금지하고 있다.

4. 불결하거나 다른 물질이 섞이거나 첨가(添加)된 것 또는 그 밖의 사유로 인체의 건강을 해칠 우려가 있는 것(법 제4조제4호)

불결이라 함은 과학적인 용어라기보다는 주관적·감각적인 용어로서 통상 비위생적이라는 용어와 뜻을 같이하며, 따라서 불결한 경우 인체의 건강을 해칠 가능성이 크다고 할 수 있다.

다른 물질이라 함은 식품 등에 본래 속하지 않는 물질을 말하는 바, 예를 들면 유리나 못, 돌등이 식품 등에 혼입된 경우를 그 예로 들 수 있다.

본 규정의 경우에도 불결하거나 다른 물질이 섞이거나 첨가된 것 또는 그 밖의 사유에 해당하는 경우라 하더라도 그 자체로써 인체의 건강을 해칠 우려가 있는 것에 한해 판매 등을 금지하고 있다. 이는 불결하거나 다른 물질이 섞이거나 첨가되었다고 해서 반드시 직접 인체의 건강을 해한다고 볼 수는 없기 때문이다. 이와 같은 이물질에 대하여는 식품공전 등에서 구체적으로 정의하고 있다.

대법원 2015. 10. 15. 선고 2015도2662 판결 【식품위생법위반】

식품의약품안전처장이 고시한 '식품첨가물의 기준 및 규격'에 식품에 사용가능한 첨가물로 규정되어 있으나 사용량 최대한도에 관하여는 아무런 규정이 없는 식품첨가물이 첨가된 식품이 식품위생법 제4조 제4호에 규정된 '그 밖의 사유로 인체의 건강을 해칠 우려가 있는 식품'에 해당하는 경우 및 식품첨가물이 일정한 기준을 초과하여 식품에 첨가된 경우, 식품이 인체의 건강을 해칠 우려가 있는지 판단하는 방법: 식품의약품안전처장이 고시한 '식품첨가물의 기준 및 규격'에 식품에 사용가능한 첨가물로 규정되어 있으나 사용량의 최대한도에 관하여는 아무런 규정이 없는 식품첨가물의 경우에도 식품첨가물이 1일 섭취한도 권장량 등 일정한 기준을 현저히 초과하여 식품에 첨가됨으로 식품이 인체의 건강을 해칠 우려가 있다고 인정되는 경우에는 식품은 식품위생법 제4조 제4호에 규정된 '그 밖의 사유로 인체의 건강을 해칠 우려가 있는 식품'에 해당한다. 나아가 그와 같은 식품첨가물이 일정한 기준을 초과하여 식품에 첨가됨으로 식품이 인체의 건강을 해칠 우려가 있는지는 기준의 초과 정도, 기준을 초과한 식품첨가물이 첨가된 식품의 섭취로 인하여 발생할 수 있는 건강의 침해 정도와 침해 양상, 식품의 용기 등에 건강에 영향을 미칠 수 있는 유의사항 등의 기재 여부와 내용 등을 종합하여 판단하여야 한다.

5. 식품위생법 제18조에 따른 안전성 심사 대상인 농·축·수산물 등 가운데 안전성 심사를 받지 아니하였거나 안전성 심사에서 식용으로 부적합하다고 인정된 것(법 제4조제5호)

유전자변형식품 등을 식용(食用)으로 수입·개발·생산하는 자는 최초로 유전자변형식품 등을 수입하는 경우 등 대통령령으로 정하는 경우에는 식품의약품안전처장에게 해당 식품 등에 대한 안전성 심사를 받아야 한다(법 제18조제1항). 제1항에 따른 안전성 심사의 대상, 안전성 심사를 위한 자료제출의 범위 및 심사절차 등에 관하여는 식품의약품안전처장이 정하여 고시한다(법 제18조제8항).

위와 같은 유전자변형기술을 활용하여 재배·육성된 농·축·수산물 등 가운데 안전성 심사를 받지 아니하였거나 안전성 심사결과 식용으로 부적합하다고 인정된 것은 판매하거나 판매할 목적으로 채취·제조·수입·가공·사용·조리·저장·소분·운반 또는 진열 등을 하지 못한다.

6. 수입이 금지된 것 또는 「수입식품안전관리 특별법」 제20조제1항에 따른 수입신고를 하지 아니하고 수입한 것(법 제4조제6호)

영업자가 판매를 목적으로 하거나 영업상 사용할 목적으로 수입식품 등을 수입(수입신고 대행을 포함한다)하려면 해당 수입식품 등을 총리령으로 정하는 바에 따라 식품의약품안전처장에게 수입신고를 하여야 한다(수입식품안전관리 특별법 제20조제1항).

수입이 금지되거나 수입신고를 하지 아니하고 수입된 식품 등은 판매하거나 판매할 목적으로 수입·가공·사용·조리·저장·소분·운반 또는 진열 등을 하지 못한다.

비록 사료로서 수입신고를 마쳤다고 하더라도 이를 식품으로 판매 등을 하는 경우에는 '수입식품안전관리 특별법 제20조제1항에 따른 수입신고를 하지 아니하고 수입한 것'에 해당하여 식품위생법 제4조제6호 위반죄가 성립하게 된다(대법원 2010. 2. 11. 선고 2009도2338 판결 참고)

7. 영업자가 아닌 자가 제조·가공·소분한 것(법 제4조제7호)

"영업자"란 식품위생법 제37조제1항에 따라 영업허가를 받은 자나 같은 조 제4항에 따라 영업신고를 한 자 또는 같은 조 제5항에 따라 영업등록을 한 자를 말한다.

식품 등을 제조·가공·소분하고자 하는 자는 영업허가를 받거나 신고·등록을 하여야 하는 바, 본 규정에서는 영업의 허가를 받지 아니하거나 신고·등록을 하지 아니한 자가 제조·가공·소분한 식품 등은 무허가 또는 무신고·무등록 제품으로 보아 이를 판매하거나 판매할 목적으로 채취·제조·수입·가공·사용·조리·저장·소분·운반 또는 진열하지 못하도록 하고 있다.

제3절 병든 동물 고기 등의 판매 등 금지

누구든지 총리령으로 정하는 질병에 걸렸거나 걸렸을 염려가 있는 동물이나 그 질병에 걸려 죽은 동물의 고기·뼈·젖·장기 또는 혈액을 식품으로 판매하거나 판매할 목적으로 채취·수입·가공·사용·조리·저장·소분 또는 운반하거나 진열하여서는 아니 된다(법 제5조).

식육에 관한 위생적인 취급은 식품위생의 기본적인 사항의 하나이며, 사육된 가축을 식육으로 하기 까지에는 축산물 위생관리법에 의하여 엄격한 규제가 행하여지고 있다. 그러나 축산물 위생관리법에서는 축산물의 범위를 소, 말, 양(염소 등 山羊을 포함한다), 돼지(사육하는 멧돼지를 포함한다), 닭, 오리 등 일부 가축의 식육과 포장육·원유(原乳)·식용란(食用卵)·식육가공품·유가공품·알가공품에 대하여만 다루고 있다(축산물가공처리법 제2조).

그리하여 본 규정은 이러한 축산물 위생관리법의 규정을 보완하여 모든 식용 가능한 짐승을 대상으로 그 병육 등을 식품으로 판매하는 행위 또는 판매에 이르기까지의 일련의 행위를 금지함으로써 식육위생을 확보하려는데 그 목적이 있다.

이는 일정한 질병에 걸린 가축의 식육 등은 사회통념상 식품으로서 부적합할 뿐만 아니라 인체의 건강을 해할 우려가 크기 때문이며 식품위생법 제4조(위해식품 등의 판매 등 금지)의 규정의 취지와 같은 맥락으로 식육 등의 특수성과 중요성을 감안하여 본 규정을 특별히 마련하고 있는 것이다.

식품위생법 제5조에서 "총리령으로 정하는 질병"이라 함은 다음 각호의 질병을 말한다(시행규칙 제4조).

①「축산물 위생관리법 시행규칙」 별표 3 제1호다목에 따라 도축이 금지되는 가축전염병

② 리스테리아병, 살모넬라병, 파스튜렐라병 및 선모충증

그리하여 위와 같은 질병에 걸렸거나 결렸을 염려가 있는 동물이나 그 질병에 걸려 죽은 동물의 고기 등을 식품으로 판매하는 등의 행위는 금지된다.

제4절 기준·규격이 정하여지지 아니한 화학적 합성품 등의 판매 등 금지

식품위생법 제7조제1항 및 제2항에 따라 기준·규격이 정하여지지 아니한 화학적 합성품인 첨가물과 이를 함유한 물질을 식품첨가물로 사용하여서는 아니 되고(법 제6조제1호), 제1호에 따른 식품첨가물이 함유된 식품을 판매하거나 판매의 목적으로 제조·수입·가공·사용·조리·저장·소분·운반 또는 진열하여서는 아니 된다(법 제6조제2호). 여기서 화학적 합성품이란 화학적 수단으로 원소(元素) 또는 화합물에 분해 반응 외의 화학 반응을 일으켜서 얻은 물질을 말한다(법 제2조제3호).

이 규정은 기준 및 규격이 정하여지지 아니한 화학적 합성품인 첨가물과 이를 함유한 물질을 식품첨가물로 사용하거나 이를 함유한 식품의 판매 및 판매에 이르기까지의 일련의 행위를 금지하는 규정이다. 이는 천연첨가물의 경우 인류가 오랫동안 사용해 오는 과정에서 그 안전성이나 성질이 충분히 파악되어 있는 반면에, 화학적합성품은 과학기술의 진보에 의해 새로이 생산되기는 하였으나 사람이 섭취하였을 경우의 영향에 대한 경험적 파악이 아직 충분히 이루어지지 아니하였기 때문이다.

따라서 화학적 합성품을 사용함에 있어서는 화학적인 실험이나 연구에 의해 그 안전성을 완전히 검증할 필요가 있으며 이러한 안전성이 확인되어 그 기준 및 규격이 고시되기 전까지는 제조·사용·판매 등을 금지하는 것이다.

그러나 식품의약품안전처장이 식품위생심의위원회의 심의를 거쳐 인체의 건강을 해칠 우려가 없다고 인정하는 경우에는 이러한 금지규정의 적용을 배제하고 있다(법 제6조 단서). 이는 식품위생심의위원회의 전문적인 조사·연구와 심의과정을 거쳐 그 안전성이 확인된 경우에는 더 이상 판매 등의 금지를 할 필요가 없다고 보기 때문이다.

한편 식품첨가물에는 위에서 본 바와 같이 화학적인 합성법으로 만드는 화학첨가물과 천연소재로부터 추출하여 만드는 천연첨가물이 있다. 여기서 화학첨가물은 자연계에 존재하는 물질과 자연계에 존재하지 않는 물질 두 종류로 나누어진다. 천연첨가물도 식품소재로부터 추출하여 만든 것과 식품이외의 소재로부터 추출하여 만든 것 두 종류로 나누어진다. 첨가물의 유해성 논란에서 천연첨가물은 비교적 자유롭다. 천연소재를 이용하여 만든 만큼 화학물질에 비해 안전하다고 볼 수 있다. 그러나 이것은 화학첨가물과 비교하였을 때의 상대적인 개념이지 해롭지 않다는 것은 아니다. 전문가들의 설명에 의하면 특정성분을 추출할 때 사용하는 용제나 또는 추출과정에서 발생하는 화학반응 등으로 인하여 의외로 해로운 물질들이 많이 발생한다는 것이다. 특히 식품 이외의 소재로부터 뽑

아낸 천연첨가물은 화학물질만큼이나 위험하다는 것이 정설이다[1].

따라서 천연첨가물 중에서도 식품 이외의 소재로부터 추출한 천연첨가물도 화학첨가물과 동일하게 그 기준 및 규격이 정하여지지 아니하였을 경우 이를 사용하거나 이를 함유한 식품을 판매하는 등의 행위를 금지시킬 필요성이 있다고 할 것이다.

제5절 기준·규격에 맞지 아니하는 식품 등의 판매 등 금지

식품위생법 제7조제1항 및 제2항의 규정에 의하여 기준과 규격이 정하여진 식품 또는 식품첨가물은 그 기준에 의하여 제조·수입·가공·사용·조리 또는 보존하여야 하며, 그 기준과 규격에 맞지 아니하는 식품 또는 식품첨가물은 판매하거나 판매의 목적으로 제조·수입·가공·사용·조리·저장·소분·운반·보존 또는 진열하여서는 아니 된다(법 제7조제4항). 또한 식품위생법 제9조제1항 및 제2항에 따라 기준과 규격이 정하여진 기구 및 용기·포장은 그 기준에 따라 제조하여야 하며, 그 기준과 규격에 맞지 아니한 기구 및 용기·포장은 판매하거나 판매할 목적으로 제조·수입·저장·운반·진열하거나 영업에 사용하여서는 아니 된다(법 제9조제4항).

식품위생법 제7조제1항 및 제2항과 식품위생법 제9조제1항 및 제2항의 규정은 식품의약품안전처장으로 하여금 식품 등의 제조 등에 필요한 기준과 규격을 정하여 고시하도록 하면서, 기준과 규격이 고시되지 아니한 식품 등에 대하여는 일정한 시험·검사기관의 검토를 거쳐 한시적으로 기준과 규격을 인정하여 운영하도록 하고 있다.

본 조항은 동 규정에 의한 기준과 규격에 맞지 아니하는 식품 등의 판매 및 판매에 이르기까지의 일련의 행위를 금지하는 규정이다.

이를 세분하여 기술하면 다음과 같다.

첫째, 기준에 맞지 않는 방법에 의하여 식품 또는 식품첨가물을 제조·수입·가공·사용·조리·보존하여서는 아니 된다.

둘째, 기준과 규격에 맞지 아니하는 식품 또는 식품첨가물을 판매하거나 판매할 목적으로 제조·수입·가공·사용·조리·저장·소분·운반·보존 또는 진열하지 못한다.

셋째, 기준에 맞지 않는 방법에 의해 기구 및 용기·포장을 제조하여서는 아니 된다.

넷째, 기준과 규격에 맞지 아니하는 기구 및 용기·포장을 판매하거나 판매의 목적으

1) 안병수, 과자, 내 아이를 해치는 달콤한 유혹, 국일미디어, 2005, 237면.

로 제조·수입·저장·운반·진열하거나 영업에 사용하여서는 아니 된다.

대법원 1995. 11. 7. 선고 95도1966 판결【식품위생법위반】

가. 식품위생법 제12조의 규정에 의한 식품·첨가물 등의 공전에 수록된 기준·규격에 적합하지 아니하거나 그 공전에 수록되지 아니한 것으로서 보건사회부장관이 유해의 정도가 인체의 건강을 해할 우려가 없는 것으로 인정한 것이 아닌 것은 그 판매 등이 금지되는지 여부 및 보건사회부장관이 식품의 성분에 관한 규격을 정하여 고시하지 아니하였다 하여 유독·유해한 성분을 용인하는 것이라고 볼 수 있는지 여부: 식품위생법 제4조 제2호 단서, 같은법시행규칙 제2조에 비추어 보면 식품·첨가물 등의 공전에 수록된 기준·규격에 적합하지 아니하거나 위 공전에 수록되지 아니한 것으로서 보건사회부장관이 유해의 정도가 인체의 건강을 해할 우려가 없는 것으로 인정한 것이 아닌 것은 그 판매 등이 금지되고, 같은 법 제7조, 제12조에서 보건사회부장관이 식품의 성분에 관한 규격을 정하여 고시할 수 있고, 그러한 기준을 수록한 공전을 작성·보급하도록 규정하고 있는 취지는 국민보건상 특히 필요하다고 인정되는 판매용 식품의 성분 규격을 미리 정하여 규격에 맞지 아니한 식품의 제조, 판매 등을 금지시키기 위한 것에 불과하므로 식품의 각 품목마다 반드시 그 고시를 하여야 하는 것은 아니고 또 이러한 고시를 아니하였다 하여 유독·유해한 성분을 용인하는 것이라고는 볼 수 없다.

나. 보통독성 농약인 치오파네이트 메틸과 카벤다짐이 들어 있는 콩나물이 식품위생법 제4조 제2호 소정의 유해·유독물질이 들어 있는 식품이라고 본 사례: 치오파네이트 메틸과 카벤다짐은 식품위생법 제12조의 규정에 의한 식품·첨가물 등의 공전에 수록된 기준·규격에 적합하지 아니하고, 또한 보건사회부장관이 식품위생심의위원회의 심의를 거쳐 유해의 정도가 인체의 건강을 해할 우려가 없는 것으로 인정한 것도 아니므로, 이들이 들어 있는 콩나물은 같은 법 제4조 제2호에서 금지하고 있는 유해·유독물질이 들어있는 식품이다(대법원 1995. 11. 7. 선고 95도1966 판결).

제6절 유독기구 등의 판매·사용 금지

유독·유해물질이 들어 있거나 묻어 있어 인체의 건강을 해칠 우려가 있는 기구 및 용기·포장과 식품 또는 식품첨가물에 직접 닿으면 해로운 영향을 끼쳐 인체의 건강을 해칠 우려가 있는 기구 및 용기·포장을 판매하거나 판매할 목적으로 제조·수입·저장·운반· 진열하거나 영업에 사용하여서는 아니 된다(법 제8조).

본 조항은 유독·유해물질이 들어 있거나 묻어 있어 인체의 건강을 해칠 우려가 있는 기구 및 용기·포장 등의 판매나 판매에 이르기까지의 일련의 행위를 금지하고 이를 영업

에 사용하지 못하도록 금지하는 규정이다

우선 본 조의 규제대상이 되고 있는 기구 및 용기·포장은 다음과 같다.

첫째, 유독·유해물질이 들어 있거나 또는 묻어 있어 인체의 건강을 해칠 우려가 있는 것.

둘째, 식품 또는 식품첨가물에 직접 닿으면 해로운 영향을 끼쳐 인체의 건강을 해칠 우려가 있는 것,

다음으로 본 조의 규제행위는 이러한 대상 기구 및 용기·포장 등에 대한 판매 또는 판매에 이르기까지의 행위나 영업에의 사용을 금지하는 것이다.

여기서 영업에의 사용이라 함은 영업을 하는 경우에 사용하는 것으로서 예컨대 각종 식품제조·가공업소, 음식점, 식품판매점 등에서 영업의 목적으로 쓰여지고 있는 것을 가리킨다. 따라서 개개인이 가정에서 사용하는 기구 등의 경우에 있어서는 그 적용이 배제된다.

제7절 표시기준에 맞지 아니하는 식품 등의 판매 등 금지

식품, 식품첨가물 또는 축산물, 기구 또는 용기·포장, 건강기능식품에는 법에 규정된 일정한 사항을 표시하여야 하다(식품 등의 표시·광고에 관한 법률 제4조제1항).

제1항에 따른 표시의무자, 표시사항 및 글씨크기·표시장소 등 표시방법에 관하여는 총리령으로 정한다(식품 등의 표시·광고에 관한 법률 제4조제2항).

제1항에 따른 표시가 없거나 제2항에 따른 표시방법을 위반한 식품 등은 판매하거나 판매할 목적으로 제조·가공·소분[(小分): 완제품을 나누어 유통을 목적으로 재포장하는 것을 말한다]·수입·포장·보관·진열 또는 운반하거나 영업에 사용해서는 아니 된다(식품 등의 표시·광고에 관한 법률 제4조제3항).

표시제도 본래의 의미는 식품의 위생적인 측면보다는 소비자의 올바른 제품선택을 도모 하는 등 소비자의 알권리를 보호하는 측면이 강하다.

위 규정은 표시기준이 정하여진 식품 등은 그 기준에 맞는 표시가 없으면 판매 등은 물론 영업상 사용을 금지하고 있다. 따라서 식품 등의 위생상태의 적합여부에 관계없이 기준에 맞는 표시가 없으면 그 자체로 위 조항에서 규정하고 있는 규제의 대상이 된다.

제8절 위해우려가 제기되는 식품 등의 판매 등의 일시금지

식품의약품안전처장은 국내외에서 유해물질이 함유된 것으로 알려지는 등 위해의 우려가 제기되는 식품 등이 제4조 또는 제8조에 따른 식품 등에 해당한다고 의심되는 경우에는 그 식품 등의 위해요소를 신속히 평가하여 그것이 위해식품 등인지를 결정하여야 한다(법 제15조제1항).

식품의약품안전처장은 제1항에 따른 위해평가가 끝나기 전까지 국민건강을 위하여 예방조치가 필요한 식품 등에 대하여는 판매하거나 판매할 목적으로 채취·제조·수입·가공·사용·조리·저장·소분·운반 또는 진열하는 것을 일시적으로 금지할 수 있다. 다만, 국민건강에 급박한 위해가 발생하였거나 발생할 우려가 있다고 식품의약품안전처장이 인정하는 경우에는 그 금지조치를 하여야 한다(법 제15조제2항).

식품의약품안전처장은 제2항에 따른 일시적 금지조치를 하려면 미리 심의위원회의 심의·의결을 거쳐야 한다. 다만, 국민건강을 급박하게 위해할 우려가 있어서 신속히 금지조치를 하여야 할 필요가 있는 경우에는 먼저 일시적 금지조치를 한 뒤 지체 없이 심의위원회의 심의·의결을 거칠 수 있다(법 제15조제3항).

심의위원회는 제3항 본문 및 단서에 따라 심의하는 경우 대통령령으로 정하는 이해관계인의 의견을 들어야 한다(법 제15조제4항). 여기서 이해관계인이라 함은 식품위생법 제15조제2항의 규정에 의한 일시적 금지조치로 인하여 영업상의 불이익을 받았거나 받게 되는 영업자를 말한다(시행령 제5조).

식품의약품안전처장은 제1항에 따른 위해평가나 제3항 단서에 따른 사후 심의위원회의 심의·의결에서 위해가 없다고 인정된 식품 등에 대하여는 지체 없이 제2항에 따른 일시적 금지조치를 해제하여야 한다(법 제15조제5항).

제9절 특정 식품 등의 수입·판매 등 금지

식품의약품안전처장은 특정 국가 또는 지역에서 채취·제조·가공·사용·조리 또는 저장된 식품 등이 그 특정 국가 또는 지역에서 위해한 것으로 밝혀졌거나 위해의 우려가 있다고 인정되는 경우에는 그 식품 등을 수입·판매하거나 판매할 목적으로 제조·가공·사용·조리·저장·소분·운반 또는 진열하는 것을 금지할 수 있다(법 제21조의 제1항).

식품의약품안전처장은 제15조제1항에 따른 위해평가 또는 「수입식품안전관리 특별법」 제21조제1항에 따른 검사 후 식품 등에서 제4조제2호에 따른 유독·유해물질이 검출된 경우에는 해당 식품 등의 수입을 금지하여야 한다. 다만, 인체의 건강을 해칠 우려가 없다고 식품의약품안전처장이 인정하는 경우는 그러하지 아니하다(법 제21조의 제2항).

식품의약품안전처장은 제1항 및 제2항에 따른 금지를 하려면 미리 관계 중앙행정기관의 장의 의견을 듣고 심의위원회의 심의·의결을 거쳐야 한다. 다만, 국민건강을 급박하게 위해할 우려가 있어서 신속히 금지 조치를 하여야 할 필요가 있는 경우 먼저 금지조치를 한 뒤 지체 없이 심의위원회의 심의·의결을 거칠 수 있다(법 제21조제3항).

제3항 본문 및 단서에 따라 심의위원회가 심의하는 경우 대통령령으로 정하는 이해관계인은 심의위원회에 출석하여 의견을 진술하거나 문서로 의견을 제출할 수 있다(법 제21조제4항).

식품의약품안전처장은 직권으로 또는 제1항 및 제2항에 따라 수입·판매 등이 금지된 식품 등에 대하여 이해관계가 있는 국가 또는 수입한 영업자의 신청을 받아 그 식품 등에 위해가 없는 것으로 인정되면 심의위원회의 심의·의결을 거쳐 제1항 및 제2항에 따른 금지의 전부 또는 일부를 해제할 수 있다(법 제21조제5항).

제7장

식품위생법상의 영업

제7장 식품위생법상의 영업

제1절 서론

식품위생법상의 '영업'이란 식품 또는 식품첨가물을 채취·제조·가공·조리·저장·소분·운반 또는 판매하거나 기구 또는 용기·포장을 제조·운반·판매하는 업(농업과 수산업에 속하는 식품 채취업은 제외한다. 이하 이 호에서 "식품제조업등"이라 한다)을 말한다. 이 경우 공유주방을 운영하는 업과 공유주방에서 식품제조업등을 영위하는 업을 포함한다(법 제2조제9호).

따라서 식품위생법상의 영업은 식품 또는 식품첨가물, 기구 또는 용기·포장을 대상으로 하고 있으며, 구체적으로 그 범위는 식품 또는 식품첨가물의 경우 채취·제조·가공·조리·저장·소분·운반 또는 판매하는 행위이며 기구 또는 용기·포장의 경우 제조·운반·판매하는 행위를 말한다.

이러한 식품 또는 식품첨가물, 기구 또는 용기·포장(이하 '식품 등'이라 한다)에 관한 영업을 하고자 할 경우에는 각각의 특성과 유형에 따라 일정한 시설기준을 갖추어, 행정관청으로부터 영업허가를 받거나 영업신고 또는 영업등록을 하여야 한다.

제2절 영업의 종류와 시설기준

다음의 영업을 하려는 자는 총리령으로 정하는 시설기준에 맞는 시설을 갖추어야 한다(법 제36조제1항).

① 식품 또는 식품첨가물의 제조업, 가공업, 운반업, 판매업 및 보존업

② 기구 또는 용기·포장의 제조업

③ 식품접객업

④ 공유주방 운영업(제2조제5호의2에 따라 여러 영업자가 함께 사용하는 공유주방을 운영하는 경우로 한정한다)

제1항 각 호에 따른 영업의 세부 종류와 그 범위는 대통령령으로 정한다(법 제36조제3항). 이에 따라 영업의 세부종류와 범위는 시행령에서 자세히 규정하고 있는바, 식품 등

의 영업은 위와 같은 영업의 종류에 따라 운영형태, 관리방법, 시설기준 등이 달라지게 된다. 현행 식품위생법 시행령 제21조는 영업의 종류를 식품제조·가공업, 즉석판매제조·가공업, 식품첨가물제조업, 식품운반업, 식품소분·판매업, 식품보존업, 용기·포장류제조업, 식품접객업, 공유주방 운영업의 9개 업종으로 분류하고 있다.

한편 식품위생법 제36조(시설기준)에 의거하여 식품위생법 시행규칙 제36조(업종별 시설기준) 관련 [별표 14]에서는 세부업종별로 그 시설기준을 자세히 규정하고 있다.

Ⅰ. 식품제조·가공업

1. 의의

식품제조·가공업은 식품을 제조·가공하는 영업을 말한다(시행령 제21조제1호). 식품제조·가공업으로 제조·가공할 수 있는 대상식품의 분류 및 범위는 식품위생법 제7조의 규정에 의한 식품의 기준 및 규격에서 정하는 바에 따르게 된다.

과거에 식품제조·가공업은 28개 세부업종으로 구분·관리되어 왔다. 그러나 식품산업의 발달과 소비자의 다양한 기대욕구로 새로운 형태의 영업이 계속 대두됨에 따라 세분화된 업종간에 서로의 영역을 침해하는 사례가 빈번하게 일어나고, 이에 따라 영업자는 새로운 업종에 대한 영업허가·신고를 추가로 취득하여야 하는 번거로움이 있었다. 이에 따라 세분화된 업종을 통폐합함으로써 행정의 번거로움을 줄이고 업종간의 영역 분쟁을 해소하며 영업자로 하여금 다양한 식품 등의 개발을 촉진케함으로써 식품산업의 국제경쟁력강화를 제고하고자 식품제조·가공업의 28개 세부업종은 1개의 단일업종으로 통폐합(1994. 12. 31.) 되었다.

대법원 1983. 2. 22. 선고 81도2763 판결 【양곡관리법위반(변경된죄명: 식품위생법위반)】

최종 소비자들이 가져온 볶은 쌀 등을 빻아서 미싯가루를 만들어 준 행위가 식품위생법 제22조 소정의 식품가공업에 해당하는지 여부(적극): 식품위생법 제1조, 제2조 제1항 및 동법의 기타 규정취지를 종합 고찰하여 보면 동법 제44조 제1항, 제23조 제1항, 제22조, 동법시행령(1981.4.2. 대통령령 제10268호로 개정되기 전의 것) 제9조 제36호 등에서 가리키는 식품이란 의약으로 섭취하는 것을 제외한 모든 음식물을 말한다고 해석하여야 할 것인바, 미싯가루를 만들어서 소비하고자 하는 사람들이 물에 씻어 오거나 볶아온 쌀, 보리, 콩 등을 빻아서 미싯가루를 만들어 준 피고인의 소위는 식품위생법 제22조 제1항 및 동법시행령 제9조 제36호 소정의 식품가공업에 해당한다.

대법원 2021. 7. 15. 선고 2020도13815 판결 【식품위생법위반】〈별도의 장소에서 음식을 만들어 자신이 운영하는 직영점에 공급한 행위가 무등록 식품·제조가공업에 해당하는지가 문제된 사건〉

[1] 식품위생법상 식품제조·가공업과 식품접객업 중 일반음식점영업의 의미 및 위 각 영업을 구별하는 요소: 식품위생법 제36조 제1항, 식품위생법 시행령 제21조 제1호, 제8호 (나)목, 식품위생법 시행규칙 제36조 [별표 14]를 종합하면, 식품제조·가공업은 최종 소비자의 개별 주문과 상관없이 소비자에게 식품이 제공되는 장소와 구별되는 장소에서 일정한 시설을 갖추어 식품을 만들고, 만들어진 식품을 주로 유통과정을 거쳐 소비자에게 제공하는 형태의 영업을 가리키고, 식품접객업 중 일반음식점영업은 식품을 조리한 그 영업소에서 최종 소비자에게 식품을 직접 제공하여 취식할 수 있게 하는 형태의 영업을 가리킨다. 식품을 만드는 장소와 식품이 소비자에게 제공되는 장소가 동일한지와 식품을 만든 다음 이를 소비자에게 제공하기까지 별도의 유통과정을 거치는지는 위 각 영업을 구별하는 주요한 요소이다.

[2] 식품위생법은 식품 관련 영업을 하려는 사람은 영업종류별 또는 영업소별로 신고의무 또는 등록의무를 이행하도록 정하고 있다(식품위생법 제37조 제4항, 제5항). 따라서 특정 영업소에 관하여 식품접객업 중 일반음식점영업 신고를 마친 사람이 별개의 장소에서 식품제조·가공업을 하려면 해당 장소를 영업소로 하여 식품제조·가공업 등록의무를 이행해야 한다. 동일인이 별개의 장소에서 식품제조·가공업과 일반음식점영업을 각각 영위하고 있더라도, 그가 자신이 제조·가공한 식품을 보관·운반시설을 이용하여 그 음식점에 제공하는 행위는 별개의 사업자 간의 거래로서 유통과정을 거치는 행위라고 보아야 한다.

[3] 5곳의 음식점을 직영하는 피고인 갑 주식회사의 대표자인 피고인 을이 회사 명의로 상가를 임차하여 그곳에 냉장고 등을 설치하고 시래기 등 나물류 4종을 만든 다음 이를 회사가 각 직영하는 음식점에 공급하여 손님에게 주문한 음식의 반찬으로 제공함으로써 무등록 식품제조·가공업을 하였다는 공소사실로 기소된 사안에서, 피고인 을이 피고인 갑 회사가 운영하는 식당과 별도의 장소에 일정한 시설을 갖추어 식품을 만든 다음 피고인 갑 회사가 각지에서 직영하는 음식점들에 배송하는 방법으로 일괄 공급함으로써 그 음식점들을 거쳐서 최종 소비자가 취식할 수 있게 한 행위는 무등록 식품제조·가공업을 한 것에 해당한다고 한 사례.

2. 시설기준

식품위생법 시행규칙 제36조(업종별 시설기준) 관련 [별표 14]에서는 식품제조·가공업의 시설기준을 다음과 같이 규정하고 있다.

가. 건물의 위치 등

식품제조·가공업의 시설기준에서 건물이란 식품의 제조시설과 원료 및 제품의 보관시설 등이 설비된 건축물을 뜻한다. 그 시설기준은 다음과 같다.

① 건물의 위치는 축산폐수·화학물질 기타 오염물질의 발생시설로부터 식품에 나쁜 영향을 주지 아니하는 거리를 두어야 한다.

② 건물의 구조는 제조하고자 하는 식품의 특성에 따라 적정한 온도가 유지될 수 있고, 환기가 잘 될 수 있어야 한다.

③ 건물의 자재는 식품에 나쁜 영향을 주지 아니하고 식품을 오염시키지 아니하는 것이어야 한다.

나. 작업장

식품제조·가공업의 시설기준에서 작업장은 원료처리실·제조가공실·포장실 및 기타 식품의 제조·가공에 필요한 작업실을 말한다. 그 시설기준은 다음과 같다.

① 작업장은 독립된 건물이거나 식품제조·가공외의 용도로 사용되는 시설과 분리(벽·층 등에 의하여 별도의 방으로 구별되는 경우를 말한다. 이하 같다)되어야 한다.

② 작업장 내의 각 시설도 분리 또는 구획(칸막이·커튼 등에 의하여 구별되는 경우를 말한다. 이하 같다)되어야 한다. 다만, 제조공정의 자동화 또는 시설·제품의 특수성으로 인하여 분리 또는 구획할 필요가 없다고 인정되는 경우로서 각각의 시설이 서로 구분(선·줄 등에 의하여 구별되는 경우를 말한다. 이하 같다)될 수 있는 때에는 그러하지 아니하다.

위와 같이 작업장이 독립된 건물이거나 작업장 내의 시설이 분리 또는 구획되도록 하는 이유는 식품의 제조·가공 등의 과정에서 식품위생에 영향을 미칠 수 있는 제반 위해요인을 사전에 제거 또는 예방하기 위한 것이다.

③ 작업장의 바닥·내벽 및 천정은 다음과 같은 구조로 설비되어야 한다.

i) 바닥은 콘크리트 등으로 내수처리를 하여야 하며, 배수가 잘 되도록 하여야 한다.

ii) 내벽은 바닥으로부터 1.5미터까지 밝은 색의 내수성으로 설비하거나 세균방지용 페인트로 도색하여야 한다.

④ 작업장 안에서 발생하는 악취·유해가스·매연·증기 등을 환기시키기에 충분한 환기시설을 갖추어야 한다.

⑤ 작업장은 외부의 오염물질이나 해충, 설치류, 빗물 등의 유입을 차단할 수 있는 구조여야 한다.

⑥ 작업장은 폐기물·폐수 처리시설과 격리된 장소에 설치하여야 한다.

다. 식품취급시설 등

① 식품을 제조·가공하는데 필요한 기계·기구류 등 식품취급시설은 식품의 특성에

따라 식품의약품안전처장이 고시하는 식품 등의 기준 및 규격(이하 "식품 등의 기준 및 규격"이라 한다)에서 정하고 있는 제조·가공기준에 적합한 것이어야 한다.

② 식품취급시설 중 식품과 직접 접촉하는 부분은 위생적인 내수성재질(스테인레스·알루미늄·강화플라스틱(FRP)·테프론 등 물을 흡수하지 아니하는 것을 말한다. 이하 같다)로서 씻기 쉬운 것이거나 위생적인 목재로서 씻는 것이 가능한 것이어야 하며, 열탕·증기·살균제 등으로 소독·살균이 가능한 것이어야 한다.

③ 냉동·냉장시설 및 가열처리시설에는 온도계 또는 온도를 측정할 수 있는 계기를 설치하여야 한다.

라. 급수시설

① 수돗물이나 먹는물관리법 제5조에 따른 먹는 물의 수질기준에 적합한 지하수 등을 공급할 수 있는 시설을 갖추어야 한다.

② 지하수 등을 사용하는 경우 취수원은 화장실·폐기물처리시설·동물사육장, 그밖에 지하수가 오염될 우려가 있는 장소로부터 영향을 받지 아니하는 곳에 위치하여야 한다.

③ 먹기에 적합하지 않은 용수는 교차 또는 합류되지 않아야 한다.

마. 화장실

① 작업장에 영향을 미치지 아니하는 곳에 정화조를 갖춘 수세식화장실을 설치하여야 한다. 다만, 인근에 사용하기 편리한 화장실이 있는 경우에는 화장실을 따로 설치하지 아니할 수 있다.

② 화장실은 콘크리트 등으로 내수처리를 하여야 하고, 바닥과 내벽(바닥으로부터 1.5미터까지)에는 타일을 붙이거나 방수페인트로 색칠하여야 한다.

바. 창고 등의 시설

① 원료와 제품을 위생적으로 보관·관리할 수 있는 창고를 갖추어야 한다. 다만, 다음의 어느 하나에 해당하는 경우에는 창고를 갖추지 않을 수 있다.

i) 창고에 갈음할 수 있는 냉동·냉장시설을 따로 갖춘 경우

ii) 같은 영업자가 다음의 어느 하나(시행령 제21조 3호에 따른 식품첨가물제조업, 약사법 제31조제1항에 따른 의약품제조업 또는 같은 조 제4항에 따른 의약외품제조업, 축산물위생관리법 제21조제1항제3호에 따른 축산물가공업, 건강기능식품에 관한 법률 시행령 제2조제1호가목에 따른 건강기능식품전문제조업)에 해당하는 영업을 하면서 해당 영업소의 창고 등 시설을 공동으로 이용하는 경우.

② 창고의 바닥에는 양탄자를 설치하여서는 아니 된다.

사. 검사실

① 식품 등의 기준 및 규격을 검사할 수 있는 검사실을 갖추어야 한다. 다만, 다음 각 호(법 제31조제2항에 따라 식품의약품분야 시험·검사 등에 관한 법률 제6조제3항제2호에 따른 자가품질위탁 시험·검사기관 등에 위탁하여 자가품질검사를 하려는 경우 등)의 어느 하나에 해당하는 경우에는 이를 갖추지 아니할 수 있다.

② 검사실을 갖추어야 하는 경우에는 자가품질검사에 필요한 기계·기구 및 시약류를 갖추어야 한다.

아. 운반시설

식품을 운반하기 위한 차량, 운반도구 및 용기를 갖춘 경우 식품과 직접 접촉하는 부분의 재질은 인체에 무해하며 내수성·내부식성을 갖추어야 한다.

자. 시설기준 적용의 특례

① 선박에서 수산물을 제조·가공하는 경우에는 다음의 시설만 설비할 수 있다.

i) 작업장: 작업장에서 발생하는 악취·유해가스·매연·증기 등을 환기시키는 시설을 갖추어야 한다.

ii) 창고 등의 시설 등: 냉동·냉장시설을 갖추어야 한다.

iii) 화장실: 수세식 화장실을 두어야 한다.

② 식품제조·가공업자가 제조·가공시설 등이 부족한 경우에는 다음의 어느 하나(시행령 제21조제1호에 따른 식품제조·가공업의 영업자, 시행령 제21조제2호에 따른 즉석판매제조·가공업의 영업자, 시행령 제21조제3호에 따른 식품첨가물제조업의 영업자, 축산물위생관리법 제21조제1항제3호에 따른 축산물가공업의 영업자, 건강기능식품에 관한 법률 시행령 제2조제1호가목에 따른 건강기능식품전문제조업의 영업자)에 해당하는 영업자에게 위탁하여 식품을 제조·가공할 수 있다.

③ 하나의 업소가 둘 이상의 업종의 영업을 할 경우 또는 둘 이상의 식품을 제조·가공하고자 할 경우로서 각각의 제품이 전부 또는 일부의 동일한 공정을 거쳐 생산되는 경우에는 그 공정에 사용되는 시설 및 작업장을 함께 쓸 수 있다. 이 경우 축산물위생관리법 제22조에 따라 축산물가공업의 허가를 받은 업소, 먹는물관리법 제21조에 따라 먹는샘물제조업의 허가를 받은 업소, 주세법 제6조에 따라 주류제조의 면허를 받아 주류를 제조하는 업소 및 건강기능식품에관한법률 제5조에 따라 건강기능식품제조업의 허가를 받

은 업소 및 양곡관리법 제19조에 따라 양곡가공업 등록을 한 업소의 시설 및 작업장도 또한 같다.

④ 농어촌발전특별조치법 제2조의 규정에 의한 농업인·임업인 또는 어업인과 농수산물가공산업육성법 제2조의 규정에 의한 생산자 단체가 국내산 농·수산물을 주된 원료로 식품을 직접 제조·가공하는 영업에 대하여는 특별자치도지사·시장·군수·구청장은 그 시설기준을 따로 정할 수 있다.

⑤ 식품제조·가공업을 함께 영위하려는 의약품제조업자 또는 의약외품제조업자는 제조하는 의약품 또는 의약외품 중 내복용 제제가 식품에 전이될 우려가 없다고 식품의약품안전처장이 인정하는 경우에는 해당 의약품 또는 의약외품 제조시설을 식품제조·가공시설로 이용할 수 있다. 이 경우 식품제조·가공시설로 이용할 수 있는 기준 및 방법 등 세부사항은 식품의약품안전처장이 정하여 고시한다.

Ⅱ. 즉석판매제조·가공업

1. 의의

총리령으로 정하는 식품을 제조·가공업소에서 직접 최종소비자에게 판매하는 영업을 말한다(시행령 제21조제2호). 즉석판매제조·가공업은 즉석에서 식품을 제조·가공하여 찾아오는 소비자에게 판매하는 영업인 점에서 도·소매 판매업소를 통하여 전국으로 유통판매하는 식품제조·가공업과 다른 특성이 있다.

2. 대상식품

즉석판매제조·가공업의 대상식품은 다음과 같다(시행규칙 제37조 관련 〔별표 15〕).

① 시행령 제21조제1호에 따른 식품제조·가공업 및 축산물위생관리법 시행령 제21조제3호에 따른 축산물가공업에서 제조가공할 수 있는 식품에 해당하는 모든 식품(통·병조림 식품 제외)

② 시행령 제21조제1호에 따른 식품제조·가공업의 영업자 및 축산물위생관리법 시행령 제21조제3호에 따른 축산물가공업의 영업자가 제조·가공한 식품 또는 수입식품안전관리 특별법 제15조제1항에 따라 등록한 수입식품 등수입·판매업 영업자가 수입·판매한 식품으로 즉석판매제조·가공업소 내에서 소비자가 원하는 만큼 덜어서 직접 최종 소비자에게 판매하는 식품. 다만, 다음 각목의 어느 하나에 해당하는 식품은 제외한다.

가. 통·병조림 식품
나. 레토르트식품
다. 냉동식품
라. 어육제품
마. 특수용도식품(체중조절용 조제식품은 제외한다)
바. 식초
사. 전분
아. 알가공품

3. 시설기준

즉석판매제조·가공업의 시설기준은 다음과 같다(시행규칙 제36조 관련 [별표 14]).

가. 건물의 위치 등

① 독립된 건물이거나 즉석판매제조·가공외의 용도로 사용되는 시설과 분리 또는 구획되어야 한다. 다만, 백화점등 식품을 전문으로 취급하는 일정장소(식당가·식품매장 등을 말한다) 또는 일반음식점·휴게음식점·제과점 영업장과 직접 접한 장소에서 즉석판매제조·가공업의 영업을 하려는 경우, 축산물위생관리법 제21조제7호가목에 따른 식육판매업소에서 식육을 이용하여 즉석판매제조·가공업의 영업을 하려는 경우 및 건강기능식품에관한법률 시행령 제2조제3호가목에 따른 건강기능식품일반판매업소에서 즉석판매제조·가공업의 영업을 하려는 경우로서 식품위생상 위해발생의 우려가 없다고 인정되는 경우에는 그러하지 아니하다.

② 건물의 위치·구조 및 자재에 관하여는 식품제조·가공업의 시설기준 중 가. 건물의 위치 등의 관련규정을 준용한다.

나. 작업장

① 식품을 제조·가공할 수 있는 기계·기구류 등이 설치된 제조가공실을 두어야 한다. 다만, 식품제조·가공업 영업자가 제조·가공한 식품 또는 수입식품안전관리 특별법 제15조제1항에 따라 등록한 수입식품 등수입·판매업 영업자가 수입·판매한 식품을 소비자가 원하는 만큼 덜어서 판매하는 것만 하고, 식품의 제조·가공은 하지 아니하는 영업자인 경우에는 제조·가공실을 두지 아니할 수 있다.

② 제조가공실의 시설 등에 관하여는 식품제조·가공업의 시설기준 중 나. 작업장의

관련규정을 준용한다.

다. 식품취급시설 등

식품취급시설 등에 관하여는 식품제조·가공업의 시설기준 중 다. 식품취급시설 등의 관련규정을 준용한다.

라. 급수시설

급수시설은 식품제조·가공업의 시설기준 중 라. 급수시설의 관련규정을 준용한다. 다만, 인근에 수돗물이나 먹는물관리법 제5조의 규정에 의한 먹는 물 수질기준에 적합한 지하수 등을 공급할 수 있는 시설이 있는 경우에는 이를 설치하지 아니할 수 있다.

마. 판매시설

식품을 위생적으로 유지·보관할 수 있는 진열·판매시설을 갖추어야 한다.

바. 화장실

① 화장실을 작업장에 영향을 미치지 아니하는 곳에 설치하여야 한다.

② 정화조를 갖춘 수세식 화장실을 설치하여야 한다. 다만, 상·하수도가 설치되지 아니한 지역에서는 수세식이 아닌 화장실을 설치할 수 있다.

③ 위 단서의 규정에 따라 수세식이 아닌 화장실을 설치하는 경우에는 변기의 뚜껑과 환기시설을 갖추어야 한다.

④ 공동화장실이 설치된 건물안에 있는 업소 및 인근에 사용이 편리한 화장실이 있는 경우에는 따로 설치하지 아니할 수 있다.

사. 시설기준 적용의 특례

① 전통시장 및 상점가 육성을 위한 특별법 제2조제1호에 따른 전통시장 또는 관광진흥법 시행령 제2조제1항제5호가목에 따른 종합유원시설업의 시설 안에서 이동판매형태의 즉석판매제조·가공업을 하려는 경우에는 특별자치시장·특별자치도지사·시장·군수·구청장이 그 시설기준을 따로 정할 수 있다.

② 도시와 농어촌 간의 교류촉진에 관한 법률 제10조에 따라 농어촌체험·휴양마을사업자가 지역 농·수·축산물을 주재료로 이용한 식품을 제조·판매·가공하는 경우에는 특별자치시장·특별자치도지사·시장·군수·구청장이 그 시설기준을 따로 정할 수 있다.

③ 지방자치단체의 장이 주최·주관 또는 후원하는 지역행사 등에서 즉석판매제조·가

공업을 하려는 경우에는 특별자치시장·특별자치도지사·시장·군수·구청장이 그 시설기준을 따로 정할 수 있다.

④ 지방자치단체 및 농림축산식품부장관이 인정한 생산자단체 등에서 국내산 농·수·축산물을 주재료로 이용한 식품을 제조·판매·가공하는 경우에는 특별자치시장·특별자치도지사·시장·군수·구청장이 그 시설기준을 따로 정할 수 있다.

⑤ 전시산업발전법 제2조제4호에 따른 전시시설 또는 국제회의산업육성에 관한 법률 제2조제3호에 따른 국제회의시설에서 즉석판매제조·가공업을 하려는 경우에는 특별자치시장·특별자치도지사·시장·군수·구청장이 그 시설기준을 따로 정할 수 있다.

⑥ 그 밖에 특별자치시장·특별자치도지사·시장·군수·구청장이 별도로 지정하는 장소에서 즉석판매제조·가공업을 하려는 경우에는 특별자치시장·특별자치도지사·시장·군수·구청장이 그 시설기준을 따로 정할 수 있다.

⑦ 공유주방 운영업의 시설을 사용하는 경우에는 제10호의 공유주방 운영업의 시설기준에 따른다.

Ⅲ. 식품첨가물제조업

1. 의의

식품첨가물제조업은 ① 감미료·착색료·표백제 등의 화학적 합성품을 제조·가공하는 영업, ② 천연 물질로부터 유용한 성분을 추출하는 등의 방법으로 얻은 물질을 제조·가공하는 영업, ③ 식품첨가물의 혼합제재를 제조·가공하는 영업, ④ 기구 및 용기·포장을 살균·소독할 목적으로 사용되어 간접적으로 식품에 이행(移行)될 수 있는 물질을 제조·가공하는 영업을 말한다(시행령 제21조제3호).

식품첨가물은 식품을 제조·가공·조리 또는 보존하는 과정에서 감미(甘味), 착색(着色), 표백(漂白) 또는 산화방지 등을 목적으로 식품에 사용되는 물질을 말한다(법 제2조제2호). 식품첨가물의 세부 종류와 그 범위는 법 제7조의 기준 및 규격으로 정하는 바에 따른다.

2. 시설기준

식품제조·가공업의 시설기준을 준용한다. 다만, 건물의 위치·구조 및 작업장에 대하여는 등록관청이 위생상 위해발생의 우려가 없다고 인정하는 경우에는 그러하지 아니하다.

Ⅳ. 식품운반업

1. 의의

직접 마실 수 있는 유산균음료(살균유산균음료를 포함한다)나 어류·조개류 및 그 가공품 등 부패·변질되기 쉬운 식품을 전문적으로 운반하는 영업을 말한다.

다만, 해당 영업자의 영업소에서 판매할 목적으로 식품을 운반하는 경우와 해당 영업자가 제조·가공한 식품을 운반하는 경우는 제외한다(시행령 제7조제4호). 여기서 '해당 영업자의 영업소에서 판매할 목적으로 식품을 운반하는 경우'는 영업자가 자신의 영업소에서 판매할 목적으로 부패 등이 쉬운 식품을 그 영업소로 운반하여 가져오는 경우를 의미한다고 보아야 하고, 영업자가 부패 등이 쉬운 식품을 판매하는 과정에서 매수인에게 운반하여 주는 경우까지 포함한다고 볼 수는 없다(대법원 2017. 4. 13. 선고 2015도6357 판결 [식품위생법위반]).

2. 시설기준

식품운반업의 시설기준은 다음과 같다(시행규칙 제36조 관련 [별표 14]).

가. 운반시설

① 냉동 또는 냉장시설을 갖춘 적재고가 설치된 운반 차량 또는 선박이 있어야 한다. 다만, 다음의 어느 하나(어패류에 식용얼음을 넣어 운반하는 경우 등)에 해당하는 경우에는 냉동 또는 냉장시설을 갖춘 적재고를 갖추지 않을 수 있다.

② 냉동 또는 냉장시설로 된 적재고의 내부는 식품 등의 기준 및 규격 중 운반식품의 보존 및 보관기준에 적합한 온도를 유지하여야 하며, 시설외부에서 내부의 온도를 알 수 있도록 온도계를 설치하여야 한다. 이 경우 온도계의 온도를 식품 등의 기준 및 규격에서 정한 기준에 적합하게 보이도록 조작할 수 있는 장치를 설치해서는 안 된다.

③ 적재고는 혈액 등이 누출되지 아니하고 냄새를 방지할 수 있는 구조이어야 한다.

나. 세차시설

세차장은 수질환경보전법에 적합하게 전용세차장을 설치하여야 한다. 다만, 동일 영업자가 공동으로 세차장을 설치하거나 타인의 세차장을 사용계약한 경우에는 그러하지 아니하다.

다. 차고

식품운반용 차량을 주차시킬 수 있는 전용차고를 두어야 한다. 다만, 타인의 차고를 사용계약한 경우와 화물자동차운수사업법 제55조에 따른 사용신고 대상이 아닌 자가용 화물자동차의 경우에는 그러하지 아니하다.

라. 영업소

영업활동을 위한 사무소를 두어야 한다. 다만, 영업활동에 지장이 없는 경우에는 다른 사무소를 함께 사용할 수 있고, 화물자동차운수사업법 제3조제1항제2호에 따른 개인화물자동차 운송사업의 영업자가 식품운반업을 하려는 경우에는 사무소를 두지 않을 수 있다.

Ⅴ. 식품소분·판매업

1. 종류

가. 식품소분업

식품소분업은 총리령으로 정하는 식품 또는 식품첨가물의 완제품을 나누어 유통할 목적으로 재포장·판매하는 영업을 말한다(시행령 제21조제5호가목).

여기에서 '총리령으로 정하는 식품 또는 식품첨가물'이라 함은 시행령 제21조제1호(식품제조·가공업) 및 제3호(식품첨가물제조업)에 따른 영업의 대상이 되는 식품 또는 식품첨가물(수입되는 식품 또는 식품첨가물을 포함한다)과 벌꿀(영업자가 자가채취하여 직접 소분·포장하는 경우를 제외한다)을 말한다(시행규칙 제38조제1항본문). 식품소분업 중 위의 요건에 해당하는 품목은 영업신고의 대상에 해당된다(시행령 제25조제1항제5호).

다만, 다음 각 호의 어느 하나에 해당하는 경우에는 소분·판매해서는 안 된다(시행규칙 제38조제1항단서).

① 어육 제품

② 특수용도식품(체중조절용 조제식품은 제외한다)

③ 통·병조림 제품

④ 레토르트식품

⑤ 전분

⑥ 장류 및 식초(제품의 내용물이 외부에 노출되지 않도록 개별 포장되어 있어 위해가 발생할 우려가 없는 경우는 제외한다)

식품 또는 식품첨가물제조업의 신고를 한 자가 자기가 제조한 제품의 소분·포장만을 하기 위하여 신고를 한 제조업소 외의 장소에서 식품소분업을 하려는 경우에는 그 제품이 제1항의 식품소분업 신고대상품목이 아니더라도 식품소분업 신고를 할 수 있다(시행규칙 제38조제2항).

대법원 1986. 5. 27. 선고 86도614 판결 【보건범죄단속에관한특별조치법위반,식품위생법위반,공문서변조,공문서변조행사】

식품위생법 제23조 제1항, 동법시행령 제9조 제1항 제39호, 제11조의 2, 동법시행규칙 제20조 등의 제규정을 종합하여 보면 식용유지의 소분업에 대하여는 허가를 요하지 않는 것이 아니라, 허가를 받을 수 없다고 하여야 할 것이므로 허가없이 식용유지 소분업을 하는 것은 식품위생법 제44조 제1항, 제23조 제1항 소정 범죄에 해당한다(대법원 1986. 5. 27. 선고 86도614 판결): **<해설> 이 판결 당시 식품소분업은 허가대상 영업에 해당하였고, 아울러 식용유지는 식품소분업의 허가대상품목에서 제외되어 있었다.**

나. 식품판매업

식품판매업은 다음과 같이 종류가 나누어진다(시행령 제21조제5호나목).

(1) 식용얼음판매업: 식용얼음을 전문적으로 판매하는 영업.

(2) 식품자동판매기영업: 식품을 자동판매기에 넣어 판매하는 영업. 다만, 유통기간이 1개월 이상인 완제품만을 자동판매기에 넣어 판매하는 경우는 제외한다.

(3) 유통전문판매업: 식품 또는 식품첨가물을 스스로 제조·가공하지 아니하고 제1호의 식품제조·가공업자 또는 제3호의 식품첨가물제조업자에게 의뢰하여 제조·가공한 식품 또는 식품첨가물을 자신의 상표로 유통·판매하는 영업

(4) 집단급식소 식품판매업: 집단급식소에 식품을 판매하는 영업

(5) 기타 식품판매업: (1)부터 (4)까지를 제외한 영업으로서 총리령으로 정하는 일정 규모 이상의 백화점, 슈퍼마켓, 연쇄점 등에서 식품을 판매하는 영업. 여기에서 "총리령으로 정하는 일정 규모 이상의 백화점, 슈퍼마켓, 연쇄점 등"이란 백화점, 슈퍼마켓, 연쇄점 등의 영업장의 면적이 300제곱미터 이상인 업소를 말한다(시행규칙 제39조). 따라서 기타 식품판매업 중 위의 요건에 해당하는 업소는 영업신고의 대상업소에 해당되게 된다.

2. 시설기준

식품소분·판매업의 시설기준은 다음과 같다(시행규칙 제36조 관련 [별표 14]).

가. 공통시설기준

(1) 작업장 또는 판매장(식품자동판매기영업 및 유통전문판매업을 제외한다)

① 건물은 독립된 건물이거나 주거장소 또는 식품소분·판매업 외의 용도로 사용되는 시설과 분리 또는 구획되어야 한다.

② 식품소분업의 소분실은 1. 식품제조·가공업의 시설기준 중 나. 작업장의 관련규정을 준용한다.

(2) 급수시설(식품소분업 등 물을 사용하지 아니하는 경우를 제외한다)

수돗물이나 먹는물관리법 제5조의 규정에 의한 먹는 물의 수질기준에 적합한 지하수 등을 공급할 수 있는 시설을 갖추어야 한다.

(3) 화장실(식품자동판매기영업을 제외한다)

① 화장실은 작업장 및 판매장에 영향을 미치지 아니하는 곳에 설치하여야 한다.

② 정화조를 갖춘 수세식 화장실을 설치하여야 한다. 다만, 상·하수도가 설치되지 아니한 지역에서는 수세식이 아닌 화장실을 설치할 수 있다.

③ 위 단서의 규정에 따라 수세식이 아닌 화장실을 설치한 경우에는 변기의 뚜껑과 환기시설을 갖추어야 한다.

④ 공동화장실이 설치된 건물 안에 있는 업소 및 인근에 사용이 편리한 화장실이 있는 경우에는 따로 화장실을 설치하지 아니할 수 있다.

(4) 공통시설기준의 적용특례

① 지방자치단체 및 농림축산식품부장관관이 인정한 생산자단체등에서 국내산 농·수·축산물의 판매촉진 및 소비홍보 등을 위하여 14일 이내의 기간에 한하여 특정장소에서 농·수·축산물의 판매행위를 하고자 하는 경우에는 공통시설기준에 불구하고 특별자치시장·특별자치도지사·시장·군수·구청장(시·도에서 농·수·축산물의 판매행위를 하는 경우에는 시·도지사)이 그 시설기준을 따로 정할 수 있다.

② 공유주방 운영업의 시설을 사용하여 식품소분업을 하는 경우에는 제10호의 공유주방 운영업의 시설기준에 따른다.

나. 업종별 시설기준

(1) 식품소분업

① 식품 등을 소분·포장할 수 있는 시설을 설치하여야 한다.

② 소분·포장하고자 하는 제품과 소분·포장한 제품을 보관할 수 있는 창고를 설치여

야 한다.

(2) 식용얼음판매업

① 판매장은 얼음을 저장하는 창고와 취급실이 구획되어야 한다.

② 취급실의 바닥은 타일·콘크리트 또는 두꺼운 목판자등으로 설비하여야 하고, 배수가 잘 되어야 한다.

③ 판매장의 주변은 배수가 잘 되어야 한다.

④ 배수로에는 덮개를 설치하여야 한다.

⑤ 얼음을 저장하는 창고에는 보기 쉬운 곳에 온도계를 비치하여야 한다.

⑥ 소비자에게 배달판매를 하고자 하는 경우에는 위생적인 용기가 있어야 한다.

(3) 식품자동판매기영업

① 식품자동판매기(이하 “자판기”라 한다)는 위생적인 장소에 설치하여야 하며, 옥외에 설치하는 경우에는 비·눈·직사광선으로부터 보호되도록 차양시설을 설치하여야 한다.

② 더운 물을 필요로 하는 제품의 경우에는 제품의 음용온도가 68℃ 이상이 되도록 하여야 하고, 자판기내부에는 살균등(더운 물을 필요로 하는 경우를 제외한다)·정수기 및 온도계가 부착되어야 한다. 다만 물을 사용하지 않는 경우는 제외한다.

③ 자판기 안의 물탱크는 내부청소가 쉽도록 뚜껑을 설치하고 녹이 슬지 아니하는 재질을 사용하여야 한다.

(4) 유통전문판매업

① 영업활동을 위한 독립된 영업소가 있어야 한다. 다만, 영업활동에 지장이 없는 경우에는 다른 영업소를 함께 사용할 수 있다.

② 식품을 위생적으로 보관할 수 있는 창고를 갖추어야 한다. 이 경우 보관창고는 영업신고를 한 영업소의 소재지와 다른 곳에 설치하거나 임차하여 사용할 수 있다.

③ 위 규정에 따른 창고를 전용으로 갖출 수 없거나 전용 창고만으로는 그 용량이 부족할 경우에는 다음의 어느 하나에 해당하는 시설을 구분하여 사용할 수 있다.

i) 같은 영업자가 식품제조·가공업 또는 식품첨가물제조업을 하는 경우 해당 영업에 사용되는 창고 등 시설

ii) 식품 또는 식품첨가물의 제조·가공을 의뢰받은 식품제조·가공업 또는 식품첨가물제조업을 하는 자와 창고 등 시설 사용에 관한 계약을 체결한 경우 해당 영업에 사용되는 창고 등 시설

iii) 같은 영업자가 먹는물관리법 제21조제4항에 따라 유통전문판매업을 하는 경우 해당 영업에 사용되는 먹는물관리법 시행규칙 별표 3 제3호나목에 따른 보관시설

④ 상시 운영하는 반품·교환품의 보관시설을 두어야 한다.

(5) 집단급식소 식품판매업

(가) 사무소

영업활동을 위한 독립된 사무소가 있어야 한다. 다만, 영업활동에 지장이 없는 경우에는 다른 사무소소를 함께 사용할 수 있다.

(나) 작업장

① 식품을 선별·분류하는 작업은 항상 찬 곳(0℃-18℃)에서 할 수 있도록 하여야 한다.

② 작업장은 식품을 위생적으로 보관하거나 선별 등의 작업을 할 수 있도록 독립된 건물이거나 다른 용도로 사용되는 시설과 분리되어야 한다.

③ 작업장 바닥은 콘크리드 등으로 내수처리를 하여야 하고, 물이 고이거나 습기가 차지 아니하게 하여야 한다.

④ 작업장에는 쥐, 바퀴 등 해충이 들어오지 못하게 하여야 한다.

⑤ 작업장에서 사용하는 칼, 도마 등 조리기구는 육류용과 채소용 등 용도별로 구분하여 그 용도로만 사용하여야 한다.

⑥ 신고관청은 집단급식소 식품판매업의 영업자가 판매하는 식품 형태 및 판매방식 등을 고려해 작업장의 필요성과 식품위생에의 위해성이 모두 없다고 인정하는 경우에는 작업장의 설치를 생략하게 할 수 있다.

(다) 창고 등 보관시설

① 식품 등을 위생적으로 보관할 수 있는 창고를 갖추어야 한다. 이 경우 창고는 영업신고를 한 소재지와 다른 곳에 설치하거나 임차하여 사용할 수 있다.

② 창고에는 식품의약품안전처장이 정하는 보존 및 유통기준에 적합한 온도에서 보관할 수 있도록 냉장시설 및 냉동시설을 갖추어야 한다. 다만, 창고에서 냉장처리나 냉동처리가 필요하지 아니한 식품을 처리하는 경우에는 냉장시설 또는 냉동시설을 갖추지 아니하여도 된다.

③ 서로 오염원이 될 수 있는 식품을 보관·운반하는 경우 구분하여 보관·운반하여야 한다.

(라) 운반차량

① 식품을 위생적으로 운반하기 위하여 냉동시설이나 냉장시설을 갖춘 적재고가 설치된 운반차량을 1대 이상 갖추어야 한다. 다만, 법 제37조에 따로 허가, 신고 또는 등록한 영업자와 계약을 체결하여 냉동 또는 냉장시설을 갖춘 운반차량을 이용하는 경우에는 운반차량을 갖추지 아니하여도 된다.

② 위 규정에도 불구하고 냉동 또는 냉장시설이 필요없는 식품만을 취급하는 경우에는 운반차량에 냉동시설이나 냉장시설을 갖춘 적재고를 설치하지 아니하여도 된다.

(6) 기타 식품판매업

냉동시설 또는 냉장고·진열대 및 판매대를 설치하여야 한다. 다만 냉장냉동 보관 및 유통을 필요로 하지 않는 제품을 취급하는 경우는 제외한다.

Ⅵ. 식품보존업

1. 종류

가. 식품조사처리업

방사선을 쬐어 식품의 보존성을 물리적으로 높이는 것을 업으로 하는 영업을 말한다(시행령 제21조제6호가목).

나. 식품냉동·냉장업

식품을 얼리거나 차게 하여 보존하는 영업을 말한다. 다만, 수산물의 냉동·냉장은 제외한다(시행령 제21조제6호나목).

2. 시설기준

식품보존업의 시설기준은 다음과 같다(시행규칙 제36조 관련 [별표 14]).

가. 식품조사처리업

원자력관계법령에서 정한 시설기준에 적합하여야 한다.

나. 식품냉동·냉장업

① 작업장은 독립된 건물이거나 다른 용도로 사용되는 시설과 분리되어야 한다. 다만

각 호의 어느 하나에 해당하는 경우에는 그러하지 아니하다.

i) 밀봉 포장한 식품과 밀봉 포장된 축산물을 같은 작업장에 보관하는 경우

ii) 수입식품안전관리 특별법 제15조제1항에 따라 등록한 수입식품 등 보관업의 시설과 함께 사용하는 작업장의 경우

② 작업장에는 적하실(積下室)·냉동예비실·냉동실 및 냉장실이 있어야 하고, 각각의 시설은 분리 또는 구획되어야 한다. 다만, 냉동을 하지 아니할 경우에는 냉동예비실과 냉동실을 두지 아니할 수 있다.

③ 작업장의 바닥은 콘크리트 등으로 내수처리를 하여야 하고, 물이 고이거나 습기가 차지 아니하도록 하여야 한다.

④ 냉동예비실·냉동실 및 냉장실에는 보기 쉬운 곳에 온도계를 비치하여야 한다.

⑤ 작업장에는 작업장 안에서 발생하는 악취·유해가스·매연·증기 등을 배출시키기 위한 환기시설을 갖추어야 한다.

⑥ 작업장에는 쥐·바퀴 등 해충이 들어오지 못하도록 하여야 한다.

⑦ 상호오염원이 될 수 있는 식품을 보관하는 경우에는 서로 구별할 수 있도록 하여야 한다.

⑧ 작업장 안에서 사용하는 기구 및 용기·포장 중 식품에 직접 접촉하는 부분은 씻기 쉬우며, 살균소독이 가능한 것이어야 한다.

⑨ 수돗물이나 먹는물관리법 제5조의 규정에 의한 먹는 물의 수질기준에 적합한 지하수 등을 공급할 수 있는 시설을 갖추어야 한다.

⑩ 화장실을 설치하여야 하며, 화장실의 시설은 2. 즉석판매제조·가공업의 시설기준 중 바. 화장실의 관련규정을 준용한다.

Ⅶ. 용기·포장류제조업

1. 종류

가. 용기·포장지제조업

식품 또는 식품첨가물을 넣거나 싸는 물품으로서 식품 또는 식품첨가물에 직접 접촉되는 용기(옹기류를 제외한다)·포장지를 제조하는 영업을 말한다(시행령 제21조제7호 가목).

나. 옹기류제조업

식품을 제조·조리·저장할 목적으로 사용되는 독, 항아리, 뚝배기 등을 제조하는 영업을 말한다(시행령 제21조제7호나목).

2. 시설기준

식품제조·가공업의 시설기준을 준용한다. 다만, 신고관청이 위생상 위해발생의 우려가 없다고 인정하는 경우에는 그러하지 아니하다.

Ⅷ. 식품접객업

1. 종류

가. 휴게음식점영업

주로 다류(茶類), 아이스크림류 등을 조리·판매하거나 패스트푸드점, 분식점 형태의 영업 등 음식류를 조리·판매하는 영업으로서 음주행위가 허용되지 아니하는 영업을 말한다(시행령 제21조제8호가목). 위와 같은 휴게음식점영업도 영업신고를 하여야 하는 대상 업종에 해당된다(시행령 제25조제1항제8호). 다만, 편의점, 슈퍼마켓, 휴게소, 그 밖에 음식류를 판매하는 장소(만화가게 및 「게임산업진흥에 관한 법률」 제2조제7호에 따른 인터넷컴퓨터게임시설제공업을 하는 영업소 등 음식류를 부수적으로 판매하는 장소를 포함한다)에서 컵라면, 일회용 다류 또는 그 밖의 음식류에 물을 부어 주는 경우는 제외한다(시행령 제21조제8호가목단서). 따라서 이 경우는 신고를 할 필요도 없이 자유로이 행위를 할 수 있다.

대법원 1992. 10. 9. 선고 92도361 판결 【식품위생법위반】

식품위생법시행령상 '다방영업'의 의미: 식품위생법 제22조 제1항에 의하여 허가를 요하는 식품접객업으로서의 다방영업이라 함은 객석을 갖추고 다류를 조리(홍차에 레몬즙, 우유, 위스키를 첨가하는 것을 포함한다) 판매하거나, 우유, 청량음료 기타의 음료류(주류를 제외한다)를 판매하는 영업(식품위생법시행령 제7조 제7호 (라)목)을 말하는 것이므로 단순히 다류나 우유 기타의 음료수를 판매하는 시설을 갖추고 이를 판매하는 것만으로는 다방영업을 하였다고 할 수 없으며, 이러한 판매시설 이외에 고객들이 위 다류 등을 마시면서 휴식을 취할 수 있는 객석을 갖춘 경우에 한하여 다방영업을 하였다고 할 수 있을 것이고, 식품위생법시행령에 규정된 다방영업형태의 특성상 객석 구비와 다류의 조리·판매 또는 음료수 판매행위가 상호불가분의 관계에 있을 때에 한하여 다방영업에 해당하는 것으로 봄이 상당하다(대법원 1992. 10. 9. 선고 92도361 판결).

나. 일반음식점영업

음식류를 조리·판매하는 영업으로서 식사와 함께 부수적으로 음주행위가 허용되는 영업을 말한다(시행령 제21조 제8호 나목). 주로 탕반류등의 식사류를 취급하면서 부수적으로 주류등을 판매하는 영업형태로서 그 취급음식물의 유형에 따라 한식·일식·중국식 및 레스토랑 형태의 음식점이 이에 해당된다.

일반음식점영업의 가장 전형적인 형태는 음식류를 조리·판매하는 것을 위주로 하면서 부수적으로 주류를 판매하는 영업이라고 할 수 있다. 그러나 주로 주류를 판매하면서 음식류는 오히려 부수적으로 조리·판매하는 소주방·호프·카페 등의 영업형태로 운영되는 영업도 현행 법령 체계상 일반음식점영업 허가를 받은 영업자가 적법하게 할 수 있는 행위의 범주에 속한다(대법원 2012. 6. 28. 선고 2011도15097 판결).

대법원 2012. 6. 28. 선고 2011도15097 판결 【식품위생법위반】

[1] '음식류의 조리·판매보다는 주로 주류의 조리·판매를 목적으로 하는 소주방·호프·카페 등의 형태로 운영되는 영업'이 구 식품위생법상 일반음식점 영업자가 적법하게 할 수 있는 행위에 속하는지 여부(적극) 및 일반음식점 영업자가 위와 같은 형태로 영업한 행위를 '주류만을 판매하는 행위'를 금지한 구 식품위생법상 준수사항을 위반한 것으로 볼 수 있는지 여부(소극): 식품위생법령 및 청소년보호법령의 규정 체계와 내용 등을 종합해 보면, 구 식품위생법(2010. 1. 18. 법률 제9932호로 개정되기 전의 것, 이하 같다) 관련 법령에서 상정하고 있는 일반음식점영업의 가장 전형적인 형태는 음식류를 조리·판매하는 것을 위주로 하면서 부수적으로 주류를 판매하는 영업이라고 할 수 있다. 그러나 주로 주류를 판매하면서 음식류는 오히려 부수적으로 조리·판매하지만, 손님이 노래를 부르게 하거나 유흥종사자를 두는 등 단란주점영업이나 유흥주점영업에서만 허용되는 행위는 하지 아니하는 형태의 영업에 대해서는 구 식품위생법과 식품위생법 시행령에서 별도의 영업허가 종류로 구분하여 분류하고 있지 아니하고, 더구나 구 청소년보호법(2012. 1. 17. 법률 제11179호로 개정되기 전의 것)과 청소년보호법 시행령에서는 이를 명시적으로 일반음식점영업의 한 형태로 규정하고 있다. 이에 비추어 청소년보호법 시행령 제3조 제4항 제2호에서 규정한 것 같은 형태의 영업, 즉 '음식류의 조리·판매보다는 주로 주류의 조리·판매를 목적으로 하는 소주방·호프·카페 등의 영업형태로 운영되는 영업'은 구 식품위생법상 식품접객업의 종류 중에서는 일반음식점영업 허가를 받은 영업자가 적법하게 할 수 있는 행위의 범주에 속한다고 보는 것이 타당하다. 그러므로 일반음식점 영업자가 위와 같은 형태로

영업하였다고 하여 이를 '주류만을 판매하는 행위'를 하여서는 아니 된다고 규정한 일반음식점 영업자의 준수사항을 위반한 것이라고 보는 것은 죄형법정주의의 정신과 위 법령 규정의 체계에 어긋나는 것이다.

[2] 일반음식점 영업자인 피고인이 주로 술과 안주를 판매함으로써 구 식품위생법상 준수사항을 위반하였다는 내용으로 기소된 사안에서, 위 준수사항 중 '주류만을 판매하는 행위'에 안주류와 함께 주로 주류를 판매하는 행위도 포함된다고 해석하여 유죄를 인정한 원심판결에 죄형법정주의에 관한 법리오해 등의 위법이 있다고 한 사례: 일반음식점 영업자인 피고인이 바텐더 형태의 영업장에서 주로 술과 안주를 판매함으로써 구 식품위생법(2010. 1. 18. 법률 제9932호로 개정되기 전의 것)상 준수사항을 위반하였다는 내용으로 기소된 사안에서, 위 준수사항 중 '주류만을 판매하는 행위'에는 일반음식점영업 허가를 받고 안주류와 함께 주로 주류를 판매하는 행위도 포함된다고 해석하여 유죄를 인정한 원심판결에 관계 법령의 해석 및 죄형법정주의에 관한 법리오해의 위법이 있다고 한 사례.

대법원 1998. 2. 24. 선고 97도2912 판결 【식품위생법위반】

24시간 편의방에서 술과 안주류를 조리행위 없이 판매한 경우, 일반음식점영업에 해당하는지 여부(소극): 식품위생법 제21조 제2항에 터잡은 구 식품위생법시행령(1996. 10. 14. 대통령령 제15157호로 개정되기 전의 것) 제7조 제8호 (나)목에 의하면 일반음식점영업이라 함은 "음식류를 조리·판매하는 영업으로서 식사와 함께 부수적으로 음주행위가 허용되는 영업"이라고 규정하고 있는바, 구 식품위생법시행규칙(1996. 12. 20. 보건복지부령 제41호로 개정되기 전의 것) 제20조의 [별표 9] 업종별시설기준에서 식품접객업의 공통시설기준으로 "영업장, 급수시설, 조명시설, 화장실"과 함께 "조리장"을 규정하고 있는 점에 비추어 볼 때 위 시행령에서 말하는 "음식류를 조리·판매하는 영업"은 "음식류를 조리하여 판매하는 영업"을 의미하는 것으로 해석함이 상당하므로, 편의방에서 탁자 7개와 의자 22개 및 컵라면을 조리할 수 있는 온수통 등을 갖추고 손님들에게 술과 안주류를 판매하였다 하더라도 음식류를 조리하여 판매한 바 없는 이상 위 편의방 영업을 식품위생법 소정의 일반음식점영업에 해당한다고 볼 수 없다.

대법원 1990. 2. 27. 선고 89도2538 판결 【식품위생법위반】

식용유에 생선반죽가루를 튀겨 즉석에서 판매하는 행위가 식품제조행위에 해당하는지 여부(소극): 식품위생법상의 대중음식점 영업허가를 받은 자가 그 점포에 기름가마솥, 기름버너, 진열대, 튀김기구 등을 갖추고 나서 다른 업소로부터 생선 반죽가루를 공급받아 이를 식용유에 튀기는 방법으로 음식을 만들어 즉석에서 판매하는 행위는 식품위생법시행령 제7조 제7호 소정의 식품의 조리행위에 해당할 뿐 같은 조 제1호 소정의 식품의 제조행위에 해당하는 것은 아니다.

대법원 1993. 2. 12. 선고 92도2802 판결 결【식품위생법위반】

식품위생법상 도시락 제조업 허가를 받지 아니한 대중음식점에서 취급할 수 있는 도시락 영업의 범위: 식품위생법상 대중음식점에서 취급할 수 있는 음식의 종류 중에 도시락이 포함되어 있다 하더라도 이는 접객업소에 찾아 오는 고객들에게 매장에서 도시락을 조리하여 그 자리에서 판매하거나 취식케 하는 영업을 말하는 것이지, 상당한 시간이 경과한 후에 장소를 이동하여 취식할 것을 전제로 그에 대비한 위생상태를 확보하고 미리 도시락을 제조하여 판매하는 전문적인 영업형태까지를 포함하는 것은 아니다.

다. 단란주점영업

주로 주류를 조리·판매하는 영업으로서 손님이 노래를 부르는 행위가 허용되는 영업을 말한다(시행령 제21조제8호다목). 이 경우 손님이 노래를 부르기 위한 음향 및 반주시설은 시행규칙의 시설기준에서 정하는 바에 따라 그 설치가 허용된다. 주로 주류를 취급하면서 손님이 노래를 부를 수 있는 영업형태로서 소외 가라오케, 칵테일바 형태의 주점업소가 이에 해당된다.

대법원 2008.9.11. 선고 2008도2160 판결【식품위생법위반】

[1] 손님으로 하여금 노래를 부르게 하는 것이 불가능한 형태의 영업이 구 식품위생법 시행령 제7조 제8호 (다)목의 '단란주점영업'에 해당하는지 여부(소극): 구 식품위생법(2006. 12. 28. 법률 제8113호로 개정되기 전의 것) 제22조 제1항, 구 식품위생법 시행령(2006. 12. 21. 대통령령 제19769호로 개정되기 전의 것) 제7조 제8호의 각 규정의 취지를 종합하면, 위 시행령에서 단란주점영업을 "주로 주류를 조리·판매하는 영업으로서 손님이 노래를 부르는 행위가 허용되는 영업"으로 규정하고 있으므로, 주로 주류를 조리·판매하는 영업이라고 하더라도 손님으로 하여금 노래를 부르게 하는 것이 가능하지 않은 형태의 영업은 위 시행령 소정의 단란주점영업에 해당한다고 볼 수 없다.

[2] 일반음식점 허가를 받은 사람이 주로 주류를 조리·판매하는 형태의 주점영업을 하였더라도, 손님이 노래를 부를 수 있는 여건이 갖추어지지 않은 이상 구 식품위생법(2006. 12. 28. 법률 제8113호로 개정되기 전의 것)상 단란주점영업에 해당하지 않는다고 한 사례.

대법원 1999. 5. 25. 선고 98도3964 판결【식품위생법위반】

단란주점영업의 범위를 규정한 식품위생법시행령 제7조 제8호 (다)목 소정의 '주로 주류를 조리·판매하는 영업으로서 손님이 노래를 부르는 행위가 허용되는 영업'의 의미 및 반드시 음식류를 조리하여 판매하여야만 이에 해당하는지 여부(소극): 식품위생법시행령 제7조 제8호 (다)목에서 단란주점영업에 관하여 '주로 주류를 조리·판매하는 영업으로서 손님이 노래를 부르게 하는 행위가 허용되는 영업'이라고 규정한 것은 '주로 주류를 판매하고 부수적으로 음식류 등도 조리하여 판매할 수 있는 영업으로서 손님으로 하여금 노래를 부르게 하는 행위가 허용되는 영업'은 단란주점영업에 해당한다는 취지이지 반드시 음식류를 조리하여 판매하여야만 단란주점영업에 해당한다는 취지로 볼 것은 아니다.

대법원 1994. 10. 14. 선고 94누4370 판결【대중음식점업영업정지처분취소】

업소의 객실에 '비디오케'를 설치하고 손님으로 하여금 이에 맞추어 노래 부르도록 한 것만으로 유흥주점 영업행위라고 할 수 있는지 여부: 식품접객업자가 유흥주점 영업행위를 하였다고 하기 위하여는 유흥종사자를 두거나 유흥종사자 또는 손님의 노래, 춤, 만담, 곡예 등 유흥을 위하여 단란주점영업소에는 허용되지 않는 무대장치 등의 유흥시설을 설치하고 영업을 한 경우라야 할 것이므로, 손님이 노래할 수 있도록 마이크 장치, 자막용 영상장치 및 자동반주장치가 되어 있는 시설인 소위 비디오케는 단란주점 영업소에서 설치할 수 있는 장치라고 할 것이어서, 업소의 객실에 비디오케를 설치하여 두고 손님으로 하여금 이에 맞추어 노래를 부르도록 한 것만으로는 단란주점 형태의 영업을 하였다고 할 수는 있으나 유흥주점 형태의 영업을 한 것이라고 할 수 없다.

라. 유흥주점영업

주로 주류를 조리·판매하는 영업으로서 유흥종사자를 두거나 유흥시설을 설치할 수 있고 손님이 노래를 부르거나 춤을 추는 행위가 허용되는 영업을 말한다(시행령 제21조제8호라목). 주로 주류를 취급하면서 손님은 물론 종사자도 노래, 춤, 공연 등 모든 유흥행위가 허용되는 영업형태로서 디스코장, 룸살롱, 카바레 형태의 주점업소가 이에 해당된다.

여기서 '유흥종사자'는 유흥접객원을 말하는바, 유흥접객원은 손님과 함께 술을 마시거나 노래 또는 춤으로 손님의 유흥을 돋구는 부녀자를 말한다(시행령 제22조제1항). 또한 '유흥시설'이란 유흥종사자 또는 손님이 춤을 출 수 있도록 설치한 무도장을 말한다(시행령 제22조제2항). 유흥시설은 그 설치장소가 실내로 제한되는 것은 아니고 유흥시설이 실외에 설치된 경우도 유흥주점에 포함된다(대법원 2016. 12. 15. 선고 2016도8070 판결).

한편 유흥종사자란 반드시 고용기간과 임금, 근로시간 등을 명시한 고용계약에 의하여 취업한 여자종업원에 한정된다고는 할 수 없지만, 적어도 하나의 직업으로 특정업소에서 손님과 함께 술을 마시거나 노래 또는 춤으로 손님의 유흥을 돋구어 주고 주인으로부터 보수를 받거나 손님으로부터 팁을 받는 부녀자를 가리키는 것으로 해석되고, 따라서 단순히 놀러오거나 손님으로 왔다가 다른 남자손님과 합석하여 술을 마신 부녀자는 이에 포함되지 아니한다(대법원 2001. 12. 24. 선고 2001도5837 판결 등).

대법원 2006. 2. 24. 선고 2005도9114 판결 【식품위생법위반】

노래연습장에서 손님이 직접 이른바 '티켓걸'을 부르고 그 티켓비를 지급하는 것을 업소주인이 알고서 용인한 경우, 구 식품위생법 시행령이 정하는 '유흥종사자를 둔' 경우에 해당하는지 여부(적극): 구 식품위생법 시행령(2005. 7. 27. 대통령령 제18978호로 개정되기 전의 것) 제7조 제8호 (라)목에서 유흥주점영업을 '주로 주류를 조리·판매하는 영업으로서 유흥종사자를 두거나 유흥시설을 설치할 수 있고 손님이 노래를 부르거나 춤을 추는 행위가 허용되는 영업'이라고 규정하고 있는바, 여기서 '유흥종사자를 둔다'고 함은 부녀자에게 시간제로 보수를 지급하고 손님과 함께 술을 마시거나 노래 또는 춤으로 손님의 유흥을 돋우게 하는 경우도 포함되고, 한편 특정 다방에 대기하는 이른바 '티켓걸'이 노래연습장에 티켓영업을 나가 시간당 정해진 보수를 받고 그 손님과 함께 춤을 추고 노래를 불러 유흥을 돋우게 한 경우, 손님이 직접 전화로 '티켓걸'을 부르고 그 티켓비를 손님이 직접 지급하였더라도 업소주인이 이러한 사정을 알고서 이를 용인하였다면 위 법령의 입법 취지에 비추어 '유흥종사자를 둔' 경우에 해당한다(대법원 2006. 2. 24. 선고 2005도9114 판결).

대법원 2001. 12. 24. 선고 2001도5837 판결 【식품위생법위반】

식품위생법상의 유흥종사자의 의미: 식품위생법 제22조 제1항, 동시행령 제7조 제8호 (라)목, 제8조 제1항, 제2항, 제9조 제3호, 제10조 제3호의 각 규정을 종합하면 주로 주류를 조리, 판매하는 영업으로서, 유흥종사자 즉 손님과 함께 술을 마시거나 노래 또는 춤으로 손님의 유흥을 돋구는 부녀자(이를 위 시행령에서는 '유흥접객원'이라 한다)를 두는 것이 허용되는 유흥주점 영업을 하기 위하여는 관할 관청의 영업허가를 받도록 되어 있는바, 여기의 유흥종사자란 반드시 고용기간과 임금, 근로시간 등을 명시한 고용계약에 의하여 취업한 여자종업원에 한정된다고는 할 수 없지만, 적어도 하나의 직업으로 특정업소에서 손님과 함께 술을 마시거나 노래 또는 춤으로 손님의 유흥을 돋구어 주고 주인으로부터 보수를 받거나 손님으로부터 팁을 받는 부녀자를 가리키는 것으로 해석되고, 따라서 단순히 놀러오거나 손님으로 왔다가 다른 남자손님과 합석하여 술을 마신 부녀자는 이에 포함되지 아니한다.

대법원 2016. 12. 15. 선고 2016도8070 판결 【식품위생법위반】

식품위생법령상 유흥시설을 설치한 유흥주점의 의미 및 유흥시설이 실외에 설치된 것도 유흥주점에 포함되는지 여부(적극): 식품위생법은 제36조 제1항 제3호에서 식품접객업을 하려는 자는 총리령으로 정하는 시설기준에 맞는 시설을 갖추어야 한다고 정하고, 제2항에서 제1항 제3호에 따른 식품접객업의 세부 종류와 범위를 대통령령에서 정하도록 위임하고 있다. 그 위임에 따라 식품위생법 시행령 제21조 제8호 (라)목에서는 식품접객업 중 유흥주점영업이란 주로 주류를 조리·판매하는 영업으로서 유흥종사자를 두거나 유흥시설을 설치할 수 있고 손님이 노래를 부르거나 춤을 추는 행위가 허용되는 영업이라고 규정하고 있고, 제22조 제2항에서는 '유흥시설'이란 유흥종사자 또는 손님이 춤을 출 수 있도록 설치한 무도장을 말한다고 규정하고 있다. 한편 식품위생법 시행규칙 제36조 [별표 14]는 식품위생법 제36조에 따른 식품접객업의 시설기준을 정하고 있는데, 이에 따르면 식품접객업의 영업장은 독립된 건물이거나 식품접객업의 영업허가를 받거나 영업신고를 한 업종 외의 용도로 사용되는 시설과 분리, 구획 또는 구분되어야 한다고 정하고 있을 뿐이다. 따라서 식품위생법령상 유흥시설을 설치한 유흥주점은 주로 주류를 조리·판매하는 곳으로 춤을 출 수 있도록 무도장을 설치한 장소를 가리킨다. 설치장소가 실내로 제한되는 것은 아니고 실외에 설치된 것도 유흥주점에 포함된다.

마. 위탁급식영업

집단급식소를 설치·운영하는 자와의 계약에 따라 그 집단급식소 에서 음식류를 조리하여 제공하는 영업을 말한다(시행령 제21조제8호마목).

바. 제과점영업

주로 빵, 떡, 과자 등을 제조·판매하는 영업으로서 음주행위가 허용되지 아니하는 영업을 말한다(시행령 제21조제8호바목).

2. 시설기준

식품접객업의 시설기준은 다음과 같다(시행규칙 제36조 관련 [별표 14]).

가. 공통시설기준

(1) 영업장

① 독립된 건물이거나 식품접객업의 영업허가를 받거나 영업신고를 한 업종 외의 용도로 사용되는 시설과 분리, 구획 또는 구분되어야 한다(일반음식점에서 「축산물위생관리법 시행령」제21조제7호가목의 식육판매업을 하려는 경우, 휴게음식점에서 「음악산업진흥에 관한 법률」 제2조제10호에 따른 음반·음악영상물판매업을 하는 경우 및 관할 세무서장의 의제 주류판매 면허를 받고 제과점에서 영업을 하는 경우는 제외한다). 다만, 다음의 어느 하나에 해당하는 경우에는 분리되어야 한다.

i) 식품접객업의 영업허가를 받거나 영업신고를 한 업종과 다른 식품접객업의 영업을 하려는 경우. 다만, 휴게음식점에서 일반음식점영업 또는 제과점영업을 하는 경우, 일반음식점에서 휴게음식점영업 또는 제과점영업을 하는 경우 또는 제과점에서 휴게음식점영업 또는 일반음식점영업을 하는 경우는 제외한다.

ii) 「음악산업진흥에 관한 법률」 제2조제13호의 노래연습장업을 하려는 경우

iii) 「다중이용업소의 안전관리에 관한 특별법 시행규칙」 제2조제3호의 콜라텍업을 하려는 경우

iv) 「체육시설의 설치·이용에 관한 법률」 제10조제1항제2호에 따른 무도학원업 또는 무도장업을 하려는 경우

v) 「동물보호법」 제2조제1호에 따른 동물의 출입, 전시 또는 사육이 수반되는 영업을 하려는 경우

② 영업장은 연기·유해가스등의 환기가 잘 되도록 하여야 한다.

③ 음향 및 반주시설을 설치하는 영업자는 「소음·진동관리법」 제21조에 따른 생활소음·진동이 규제기준에 적합한 방음장치 등을 갖추어야 한다.

④ 공연을 하고자 하는 휴게음식점·일반음식점 및 단란주점의 영업자는 무대시설을 영업장 안에 객석과 구분되게 설치하되, 객실 안에 설치하여서는 아니 된다.

⑤ 「동물보호법」 제2조제1호에 따른 동물의 출입, 전시 또는 사육이 수반되는 시설과 직접 접한 영업장의 출입구에는 손을 소독할 수 있는 장치, 용품 등을 갖추어야 한다.

(2) 조리장

① 조리장은 손님이 그 내부를 볼 수 있는 구조로 되어 있어야 한다. 다만, 시행령 제21조제8호바목에 따른 제과점영업소로서 같은 건물 안에 조리장을 설치하는 경우와 「관광진흥법 시행령」 제2조제1항제2호가목 및 같은 항 제3호마목에 따른 관광호텔업 및 관광공연장업의 조리장의 경우에는 그러하지 아니하다.

② 조리장 바닥에 배수구가 있는 경우에는 덮개를 설치하여야 한다.

③ 조리장 안에는 취급하는 음식을 위생적으로 조리하기 위하여 필요한 조리시설·세척시설·폐기물용기 및 손씻는 시설을 각각 설치하여야 하고, 폐기물용기는 오물·악취등이 누출되지 아니하도록 뚜껑이 있고 내수성 재질로 된 것이어야 한다.

④ 1명의 영업자가 하나의 조리장을 둘 이상의 영업에 공동으로 사용할 수 있는 경우는 다음과 같다.

i) 같은 건물 내에서 휴게음식점, 제과점, 일반음식점 및 즉석판매제조·가공업의 영업 중 둘 이상의 영업을 하려는 경우

ii) 「관광진흥법 시행령」에 따른 전문휴양업, 종합휴양업 및 유원시설업 시설 안의 같은 장소에서 휴게음식점·제과점영업 또는 일반음식점영업 중 둘 이상의 영업을 하려는 경우

iii) 제과점 영업자가 식품제조·가공업 또는 즉석판매제조·가공업의 제과·제빵류

품목 등을 제조·가공하려는 경우

iv) 제과점 영업자가 식품제조·가공업의 제과·제빵류 품목을 제조·가공하려는 경우

v) 제과점영업자가 다음의 구분(기존 제과점의 영업신고관청과 같은 관할 구역에서 제과점영업을 하는 경우, 기존 제과점의 영업신고관청과 다른 관할 구역에서 제과점영업을 하는 경우로서 제과점 간 거리가 5킬로미터 이내인 경우)에 따라 둘 이상의 제과점영업을 하는 경우

⑤ 조리장에는 주방용 식기류를 소독하기 위한 자외선 또는 전기살균소독기를 설치하거나 열탕세척소독시설(식중독을 일으키는 병원성 미생물 등이 살균될 수 있는 시설이어야 한다. 이하 같다)을 갖추어야 한다. 다만, 주방용 식기류를 기구 등의 살균·소독제로만 소독하는 경우에는 그러하지 아니하다.

⑥ 충분한 환기를 시킬 수 있는 시설을 갖추어야 한다. 다만, 자연적으로 통풍이 가능한 구조의 경우에는 그러하지 아니하다.

⑦ 식품 등의 기준 및 규격 중 식품별 보존 및 보관기준에 적합한 온도가 유지될 수 있는 냉장시설 또는 냉동시설을 갖추어야 한다.

⑧ 조리장 내부에는 쥐, 바퀴 등 설치류 또는 위생해충 등이 들어오지 못하게 해야 한다.

(3) 급수시설

① 수돗물이나 먹는물관리법 제5조의 규정에 의한 먹는 물의 수질기준에 적합한 지하수 등을 공급할 수 있는 시설을 갖추어야 한다.

② 지하수를 사용하는 경우 취수원은 화장실·폐기물처리시설·동물사육장 기타 지하수가 오염될 우려가 있는 장소로부터 영향을 받지 아니하는 곳에 위치하여야 한다.

(4) 화장실

① 화장실은 콘크리트 등으로 내수처리를 하여야 한다. 다만, 공중화장실이 설치되어 있는 역·터미널·유원지등에 위치하는 업소, 공동화장실이 설치된 건물 내에 있는 업소 및 인근에 사용하기 편리한 화장실이 있는 경우에는 따로 화장실을 설치하지 아니할 수 있다.

② 화장실은 조리장에 영향을 미치지 아니하는 장소에 설치하여야 한다.

③ 정화조를 갖춘 수세식 화장실을 설치하여야 한다. 다만, 상·하수도가 설치되지 아니한 지역에서는 수세식이 아닌 화장실을 설치할 수 있다.

④ 위 단서에 따라 수세식이 아닌 화장실을 설치하는 경우에는 변기의 뚜껑과 환기시

설을 갖추어야 한다.

⑤ 화장실에는 손을 씻는 시설을 갖추어야 한다.

(5) 공통시설기준의 적용특례

① 공통시설기준에도 불구하고 다음의 경우에는 특별자치시장·특별자치도지사·시장·군수·구청장(시·도에서 음식물의 조리·판매행위를 하는 경우에는 시·도지사)이 시설기준을 따로 정할 수 있다.

i) 「전통시장 및 상점가 육성을 위한 특별법」 제2조제1호에 따른 전통시장에서 음식점영업을 하는 경우

ii) 해수욕장 등에서 계절적으로 음식점영업을 하는 경우

iii) 고속도로·자동차전용도로·공원·유원시설 등의 휴게장소에서 영업을 하는 경우

iv) 건설공사현장에서 영업을 하는 경우

v) 지방자치단체 및 농림축산식품부장관이 인정한 생산자단체등에서 국내산 농·수·축산물의 판매촉진 및 소비홍보 등을 위하여 특정장소에서 음식물의 조리·판매행위를 하려는 경우

vi) 「전시산업발전법」 제2조제4호에 따른 전시시설에서 휴게음식점영업, 일반음식점영업 또는 제과점영업을 하는 경우

vii) 지방자치단체의 장이 주최, 주관 또는 후원하는 지역행사 등에서 휴게음식점영업, 일반음식점영업 또는 제과점영업을 하는 경우

viii) 「국제회의산업 육성에 관한 법률」 제2조제3호에 따른 국제회의시설에서 휴게음식점, 일반음식점, 제과점 영업을 하려는 경우

ix) 그 밖에 특별자치시장·특별자치도지사·시장·군수·구청장이 별도로 지정하는 장소에서 휴게음식점, 일반음식점, 제과점 영업을 하려는 경우

② 「도시와 농어촌 간의 교류촉진에 관한 법률」 제10조에 따라 농어촌체험·휴양마을사업자가 농어촌체험·휴양프로그램에 부수하여 음식을 제공하는 경우로서 그 영업시설기준을 따로 정한 경우에는 그 시설기준에 따른다.

③ 백화점, 슈퍼마켓 등에서 휴게음식점영업 또는 제과점영업을 하고자 하는 경우와 음식물을 전문으로 조리하여 판매하는 백화점등의 일정장소(식당가를 말한다)에서 휴게음식점영업·일반음식점영업 또는 제과점영업을 하고자 하는 경우로서 위생상 위해발생의 우려가 없다고 인정되는 경우에는 각 영업소와 영업소 사이를 분리 또는 구획하는 별도의 차단벽이나 칸막이 등을 설치하지 아니할 수 있다.

④ 공유주방 운영업의 시설을 사용하여 영 제21조제8호가목의 휴게음식점영업, 같은 호 나목의 일반음식점영업 및 같은 호 바목의 제과점영업을 하는 경우에는 제10호의 공유주방 운영업의 시설기준에 따른다.

나. 업종별시설기준

(1) 휴게음식점영업·일반음식점영업 및 제과점영업

① 일반음식점의 객실(투명한 칸막이 또는 투명한 차단벽을 설치하여 내부가 전체적으로 보이는 경우는 제외한다)을 설치하는 경우 객실에는 잠금장치를 설치할 수 없다.

② 휴게음식점 또는 제과점에는 객실(투명한 칸막이 또는 투명한 차단벽을 설치하여 내부가 전체적으로 보이는 경우는 제외한다)을 둘 수 없으며, 객석을 설치하는 경우 객석에는 높이 1.5미터 미만의 칸막이(이동식 또는 고정식)를 설치할 수 있다. 이 경우 2면 이상을 완전히 차단하지 아니하여야 하고, 다른 객석에서 내부가 서로 보이도록 하여야 한다.

③ 기차·자동차·선박 또는 수상구조물로 된 유선장·도선장을 이용하는 경우 다음 시설을 갖추어야 한다.

i) 1일의 영업시간에 사용할 수 있는 충분한 양의 물을 저장할 수 있는 내구성이 있는 식수탱크

ii) 1일의 영업시간에 발생할 수 있는 음식물 찌꺼기 등을 처리하기에 충분한 크기의 오물통 및 폐수탱크

iii) 음식물의 재료(원료)를 위생적으로 보관할 수 있는 시설

④ 영업장으로 사용하는 바닥면적(「건축법 시행령」 제119조제1항제3호에 따라 산정한 면적을 말한다)의 합계가 100제곱미터(영업장이 지하층에 설치된 경우에는 그 영업장의 바닥면적 합계가 66제곱미터) 이상인 경우에는 「다중이용업소의 안전관리에 관한 특별법」 제9조제1항에 따른 소방시설등 및 영업장 내부 피난통로 그 밖의 안전시설을 갖추어야 한다. 다만, 영업장(내부계단으로 연결된 복층구조의 영업장을 제외한다)이 지상 1층 또는 지상과 직접 접하는 층에 설치되고 그 영업장의 주된 출입구가 건축물 외부의 지면과 직접 연결되는 곳에서 하는 영업을 제외한다.

⑤ 휴게음식점·일반음식점 또는 제과점의 영업장에는 손님이 이용할 수 있는 자막용 영상장치 또는 자동반주장치를 설치하여서는 아니 된다. 다만, 연회석을 보유한 일반음식점에서 회갑연, 칠순연 등 가정의 의례로서 행하는 경우에는 그러하지 아니하다.

⑥ 일반음식점의 객실 안에는 무대장치, 음향 및 반주시설, 우주볼 등의 특수조명시설을 설치하여서는 아니 된다.

⑦ 건물의 외부에 있는 영업장에는 손님의 안전을 확보하기 위해 「건축법」 등 관계 법령에서 정하는 바에 따라 필요한 시설·설비 또는 기구 등을 설치해야 한다.

(2) 단란주점영업

① 영업장안에 객실이나 칸막이를 설치하고자 하는 경우에는 다음 기준에 적합하여야 한다.

i) 객실을 설치하는 경우 주된 객장의 중앙에서 객실내부가 전체적으로 보일 수 있도록 설비하여야 하며, 통로형태 또는 복도형태로 설비하여서는 아니 된다.

ii) 객실로 설치할 수 있는 면적은 객석면적의 2분의 1을 초과할 수 없다.

iii) 주된 객장안에서는 높이 1.5미터 미만의 칸막이(이동식 또는 고정식)를 설치할 수 있다. 이 경우 2면 이상을 완전히 차단하지 아니하여야 하고, 다른 객석에서 내부가 서로 보이도록 하여야 한다.

② 객실에는 잠금장치를 설치할 수 없다.

③ 「다중이용업소의 안전관리에 관한 특별법」 제9조제1항에 따른 소방시설 등 및 영업장 내부 피난통로 그 밖의 안전시설을 갖추어야 한다.

(3) 유흥주점영업

① 객실에는 잠금장치를 설치할 수 없다.

② 「다중이용업소의 안전관리에 관한 특별법」 제9조제1항에 따른 소방시설 등 및 영업장 내부 피난통로 그 밖의 안전시설을 갖추어야 한다.

(4) 위탁급식영업

(가) 사무소

영업활동을 위한 독립된 사무소가 있어야 한다. 다만, 영업활동에 지장이 없는 경우에는 다른 사무소를 함께 사용할 수 있다.

(나) 창고 등 보관시설

① 식품 등을 위생적으로 보관할 수 있는 창고를 갖추어야 한다. 이 경우 창고는 영업신고를 한 소재지과 다른 곳에 설치하거나 임차하여 사용할 수 있다.

② 창고에는 식품 등을 법 제7조제1항에 따른 식품 등의 기준 및 규격에서 정하고 있는 보존 및 유통기준에 적합한 온도에서 보관할 수 있도록 냉장·냉동시설을 갖추어야 한다.

(다) 운반시설

① 식품을 위생적으로 운반하기 위하여 냉동시설이나 냉장시설을 갖춘 적재고가 설치된 운반차량을 1대 이상 갖추어야 한다. 다만, 법 제37조에 따라 허가 또는 신고한 영업자와 계약을 체결하여 냉동 또는 냉장시설을 갖춘 운반차량을 이용하는 경우에는 운반차량을 갖추지 아니하여도 된다.

② 위의 규정에도 불구하고 냉동 또는 냉장시설이 필요 없는 식품만을 취급하는 경우에는 운반차량에 냉동시설이나 냉장시설을 갖춘 적재고를 설치하지 아니하여도 된다.

(라) 식재료 처리시설

식품첨가물이나 다른 원료를 사용하지 아니하고 농·임·수산물을 단순히 자르거나 껍질을 벗기거나 말리거나 소금에 절이거나 숙성하거나 가열(살균의 목적 또는 성분의 현격한 변화를 유발하기 위한 목적의 경우를 제외한다)하는 등의 가공과정중 위생상 위해발생의 우려가 없고 식품의 상태를 관능검사(인간의 오감(五感)에 의하여 평가하는 제품검사)로 확인할 수 있도록 가공하는 경우 그 재료처리시설의 기준은 제1호나목부터 마목까지의 규정을 준용한다.

대법원 2001. 1. 30. 선고 99두3577 판결 【식품접객업불허가처분취소】

자연공원법이 적용되는 지역 내에서 식품위생법상 식품접객업의 하나인 단란주점영업허가의 신청이 있는 경우, 공익상의 이유로 불허가할 수 있는지 여부(적극): 자연공원법 제1조, 제16조, 제17조, 제36조, 제37조, 제49조, 제50조, 같은법시행령 제2조 제2호, 제9조, 제25조, 제30조 등 관련 규정의 취지를 종합하면, 자연공원법이 적용되는 지역 내에서 식품위생법상 식품접객업의 하나인 단란주점영업허가의 신청이 있는 경우에, 식품위생법 관련 규정상 시설요건 등을 갖추었다고 하여 반드시 허가하여야 하는 것이 아니라 자연공원법의 관련 규정에 의하여 자연공원 지정의 목적, 공원 내의 시설현황, 용도지구, 탐방객의 수와 이용 통로, 점포의 위치, 주변의 사정 등을 고려하여 그 단란주점영업이 자연공원법의 목적인 국민의 보건 및 여가와 정서생활의 함양, 건전한 탐방질서의 유지 등에 배치되는 등 공익상 필요가 있을 때는 불허가할 수 있다.

대법원 1999. 3. 9. 선고 98두19070 판결 【영업허가신청반려처분취소】

식품위생법상 영업허가를 받기 위한 물적 시설요건을 갖추었으나 그 물적 시설이 건축관련 법규에 위반되는 경우, 영업허가를 받을 수 있는지 여부(소극): 식품위생법 제24조 제1항, 제21조 제1항 제3호, 같은법시행규칙 제20조 [별표 9] 업종별시설기준 제8항의 각 규정에 의하면, 식품접객업의 영업허가를 받기 위하여 갖추어야 할 영업장·조리장·화장실 등과 같은 여러 물적 시설에 관한 시설기준을 규정하고 있는바, 여기서 말하는 시설기준은 그 대상이 되는 물적 시설이 당연히 건축관련 법규에 적합할 것을 전제로 하는 것이므로, 식품접객업의 영업허가를 신청한 당해 건축물이 하천법 제45조 소정의 허가를 받지 아니한 무허가 건물이라고 한다면, 비록 그 건물이 식품위생법이 규정하는 물적 시설요건을 갖추었다고 하더라도 적법한 식품접객업의 영업허가를 받을 수 없다.

대법원 2015. 7. 9. 선고 2014두47853 판결【시설개수명령처분취소】

업종별 시설기준에 관한 구 식품위생법 시행규칙 제36조 [별표 14]에서 '유흥주점 외의 영업장에 무도장을 설치한 것'을 금지하고 있는지 여부(소극) 및 일반음식점 내 무도장의 설치·운영행위가 위 시행규칙 조항에 정한 업종별 시설기준 위반에 해당하여 시설개수명령의 대상이 되는지 여부(소극): 구 식품위생법 시행규칙(2014. 3. 6. 총리령 제1068호로 개정되기 전의 것, 이하 '시행규칙'이라 한다) 제36조 [별표 14](이하 '시행규칙 조항'이라 한다)에 규정된 업종별 시설기준의 위반은 시설개수명령[식품위생법(이하 '법'이라 한다) 제74조 제1항]이나 영업정지 및 영업소폐쇄 등(법 제75조 제1항 제6호) 행정처분의 대상이 될 뿐만 아니라 곧바로 형사처벌의 대상도 되므로(법 제97조 제4호), 업종별 시설기준은 식품위생법상 각 영업의 종류에 따라 필수적으로 요구되는 시설의 기준을 제한적으로 열거한 것이다. 그리고 시행규칙 조항은 침익적 행정행위의 근거가 되는 행정법규에 해당하므로 엄격하게 해석·적용하여야 하고 행정행위의 상대방에게 불리한 방향으로 지나치게 확장해석하거나 유추해석해서는 안 되며, 입법 취지와 목적 등을 고려한 목적론적 해석이 전적으로 배제되는 것은 아니라고 하더라도 해석이 문언의 통상적인 의미를 벗어나서는 아니 된다.

그런데 시행규칙 조항에는 일반음식점에서 손님들이 춤을 출 수 있도록 하는 시설(이하 '무도장'이라 한다)을 설치해서는 안 된다는 내용이 명시적으로 규정되어 있지 않고, 다만 시행규칙 제89조가 법 제74조에 따른 행정처분의 기준으로 마련한 [별표 23] 제3호 8. 라. 1)에서 위반사항을 '유흥주점 외의 영업장에 무도장을 설치한 경우'로 한 행정처분 기준을 규정하고 있을 뿐이다. 그러나 이러한 행정처분 기준은 행정청 내부의 재량준칙에 불과하므로, 재량준칙에서 위반사항의 하나로 '유흥주점 외의 영업장에 무도장을 설치한 경우'를 들고 있다고 하여 이를 위반의 대상이 된 금지의무의 근거규정이라고 해석할 수는 없다. 또한 업종별 시설기준에 관한 시행규칙 조항의 '8. 식품접객업의 시설기준'의 구체적 내용을 살펴보더라도, 시설기준 위반의 하나로서 '유흥주점 외의 영업장에 무도장을 설치한 경우'를 금지하고 있다고 해석할 만한 규정이 없고, 달리 식품위생법령에 이러한 내용의 시설기준 위반 금지의무를 부과하고 있는 규정을 찾아보기 어렵다.

그리고 법 제37조 제1항, 제4항, 식품위생법 시행령 제21조가 식품접객업의 구체적 종류로 허가 대상인 유흥주점영업과 신고 대상인 일반음식점영업을 구분하고 있지만, 업종 구분에 기반한 영업질서를 해치는 위반행위를 반드시 업종별 시설기준 위반으로 규제해야 하는 것은 아니고, 이를 업태 위반(법 제94조 제1항 제3호)이나 식품접객영업자의 준수사항 위반(법 제44조 제1항, 제75조 제1항 제13호)으로도 규제할 수 있는 것이므로, 이러한 식품위생법령상 업종 구분만으로 일반음식점에 무도장을 설치하는 것이 업종별 시설기준을 위반한 것이라고 볼 수는 없다.

또한 업종별 시설기준은 각 영업의 종류에 따라 갖추어야 할 최소한의 기준을 정한 것일 뿐이므로, 업종별 시설기준에서 명시적으로 설치를 금지하지 아니한 개개 시설의 이용 형태나 이용 범위를 제한하는 것은 본질적으로 업태 위반이나 식품접객영업자의 준수사항 위반으로 규율해야 할 영역이라고 보인다.

이상과 같은 여러 사정과 식품위생법령의 전반적인 체계 및 내용을 종합하면, 업종별 시설기준에 관한 시행규칙 조항에서 '유흥주점 외의 영업장에 무도장을 설치한 것'을 금지하고 있다고 보기 어려우므로, 일반음식점 내 무도장의 설치·운영행위가 업태 위반으로 형사처벌의 대상이 되는 등은 별론으로 하더라도, 이러한 행위가 시행규칙 조항에 정한 업종별 시설기준 위반에 해당하여 시설개수명령의 대상이 된다고 볼 수는 없다.

Ⅸ. 공유주방 운영업

1. 의의

공유주방 운영업은 여러 영업자가 함께 사용하는 공유주방을 운영하는 영업을 말한다(시행령 제21조제9호).

2. 시설기준

식품위생법 시행규칙 제36조(업종별 시설기준) 관련 [별표 14]에서는 공유주방 운영업의 시설기준을 다음과 같이 규정하고 있다.

가. 건물의 위치 등

① 독립된 건물이거나 식품의 제조·가공·조리 등 용도 외에 사용되는 시설과 분리 또는 구획되어야 한다.

② 건물의 위치는 축산폐수·화학물질, 그 밖에 오염물질의 발생시설로부터 식품에 나쁜 영향을 주지 아니하는 거리를 두어야 한다.

③ 건물의 구조는 제조하려는 식품의 특성에 따라 적정한 온도가 유지될 수 있고, 환기가 잘 될 수 있어야 한다.

④ 건물의 자재는 식품에 나쁜 영향을 주지 아니하고 식품을 오염시키지 아니하는 것

이어야 한다.

나. 작업장 등

① 시행령 제21조제1호의 식품제조·가공업, 같은 조 제2호의 즉석판매제조·가공업, 같은 조 제3호의 식품첨가물제조업, 같은 조 제5호가목의 식품소분업의 영업자가 사용하는 공유주방의 작업장은 제1호나목의 요건을 갖춰야 한다.

② 시행령 제21조제8호가목의 휴게음식점영업, 같은 호 나목의 일반음식점영업 및 같은 호 바목의 제과점영업의 영업자가 사용하는 공유주방의 영업장, 조리장은 제8호가목 1)·2) 요건을 갖춰야 한다.

다. 식품취급시설 등

① 여러 영업자가 함께 사용할 수 있는 시설 또는 기계·기구 등은 공용 사용임을 표시해야 한다.

② 여러 영업자가 함께 사용하는 시설 또는 기계·기구 등은 모든 공유시설 사용자들이 사용할 수 있도록 충분히 구비해야 한다.

③ 시행령 제21조제1호의 식품제조·가공업, 같은 조 제2호의 즉석판매제조·가공업, 같은 조 제3호의 식품첨가물제조업, 같은 조 제5호가목의 식품소분업의 영업자가 사용하는 공유주방의 식품취급시설 등은 제1호다목의 요건을 갖추어야 한다.

라. 급수시설

① 수돗물이나 「먹는물관리법」 제5조에 따른 먹는 물의 수질기준에 적합한 지하수 등을 공급할 수 있는 시설을 갖춰야 한다.

② 지하수 등을 사용하는 경우 취수원은 화장실·폐기물처리시설·동물사육장, 그 밖에 지하수가 오염될 우려가 있는 장소로부터 영향을 받지 않는 곳에 위치해야 한다.

③ 먹기에 적합하지 않은 용수는 교차 또는 합류되지 않아야 한다.

마. 화장실

화장실은 제1호마목의 요건을 갖춰야 한다.

바. 창고 등의 시설

영업자별로 식품 등을 위생적으로 구분 보관·관리할 수 있는 창고를 갖춰야 한다. 다만, 영업자별로 구분하여 보관·관리할 수 있도록 창고를 대신할 수 있는 냉동·냉장시설을 따로 갖춘 경우 이를 설치하지 않을 수 있다.

사. 검사실

시행령 제21조제1호의 식품제조·가공업, 같은 조 제2호의 즉석판매제조·가공업, 같은 조 제3호의 식품첨가물제조업의 영업자가 사용하는 공유주방의 검사실은 제1호사목의 요건을 갖추어야 한다.

아. 시설기준 적용의 특례

공유주방의 작업장을 사용하는 영 제21조제1호의 식품제조·가공업, 같은 조 제2호의 즉석판매제조·가공업, 같은 조 제3호의 식품첨가물제조업, 같은 조 제5호가목의 식품소분업, 같은 조 제8호가목의 휴게음식점영업, 같은 호 나목의 일반음식점영업 및 같은 호 바목의 제과점영업은 영업자별로 시설의 분리, 구획 또는 구분 없이 작업장 등을 함께 사용할 수 있다.

제3절 영업의 허가

Ⅰ. 허가의 의의

허가란 법령에 의한 일반적·상대적 금지를 특정한 경우에 해제하여 적법하게 일정한 행위(사실행위 또는 법률행위)를 할 수 있도록 자유를 회복시켜주는 행정행위를 말한다. 이러한 사전통제적 허가제는 국민의 자유·권리를 사전에 제한하는 것을 의미하기 때문에 그 제한은 필요한 최소한도에 그쳐야 한다.

식품위생법 제36조제1항 각 호에 따른 영업 중 대통령령으로 정하는 영업을 하려는 자는 대통령령으로 정하는 바에 따라 영업 종류별 또는 영업소별로 식품의약품안전처장 또는 특별자치시장·특별자치도지사·시장·군수·구청장의 허가를 받아야 한다. 허가받은 사항 중 대통령령으로 정하는 중요한 사항을 변경할 때에도 또한 같다(법 제37조제1항).

대법원 1990. 10. 16. 선고 90도1649 판결 【식품위생법위반】

식품위생법 제22조 제1항의 위헌 여부(소극): 식품영업에 관하여 당국의 허가를 받도록 규정한 식품위생법 제22조 제1항의 규정이 헌법 제10조의 행복추구권 조항, 제11조 제1항의 평등권

조항, 제15조의 직업선택의 자유조항에 위배된 위헌규정이라고 할 수 없다(대법원 1990. 10. 16. 선고 90도1649 판결).

Ⅱ. 허가의 법적성질

1. 명령적 행위인가 형성적 행위인가

전통적 견해에 따르면 허가란 인간이 본래 가지고 있는 자연의 자유를 특정한 경우에 회복시켜주는 명령적 행위로서, 일정한 권리 또는 법률상 능력을 설정하여 주는 특허와는 구별되는 것으로 보아 왔다. 그러나 오늘날 허가는 결코 단순한 자유회복에 그치는 것이 아니라 적법하게 일정한 행위를 할 수 있는 법적 지위를 창설하여 주는 형성적 행위라고 보는 것이 일반적인 견해이다. 그러한 점에서 허가와 특허의 구별은 오늘날 상대적인 것으로 받아들여지고 있다.

2. 기속행위인가 재량행위인가

효과재량설은 국민의 권리·이익을 제한하거나 새로운 의무를 부과하는 침해적 행위는 원칙적으로 기속행위이고, 국민에게 권리·이익을 부여하는 수익적 행위는 원칙상 재량행위라고 본다. 위와 같은 입장에서는 허가는 금지해제요 이익부여 행위라는 점에서 재량행위라고 볼 여지가 있다. 그러나 허가요건에 해당하는 경우에는 반드시 허가를 하여야 할 기속을 받는다는 점에서 이는 기속행위로 보아야 한다. 왜냐하면 허가요건을 갖추었음에도 불구하고 허가를 거부하는 것은 정당한 사유없이 헌법상의 자유권을 제한하는 것이기 때문에 허용되지 않는다고 보아야 할 것이기 때문이다.

식품위생법상의 영업허가는 그 신청이 법에서 정한 요건을 구비한 때에는 허가하여야 하고, 관계법규에서 정하는 제한사유 이외의 사유를 들어 허가신청을 거부할 수 없으므로 기속행위에 해당된다(대법원 1993. 5. 27. 선고 93누2216 판결).

대법원 1993. 5. 27. 선고 93누2216 판결 【대중음식점영업허가거부처분취소】

식품위생법상 대중음식점영업허가의 법적 성질: 식품위생법상 대중음식점영업허가는 성질상 일반적 금지에 대한 해제에 불과하므로 허가권자는 허가신청이 법에서 정한 요건을 구비한 때에는 허가하여야 하고 관계법규에서 정하는 제한사유 이외의 사유를 들어 허가신청을 거부할 수 없다.

대법원 2000. 3. 24. 선고 97누12532 판결【일반음식점허가사항변경허가신청반려처분취소】

[1] 식품위생법상 일반음식점영업허가는 성질상 일반적 금지의 해제에 불과하므로 허가권자는 허가신청이 법에서 정한 요건을 구비한 때에는 허가하여야 하고 관계 법령에서 정하는 제한사유 외에 공공복리 등의 사유를 들어 허가신청을 거부할 수는 없고, 이러한 법리는 일반음식점 허가사항의 변경허가에 관하여도 마찬가지이다

[2] 지하도로 대기오염의 심화를 방지한다는 공익을 이유로 지하도로가 설치된 지하상가 내 점포의 일반음식점허가사항 변경허가신청을 거부할 수 있다고 한 원심을 파기한 사례.

Ⅲ. 영업허가에 대한 부관의 허용여부

1. 부관의 의의

종래에는 행정행위의 일반적 효과를 제한하기 위하여 주된 의사표시의 내용에 부가된 종된 의사표시를 부관이라고 보아왔다. 이에 대하여 부관은 행정행위의 효과를 제한 또는 보충하기 위하여 행정기관에 의하여 주된 행정행위에 부가된 종된 규율이라고 정의하는 유력한 견해가 있다[1]. 종래의 견해는 의사표시를 내용으로 하는 법률행위적 행정행위에만 부관을 붙일 수 있고, 부관은 행정행위의 효력을 제한하기 위한 것이라고 본다. 반면에 유력설은 의사표시를 내용으로 하지 않는 준법률행위적 행정행위에도 부관을 붙일 수 있으며 부관은 행정행위의 효력을 제한하기 위해서 뿐만 아니라 그 효력을 보충하여 위하여도 부가될 수 있다고 본다. 현대의 다양한 행정수요에 탄력적으로 대응하기 위하여 부관이 활용되고 있는 현실을 감안할 때 유력설의 견해가 타당하다.

2. 부관의 종류

가. 조건

행정행위의 효력의 발생 또는 소멸을 장래의 불확실한 사실(사건)의 성부에 의존시키는 부관을 조건이라고 한다. 여기서 조건이 성취되어야 행정행위가 비로소 효력을 발생하는 조건을 정지조건이라 하고, 행정행위가 일단 효력을 발생하고 조건이 성취되면 행정행위가 효력을 상실하는 것을 해제조건이라 한다.

나. 기한

기한이라 함은 행정행위의 효력의 발생 또는 소멸을 장래의 발생이 확실한 사실에 의

1) 김남진·김연태, 행정법Ⅰ, 제12판, 2008, 230면.

존시키는 부관을 말한다. 기한이 도래함으로써 행정행위의 효력이 발생하는 기한을 시기라 하고, 기한이 도래함으로써 행정행위가 효력을 상실하는 기한을 종기라 한다. 기한 중 도래시점이 확정된 기한을 확정기한이라 하고, 도래시점이 확정되지 않은 기한을 불확정기한이라 한다.

다. 부담

부담이라 함은 행정행위의 주된 내용에 부가하여 그 행정행위의 상대방에게 작위·부작위·급부·수인 등의 의무를 부과하는 부관을 말한다. 부담은 다른 부관과는 달리 행정행위의 구성요소를 이루는 것이 아니고 그 자체가 하나의 행정행위이다. 따라서 부담만이 항고소송의 대상이 될 수 있다.

라. 철회권의 유보

철회권의 유보라 함은 행정행위를 행함에 있어 특정한 사유가 발생한 경우에 행정행위를 철회할 수 있음을 정한 부관을 말한다. 철회권의 유보는 행정행위의 상대방에게 철회의 가능성을 주지시킴으로써 공익목적에 대한 침해를 미연에 방지하고 장래의 상황의 변화에 대비하여 철회의 가능성을 유보하여 두는 기능을 한다.

3. 부관의 가능성

가. 학설

종래의 학설은 법률행위적 행정행위 및 재량행위에만 부관을 붙일 수 있고 이른바 준법률행위적 행정행위 및 기속행위에는 부관을 붙일 수 없다고 보았다. 이에 대하여 유력설은 '어떠한 행정행위에 부관을 붙일 수 있느냐'의 문제는 개개의 행정행위의 성질에 비추어 결정되어야 하는 것으로 본다. 그리하여 귀화허가, 의사면허 등과 같은 일부 신분설정행위는 법률행위적 행정행위의 일종이지만 조건이나 부담을 붙일 수 없으며, 확인, 공증행위 등은 준법률행위적 행정행위이지만 종기만은 붙일 수 있다고 본다. 유력설의 견해가 타당하다.

나. 기속행위에 대한 부관의 가능성

재량행위에 대하여는 법령상 아무런 근거가 없는 경우에도 부관을 붙일 수 있다. 그러나 기속행위에 있어서는 일정한 요건이 충족된 경우 반드시 일정한 효과를 가지는 행정행위를 하도록 법령에 규정되어 있고 아울러 행정청은 법령에 기속된다. 따라서 행정청이 자신의 자유로운 의사에 의하여 법령이 위와 같이 부여하는 법률효과를 제한할 수는 없는 것이다. 그러므로 기속행위에는 부관을 붙일 수 없고 가사 부관을 붙였다 하더라도 이는 무효이다(대법원 1995. 6. 13. 선고 94다56883 판결).

그러나 기속행위인 경우에도 다음과 같은 경우에는 제한적으로 부관을 붙이는 것이 허용된다고 보아야 한다. 첫째, 법령에서 부관을 붙일 수 있다는 내용의 명시적인 수권규정을 두고 있는 경우에는 그 한도 내에서 부관을 붙일 수 있다. 둘째, 행정행위의 법정요건이 부관에 의하여 충족되는 경우에도 부관을 붙일 수 있다. 예를 들면 어떤 영업허가에 관하여 법령이 시설기준만을 정하고 있는 경우에 허가신청권자가 법정의 시설을 완비하여 허가신청을 하게 되면 행정청은 허가의무를 부담하며, 따라서 위 영업허가는 기속행위인 것이다. 그런데 위 시설기준이 대규모 시설의 설치를 요구하고 그 공사기간이 장기간 소요될 경우 일부 시설요건을 충족하는 것을 정지조건으로 하는 부관을 붙일 수 있다고 보아야 한다. 이렇게 하는 것이 행정의 신속을 도모하고 무용한 행정의 반복을 피할 수 있도록 하여 줄 것이다. 왜냐하면 기속행위인 허가의 일부요건을 충족하지 못하였다고 하여 허가를 거부하면 신청인은 다시 미비된 요건을 보충하여 다시 신청을 하게 되고, 이 경우 행정청은 허가를 하여 주어야 할 것이기 때문이다.

다. 식품위생법의 규정

식품위생법 제37조제2항은 “식품의약품안전처장 또는 특별자치시장·특별자치도지사·시장·군수·구청장은 제1항에 따른 영업허가를 하는 때에는 필요한 조건을 붙일 수 있다”고 규정하고 있다. 법문상은 ‘조건’이라고 표시되고 있지만 이러한 실정법상의 문구에 구속될 것은 아니다. 법령상으로는 부관·조건·제한 등의 용어가 혼용되고 있기 때문이다. 따라서 식품위생법 제37조제2항에서 규정되어 있는 ‘조건’은 ‘부관’을 의미한다고 보아야 할 것이다.

이와 같이 식품위생법에 부관을 붙일 수 있다는 명시적인 근거규정이 있으므로, 식품위생법상의 영업허가가 비록 기속행위라고 할지라도 거기에 부관을 붙이는 것은 허용된다. 그러나 부관이 허용된다고 하더라도 거기에는 다음과 같은 일정한 한계가 있다. 즉 ① 부관은 법령에 위배되지 않아야 한다. ② 부관은 주된 행정행위가 추구하는 목적에 위배되어서는 아니 된다(행정기본법 제17조제4항제1호). ③ 부관은 주된 행정행위와 실질적 관련성이 있어야 한다(행정기본법 제17조제4항제2호). ④ 부관은 주된 행정행위의 목적을 달성하기 위하여 필요한 최소한의 범위 내에서 부과되어야 한다(행정기본법 제17조제4항제3호). ⑤ 부관은 주된 행정행위의 본질적 효력을 해하지 아니하는 한도의 것이어야 한다. ⑥ 부관은 평등원칙, 비례의 원칙 등 법의 일반원칙에 위배되어서는 아니 된다.

Ⅳ. 영업허가의 절차

1. 구비서류

가. 제출서류

식품위생법 제37조제1항 전단에 따라 영업허가를 받으려는 자는 별지 제30호서식의 영업허가신청서(전자문서로 된 신청서를 포함한다)에 다음 각 호의 서류(전자문서를 포함한다)를 첨부하여 시행령 제23조에 따른 허가관청(이하 "허가관청"이라 한다)에 제출하여야 한다(시행규칙 제40조제1항).

① 교육이수증(법 제41조제2항에 따라 미리 교육을 받은 경우만 해당한다)

② 유선 및 도선사업 면허증 또는 신고필증(수상구조물로 된 유선장 또는 도선장에서 시행령 제21조제8호다목의 단란주점영업 및 같은 호 라목의 유흥주점영업을 하려는 경우만 해당한다)

③ 먹는물관리법에 따른 먹는물 수질검사기관이 발행한 수질검사(시험)성적서(수돗물이 아닌 지하수 등을 먹는 물 또는 식품 등의 제조과정이나 식품의 조리·세척 등에 사용하는 경우만 해당한다)

나. 관할청(허가관청)의 확인서류

제1항에 따라 신청서를 제출받은 허가관청은 전자정부법 제36조제1항에 따른 행정정보의 공동이용을 통하여 다음 각 호의 서류를 확인하여야 한다. 다만, 신청인이 제3호부터 제6호까지의 확인에 동의하지 아니하는 경우에는 그 사본을 첨부하도록 하여야 한다(시행규칙 제40조제2항).

① 토지이용계획확인서

② 건축물대장

③ 액화석유가스 사용시설완성검사증명서(시행령 제21조제8호다목의 단란주점영업 및 같은 호 라목의 유흥주점영업을 하려는 자 중 「액화석유가스의 안전관리 및 사업법」 제44조제2항에 따라 액화석유가스 사용시설의 완성검사를 받아야 하는 경우만 해당한다)

④ 전기사업법 제66조의2제1항제3호 및 같은 법 시행규칙 제38조제3항에 따른 전기안전점검확인서(시행령 제21조제8호다목의 단란주점영업 및 같은 호 라목의 유흥주점영업을 하려는 경우만 해당한다)

⑤ 건강진단결과서(제49조에 따른 건강진단대상자의 경우만 해당한다)

⑥ 「다중이용업소의 안전관리에 관한 특별법」 제9조제5항에 따라 소방본부장 또는 소방서장이 발급하는 안전시설등 완비증명서(시행령 제21조제8호다목의 단란주점영업 및 같은 호 라목의 유흥주점영업을 하려는 경우만 해당한다)

허가관청은 신청인이 법 제38조제1항제8호에 해당하는지 여부를 내부적으로 확인할 수 없는 경우에는 제1항 각 호의 서류 외에 신원 확인에 필요한 자료를 제출하게 할 수 있다. 이 경우 신청인이 외국인인 경우에는 해당 국가의 정부나 그 밖의 권한 있는 기관이 발행한 서류 또는 공증인이 공증한 신청인의 진술서로서 「재외공관 공증법」에 따라 해당 국가에 주재하는 대한민국공관의 영사관이 확인한 서류를 제출하게 할 수 있다(시행규칙 제40조제3항).

2. 허가의 대상업종 및 허가관청

법 제37조제1항 전단에 따라 허가를 받아야 하는 영업 및 해당 허가관청은 다음 각 호와 같다(시행령 제23조).

① 제21조제6호가목의 식품조사처리업: 식품의약품안전처장

② 제21조제8호다목의 단란주점영업과 같은 호 라목의 유흥주점영업: 특별자치시장·특별자치도지사 또는 시장·군수·구청장

3. 허가증의 발급

허가관청은 영업허가를 할 경우에는 시행령 제21조제6호가목의 영업의 경우에는 별지 제31호서식, 시행령 제21조제8호다목 및 라목의 영업의 경우에는 별지 제32호서식의 영업허가증을 각각 발급하여야 한다.

이 경우 허가관청은 시행령 제21조제6호가목의 영업의 경우에는 별지 제33호서식, 시행령 제21조제8호다목 및 라목의 영업의 경우에는 별지 제34호서식의 영업허가 관리대장을 각각 작성하여 보관하거나 같은 서식으로 전산망에 입력하여 관리하여야 한다(시행규칙 제40조제4항).

4. 허가사항의 변경

가. 중요한 사항의 변경: 영업소 소재지의 변경

영업의 허가를 받은 자가 이후 허가받은 사항 중 대통령령으로 정하는 중요한 사항(영업소 소재지)의 변경허가를 받으려고 하는 경우에는 별지 제36호서식의 허가사항 변경

신청·신고서에 허가증과 다음 각 호의 서류를 첨부하여 변경한 날부터 7일 이내에 허가관청에 제출하여야 한다(시행규칙 제41조제1항).

① 유선 및 도선사업 면허증 또는 신고필증(수상구조물로 된 유선장 또는 도선장에서 영 제21조제8호다목의 단란주점영업 및 같은 호 라목의 유흥주점영업만 해당한다)

② 「먹는물관리법」에 따른 먹는물 수질검사기관이 발행한 수질검사(시험)성적서(수돗물이 아닌 지하수 등을 먹는 물 또는 식품 등의 제조과정이나 식품의 조리·세척 등에 사용하는 경우만 해당한다)

이와 같이 영업소 소재지의 변경의 경우에 원래의 허가신청시에 첨부했던 것과 동일한 서류를 새로이 제출할 것을 요구하는 이유는 다음과 같다. 즉 영업소의 소재지의 변경은 신규의 영업허가가 이루어진 것과 동일시할 수 있을 정도의 중요한 사항의 변경이라고 할 것이므로 새로운 소재지의 허가관청으로 하여금 허가요건을 새로이 심사할 수 있도록 할 필요성이 있기 때문이다.

대법원 1994. 10. 11. 선고 93누22678 판결 【일반유흥업허가취소처분취소】

가. 식품위생법 제22조 제1항, 같은법시행령 제11조, 같은법시행규칙 제23조 제1항, 제2항이 영업소 소재지나 중요영업시설의 변경에 대하여 허가를 받도록 하는 취지: 식품위생법 제22조 제1항, 같은법 시행령 제11조, 같은법시행규칙 제23조 제1항, 제2항이 영업소의 소재지나 영업의 중요한 부분을 이루는 시설의 변경에 대하여 소정의 서류를 첨부하여 그 변경허가를 받도록 하고 있는 이유는, 그 변경된 영업소의 소재지나 중요영업시설이 식품위생법과 건축법 및 도시계획법 등 관계법령에 적합한지의 여부를 다시 심사할 필요가 있기 때문이다.

나. 2층 건물의 1층에 있던 식품접객업의 영업소를 건물의 멸실로 인하여 동일지상에 신축된 4층 건물의 지층으로 옮긴 경우, 같은 법 제22조 제1항 후단의 변경허가를 받아야 하는지 여부: 종전 2층 건물을 헐고 새로 4층 건물을 신축한 후 종전 건물의 1층에서 하던 일반유흥음식점 영업을 신축건물의 지층에서 하게 되었다면 조리장, 객석, 화장실 등 영업시설의 중요부분의 변경이 수반되지 않을 수 없을 것이고, 신축건물의 용도가 당해 식품접객업을 하기에 적합한지의 여부 및 위 영업소의 소재지가 여전히 도시계획법상의 적법한 용도지역에 위치하고 있는지의 여부 등도 재심사의 대상이 되어야만 할 것이므로, 종전 건물의 멸실로 인하여 종전 건물의 1층에 있던 영업소를 신축건물의 지층으로 이전한 경우에도 영업소와 중요영업시설의 변경이 있다고 하지 않을 수 없어, 그 변경에 대하여 같은 법 제22조 제1항 후단의 허가를 받아야 한다.

대법원 1990. 6. 22. 선고 90도824 판결 【보건범죄단속에관한특별조치법위반】

식품제조업허가를 받은 자가 영업소 소재지 변경허가를 받지 아니하고 허가받은 영업소 외의 장소에서 식품을 제조한 경우 식품위생법 제22조 제1항에 위반되는지 여부(적극): 피고인이 식품위생법 제21조의 규정에 의한 식품제조업의 허가를 받은 자라고 하더라도 같은 법 제22조 제1항 및 같은법 시행령 제11조의 규정에 의한 영업소 소재지의 변경에 관한 허가를 받지 아니한 채, 식품제조업의 허가를 받은 영업소의 소재지가 아닌 다른 장소에 정제탱크 2대와 순환모터 1대 등 식품제조기계를 설치하고 식품인 고탈유 등을 제조한 사실이 인정되어서 위 피고인의 행위가 같은 법 제22조 제1항에 위반된다고 본 원심판결에는 법리오해의 위법이 있다고 볼 수 없다.

나. 경미한 사항의 변경

제1항에 따라 영업허가를 받은 자가 폐업하거나 허가받은 사항 중 같은 항 후단의 중요한 사항을 제외한 경미한 사항을 변경할 때에는 식품의약품안전처장 또는 특별자치시장·특별자치도지사·시장·군수·구청장에게 신고하여야 한다(법 제37조제3항).

영업허가를 받은 자가 다음 각 호의 사항을 변경한 경우에는 법 제37조제3항에 따라 변경한 날부터 7일 이내에 허가관청에 별지 제36호서식의 허가사항 변경 신청·신고서에 허가증을 첨부하여 신고하여야 한다. 다만, 제48조의 영업자 지위승계에 따른 변경의 경우는 제외한다(시행규칙 제41조제3항).

① 영업자의 성명(영업자가 법인인 경우에는 그 대표자의 성명을 말한다)

② 영업소의 명칭 또는 상호

③ 영업장의 면적

한편 시행규칙은 영업자지위 승계에 의하여 영업자를 변경하고자 하는 경우에는 시행규칙 제48조에서 규정하는 별도의 변경절차를 받도록 하고 있는바(시행규칙 제41조제3항 단서), 이는 허가의 대상영업을 영업자 지위승계절차를 통하여 운영하고자 하는 자의 경우 신규영업허가의 요건을 별도로 충족시키도록 할 필요성이 있고 따라서 이에 대한 심사를 새로이 할 수 있도록 하기 위함이다.

Ⅴ. 영업허가의 제한

1. 인적 제한

영업을 하고자 하는 자가 다음에 해당하는 자일 때에는 영업의 허가를 할 수 없다.

첫째, 식품위생법 제75조제1항 또는 제2항에 따라 영업허가가 취소(제4조부터 제6조까지, 제8조 또는 제44조제2항제1호를 위반하여 영업허가가 취소된 경우와 제75조제1항제19호에 따라 영업허가가 취소된 경우는 제외한다)되거나 「식품 등의 표시·광고에 관한 법률」 제16조제1항·제2항에 따라 영업허가가 취소되고 2년이 지나기 전에 같은 자(법인인 경우에는 그 대표자를 포함한다)가 취소된 영업과 같은 종류의 영업을 하려는 경우. 다만, 영업시설 전부를 철거(행정 제재처분을 회피하기 위하여 영업시설을 철거한 경우는 제외한다)하여 영업허가가 취소된 경우에는 그러하지 아니하다(법 제38조제1항제4호). 여기서 같은 종류의 영업이란 시행령 제21조의 규정에 의한 영업의 세부 종류를 의미한다.

둘째, 식품위생법 제44조제2항제1호를 위반하여 영업허가가 취소되거나 제75조제1항제19호에 따라 영업허가가 취소된 후 3년이 지나기 전에 같은 자(법인인 경우에는 그 대표자를 포함한다)가 제36조제1항제3호에 따른 식품접객업을 하려는 경우(법 제38조제1항제5호). 여기서 식품위생법 제44조제2항제1호를 위반한 경우란 청소년을 유흥접객원으로 고용하여 유흥행위를 하게 한 경우를 말하는바, 이는 식품위생법 제44조제2항제2 내지 4호를 위반한 경우에 비하여 범정이 중하므로 그 처벌을 가중하기 위한 것이다.

셋째, 식품위생법 제4조부터 제6조까지 또는 제8조를 위반하여 영업허가가 취소되고 5년이 지나기 전에 같은 자(법인인 경우에는 그 대표자를 포함한다)가 취소된 영업과 같은 종류의 영업을 하려는 경우(법 제38조제1항제6호).

넷째, 영업허가를 받으려는 자가 피성년후견인이거나 파산선고를 받고 복권되지 아니한 자인 경우(법 제38조제1항제8호).

2. 물적 제한

해당 영업 시설이 식품위생법 제36조에 따른 시설기준에 맞지 아니한 경우에는 영업허가를 하여서는 아니 된다(법 제38조제1항제1호).

또한 식품위생법상의 제반규정이 요구하는 설비요건을 갖추었다고 하더라도 건축법, 소방법 등 관계법령에 위반되거나 저촉되는 건축물 등에서는 식품위생법에 의한 영업허가가 제한된다(대법원 2001. 1. 30. 선고 99두3577 판결: 대법원 1999. 3. 9. 선고 98두19070 판결 등).

대법원 1999. 3. 9. 선고 98두19070 판결【영업허가신청반려처분취소】

식품위생법상 영업허가를 받기 위한 물적 시설요건을 갖추었으나 그 물적 시설이 건축관련 법규에 위반되는 경우, 영업허가를 받을 수 있는지 여부(소극): 식품위생법 제24조 제1항, 제21조 제1항 제3호, 같은법시행규칙 제20조 [별표 9] 업종별시설기준 제8항의 각 규정에 의하면, 식품접객업의 영업허가를 받기 위하여 갖추어야 할 영업장·조리장·화장실 등과 같은 여러 물적 시설에 관한 시설기준을 규정하고 있는바, 여기서 말하는 시설기준은 그 대상이 되는 물적 시설이 당연히 건축관련 법규에 적합할 것을 전제로 하는 것이므로, 식품접객업의 영업허가를 신청한 당해 건축물이 하천법 제45조 소정의 허가를 받지 아니한 무허가 건물이라고 한다면, 비록 그 건물이 식품위생법이 규정하는 물적 시설요건을 갖추었다고 하더라도 적법한 식품접객업의 영업허가를 받을 수 없다.

대법원 2009. 4. 23. 선고 2008도6829 판결【식품위생법위반】

식품위생법에 따른 식품접객업의 영업신고 요건을 갖추었으나, 그 영업신고를 한 당해 건축물이 무허가 건물일 경우 영업신고가 적법한지 여부(소극): 식품위생법과 건축법은 그 입법 목적, 규정사항, 적용범위 등을 서로 달리하고 있어 식품접객업에 관하여 식품위생법이 건축법에 우선하여 배타적으로 적용되는 관계에 있다고는 해석되지 않는다. 그러므로 식품위생법에 따른 식품접객업(일반음식점영업)의 영업신고의 요건을 갖춘 자라고 하더라도, 그 영업신고를 한 당해 건축물이 건축법 소정의 허가를 받지 아니한 무허가 건물이라면 적법한 신고를 할 수 없다(대법원 2009. 4. 23. 선고 2008도6829 판결).

3. 장소적 제한

영업을 하고자 하는 장소가 다음에 해당하는 곳일 때에는 영업의 허가를 할 수 없다.

첫째, 식품위생법 제75조제1항 또는 제2항에 따라 영업허가가 취소(제44조제2항제1호를 위반하여 영업허가가 취소된 경우와 제75조제1항제19호에 따라 영업허가가 취소된 경우는 제외한다)되거나 「식품 등의 표시·광고에 관한 법률」 제16조제1항·제2항에 따라 영업허가가 취소되고 6개월이 지나기 전에 같은 장소에서 같은 종류의 영업을 하려는 경우. 다만, 영업시설 전부를 철거하여 영업허가가 취소된 경우에는 그러하지 아니하다(법 제38조제1항제2호).

둘째, 식품위생법 제44조제2항제1호를 위반하여 영업허가가 취소되거나 제75조제1항제19호에 따라 영업허가가 취소되고 2년이 지나기 전에 같은 장소에서 제36조제1항제3호에 따른 식품접객업을 하려는 경우(법 제38조제1항제3호).

셋째, 식품위생법 이외의 다른 법령에 근거하여서도 영업장소가 제한되는 경우가 있을 수 있다. 즉 도시계획법에 의하여 도시계획이 수립된 지역에서는 그 지역에 따라 영업허가가 제한되는 경우가 있으며, 학교보건법에 의하여 학교환경 위생정화구역 등으로 지정된 지역에서도 그 구분에 따라 영업허가가 제한되는 경우가 있다.

대법원 1998. 3. 27. 선고 97누19540 판결【영업금지처분취소】

[1] 학교환경위생정화구역 중 상대정화구역 내에 위치한 건물에 관하여 단란주점에 관한 금지해제신청을 거부한 처분이 헌법상 평등권, 직업선택의 자유 및 재산권 등을 침해한 것인지 여부(소극): 학교의 보건관리와 환경위생정화를 통하여 학교교육의 능률화를 기함을 목적으로 하는 학교보건법의 입법 취지 등에 비추어 볼 때, 학교환경위생정화구역 중 상대정화구역 내에 위치한 당해 건물에 관하여 단란주점에 관한 금지해제신청을 거부한 처분이 평등권을 침해한다고 볼 수 없고, 또한 지방자치단체교육청 교육장의 거부처분이 헌법에 합치하는 학교보건법이 정하는 범위 내에서 행하여진 이상 그로 인하여 헌법이 보장하는 직업선택의 자유나 재산권을 침해하였다고 볼 수 없다.

[2] 단란주점허가 신청자가 금지해제를 신청한 단란주점의 영업행위가 학교보건법 제6조 제1항 단서 소정의 '학습과 학교보건위생에 나쁜 영향을 주지 않는다.'는 요건에 해당하지 아니하여 그에 대한 거부처분이 적법하다고 본 사례.

대법원 1996. 10. 29. 선고 96누8253 판결
【정화구역안에서의금지행위해제심의신청에대한금지처분취소】

학교환경위생정화구역 안에서의 유흥주점 영업행위 금지처분이 재량권을 일탈·남용한 것이라고 본 원심판결을 파기한 사례: 경양식점과 중국음식점 등을 허가받아 경영하고 있는 건물에서 유흥주점 영업을 하기 위해 학교환경위생정화구역 안에서의 금지행위 및 시설의 해제신청을 한 데 대하여, 학교환경위생정화구역 내에 있는 각 학교의 상당수 학생들이 통행하는 통학로에 위치하고 있거나 쉽게 접근할 수 있는 곳에 위치하고 있는 데다가 그 행위 및 시설의 종류나 규모, 위치 등에 비추어 나이 어리고 호기심이 강한 초·중등학생들의 학습과 학교보건위생에 유해하다고 볼 수밖에 없는 점, 그와 같은 이유에서 인근 학교장들도 유흥주점설치를 반대하고 있는 점, 나아가 정부와 교육당국에서 기존의 유해업소까지 이전하는 계획을 추진해 오고 있는 점 등의 여러 사정을 종합적으로 고려하여 보면, 그 정화구역 안에서의 유흥주점 영업행위 금지처분이 재량권을 일탈·남용한 것이라고 단정하기 어렵다는 이유로, 이와 반대의 취지로 판시한 원심판결을 파기한 사례.

4. 공익상 제한

국민보건의 증진, 공공의 안녕 및 질서유지 등의 공익을 위하여 영업의 허가를 제한하는 경우가 있다. 그리하여 식품위생법 제36조제1항제3호에 따른 식품접객업 중 국민의 보건위생을 위하여 허가를 제한할 필요가 뚜렷하다고 인정되어 시·도지사가 지정하여 고시하는 영업에 해당하는 경우(법 제38조제1항제7호)에는 영업허가를 할 수 없다.

공익상 허가를 제한할 필요의 유무를 판단함에 있어서는 허가를 제한하여 달성하려는 공익과 이로 인하여 받게 되는 상대방의 불이익을 교량하여 신중하게 재량권을 행사하여야 한다(대법원 1993. 2. 12. 선고 92누4390 판결).

대법원 1993. 2. 12. 선고 92누4390 판결【일반유흥접객업불허가처분취소】

식품위생법상 유흥접객업허가의 법적 성질 및 재량권의 행사기준: 식품위생법의 관계규정의 취지를 종합하여 볼 때, 식품위생법상의 유흥접객업허가는 성질상 일반적 금지에 대한 해제에 불과하므로 허가권자는 허가신청이 법에서 정한 요건을 구비한 때에는 반드시 허가하여야 할 것이고, 허가제한 사유에 관한 같은 법 제24조 제1항 제4호 소정의 공익상 허가를 제한할 필요의 유무를 판단함에 있어서도 허가를 제한하여 달성하려는 공익과 이로 인하여 받게 되는 상대방의 불이익을 교량하여 신중하게 재량권을 행사하여야 한다.

Ⅵ. 무허가 영업

1. 관련규정 및 요건

대통령령으로 정하는 일정한 영업을 하려는 자는 대통령령으로 정하는 바에 따라 영업의 종류 또는 영업소별로 식품의약품안전청장 또는 특별자치시장·특별자치도지사·시장·군수·구청장의 허가를 받아야 한다. 허가받은 사항 중 대통령령으로 정하는 중요한 사항을 변경할 때에도 또한 같다(법 제37조제1항). 이를 위반한 경우에는 10년 이하의 징역 또는 1억원 이하의 벌금에 처하거나 이를 병과할 수 있다(법 제94조).

무허가 영업은 당국의 허가없이 식품위생법상의 허가대상 영업을 하는 것이라고 할 수 있다[2].

---

2) 식품위생법은 일정한 영업에 대하여 그 신고 또는 등록을 요하도록 규정하고 있는 경우도 있다(법 제37조제4항, 시행령 제25조제1항, 법 제37조제5항, 시행령 제26조의2제1항). 이 경우 신고없이 영업을 하면 미신고 영업이 되고(법 제97조제1호, 제37조제4항), 등록없이 영업을 하면 미등록영업이 되는바(법 제95조제1호, 제37조제5항), 그 성질은 무허가 영업과 동일하다고 할 수 있다.

이 경우 무허가란 그 행위에 허가를 요하도록 되어 있음에도 불구하고 이를 받지 않은 상태에서 영업 등을 하는 것을 말한다. 무허가 영업에는 처음부터 당국의 허가를 받지 아니하고 영업을 하는 경우뿐만 아니라, 당국의 허가를 받은 이후에 그 허가가 취소된 상황에서 영업을 하는 경우까지를 포함한다[3]. 즉 식품접객영업자가 당국으로부터 영업허가 취소처분을 받은 경우 그 취소 후에 영업을 하면 무허가 영업이 된다. 다만 영업허가취소처분 자체가 행정쟁송절차에 취소된 경우에는 영업허가 취소처분 후의 영업을 무허가 영업이라고 볼 수는 없다(대법원 1993. 6. 25. 선고 93도277 판결).

대법원 1993. 6. 25. 선고 93도277 판결 【식품위생법위반】

영업허가취소처분이 행정쟁송절차에 의하여 취소된 경우와 무허가영업: 영업의 금지를 명한 영업허가취소처분 자체가 나중에 행정쟁송절차에 의하여 취소되었다면 그 영업허가취소처분은 그 처분시에 소급하여 효력을 잃게 되며, 그 영업허가취소처분에 복종할 의무가 원래부터 없었음이 확정되었다고 봄이 타당하고, 영업허가취소처분이 장래에 향하여서만 효력을 잃게 된다고 볼 것은 아니므로 그 영업허가취소처분 이후의 영업행위를 무허가영업이라고 볼 수는 없다.

또한 식품위생법상의 영업허가를 얻어 영업을 하던 자라도 일정한 중요사항의 변경에 관하여 당국의 허가를 받지 아니하고 영업을 하였다면 무허가 영업이라고 할 것이다. 식품위생법상 허가를 받은 영업자라도 그 허가를 받은 영업과 다른 형태의 영업(업태위반)을 하거나 허가를 받은 영업장소 이외의 곳에서 영업을 한 경우에는 마찬가지로 무허가 영업이 된다고 할 것이다.

식품위생법 시행령 제23조는 허가를 받아야 하는 대상영업으로 식품조사처리업, 식품접객업 중 단란주점영업과 유흥주점영업을 규정하고 있음은 앞서 본 바와 같다.

2. 무허가 영업의 죄수

일반적으로 무허가 영업은 실무상 영업범으로 보아 포괄일죄로 처리되고 있다. 그러나 구체적인 사정에 따라 포괄일죄인지 경합범인지를 결정할 필요성이 있는 경우가 적지 않다[4].

---

3) 불법적인 영업행위 등으로 인하여 영업정지 처분을 받아 그 정지기간 중에 영업행위를 하는 경우도 사실상 허가없이 영업을 하는 것과 같은 범주에 속한다. 그러나 이에 관하여는 식품위생법상 무허가 영업과는 별도의 구성요건이 규정되어 있다(법 제95조제5호)

4) 권태호, "영업범에 대한 소고: 식품위생법을 중심으로", 법과 인간의 존엄: 청암 정경식박사 화갑

가. 1회 영업을 한 경우

영업범은 행위의 계속·반복이 그 개념요소이므로 1회의 행위만으로는 영업범이 성립하지 않는 것이 원칙이라고 할 것이다. 그러나 1회의 영업행위라도 계속적·반복적으로 영리를 추구할 목적하에서 행하여진 경우에는 영업범으로 보아 무허가 영업으로 처벌할 수 있다고 보아야 한다.

나. 계속적·반복적으로 영업을 한 경우

(1) 일정기간 동안 동일장소에서 동일한 종류의 영업을 한 경우

무허가 영업의 가장 기본적인 행위태양이라고 할 수 있다. 무허가로 일정한 기간 동안 동일 장소에서 계속적인 의사로 동일 종류의 영업을 한 경우에는 포괄하여 1죄가 된다고 할 것이다.

(2) 여러 기간 동안 영업을 한 경우

무허가 영업자가 일정기간 영업을 하고 한동안 영업을 그만 두었다가 다시 일정기간 동일한 종류의 영업을 하였을 경우에는 구체적 사정에 따라 다르다. 영업을 그만 둔 이유가 내부수리 등 일시적인 사정일 뿐 영업의 의사는 중단되지 않고 계속된 경우에는 전·후 양 기간 동안 계속하여 영업을 한 것과 마찬가지이므로 포괄1죄가 성립된다고 할 것이다. 그러나 영업을 그만 둔 행위가 영업의 포기로 볼 수 있을 정도라면 전·후 양 기간 동안의 영업은 별개의 행위에 해당하는 것으로 보아 경합범이 성립된다고 할 것이다.

(3) 다른 장소에서 영업을 한 경우

식품위생법은 영업의 허가를 영업소별로 받아야 한다고 규정하고 있다. 영업자가 한 장소에서 영업허가를 받았다고 할지라도 다른 장소에서 영업을 하면 무허가 영업이 된다. 무허가 영업자가 장소를 옮겨 다니면서 동일한 종류의 영업을 한 경우에는 영업의 허가를 영업소별로 받아야 하는 점에 비추어 각 장소마다 별개의 범죄가 성립하므로 경합범으로 처리하여야 할 것이다.

(4) 다른 종류의 영업을 한 경우

식품위생법은 영업의 허가를 영업의 종류별로 받아야 한다고 규정하고 있다. 영업자가 일정한 종류의 영업에 대하여 허가를 받았다고 하더라도 다른 종류의 영업을 하면 무허가 영업이 된다. 무허가 영업자가 동시에 여러 종류의 영업을 하였다면 영업의 허가를

기념논문집, 1997. 11, 492-493면.

영업의 종류별로 받아야 하는 점에 비추어 영업의 종류마다 별개의 범죄가 성립하므로 경합범으로 처리하여야 할 것이다.

다. 다른 범죄를 저지른 경우

(1) 부정식품과 관련한 범죄를 저지른 경우

무허가 영업자가 부정식품과 관련한 범죄를 저지른 경우에는 그 보호법익이나 행위태양이 전혀 다르므로 무허가 영업을 내용으로 하는 식품위생법위반죄와 부정식품과 관련된 식품위생법위반죄의 경합범이 성립하는 것으로 보아야 한다.

(2) 영업제한 사항을 위반한 경우

무허가 영업자가 동시에 영업제한 사항을 위반한 경우의 죄수에 관하여는 영업의 제한부분에서 상세히 다루기로 한다.

제4절 영업의 신고

Ⅰ. 신고의 의의

사인의 공법행위로서의 신고란 사인이 공법적 효과의 발생을 목적으로 행정주체에 대하여 일정한 사실을 알리는 행위를 말한다. 아무런 공법적 효과를 가져 오지 아니하는 신고는 사실로서의 신고일 뿐이고 사인의 공법행위로서의 신고에 해당하지 아니한다.

식품위생법 제36조제1항 각 호에 따른 영업 중 대통령령으로 정하는 영업을 하려는 자는 대통령령으로 정하는 바에 따라 영업 종류별 또는 영업소별로 식품의약품안전처장 또는 특별자치시장·특별자치도지사·시장·군수·구청장에게 신고하여야 한다. 신고한 사항 중 대통령령으로 정하는 중요한 사항을 변경하거나 폐업할 때에도 또한 같다(법 제37조제4항).

Ⅱ. 신고의 종류

1. 자기완결적 신고(수리를 요하지 않는 신고)

자기완결적 신고란 사인이 행정주체에 대하여 일정한 의사를 표시하거나 사실 또는 관념을 통지하는 통지행위로서 그 통지가 행정기관에 도달하면 그것만으로 일정한 법적 효과가 발생하는 자체완성적 행위를 말한다. 이러한 신고는 형식적 요건만이 신고의 요건이고 아울러 심사의 대상이 된다.

이 경우 ① 형식적 요건을 갖춘 신고가 있으면 행정청의 수리를 기다리지 아니하고, 신고서가 접수기관에 도달된 때에 신고의 의무를 이행한 것이 되어(행정절차법 제40조제2항), 그로써 바로 법이 정한 신고의 효과가 발생하는 점에서, 신고에 대한 수리거부는 법률상의 권리·의무와 관련이 없는 행위로서 항고소송의 대상이 되지 못한다고 보는 것이 종래의 일반적 견해이다.

이에 대하여 ② 원칙적으로 자기완결적 신고에 대한 수리거부의 처분성을 부인하면서도, 그중 건축신고와 같은 금지해제적 신고의 경우에는 신고가 반려될 경우 시정명령, 이행강제금, 벌금의 대상이 되는 등과 같이 신고인이 법적 불이익을 받을 위험성이 있으므로, 이를 제거하기 위하여 그 수리거부의 처분성을 인정하여야 할 필요성이 있다고 보는 견해도 있다.[5)]

2. 행정요건적 신고(수리를 요하는 신고)

실정법상 신고라는 용어를 사용하고 있으나, 위에서 본 바와 같은 자체완성적인 본래적 의미의 신고가 아니라, 사인이 한 신고를 행정청이 심사하여 유효한 행위로 받아들여야만 유효한 행위로서 효력을 갖는 경우가 있는바, 이 경우의 신고를 행정요건적 신고(수리를 요하는 신고)라고 한다. 이러한 신고는 형식적 요건뿐만 아니라 실질적 요건도 신고의 요건이 되고 아울러 심사의 대상이 된다. 이러한 경우의 신고수리를 거부하는 처분이 항고소송의 대상이 됨은 물론이다(대법원 1993. 6. 8. 선고 91누11544 판결 등). 다만 이러한 수리를 요하는 신고는 엄밀히 말하면 신고가 아니라 실질적으로 등록 또는 허가신청으로 보아야 한다는 견해도 있다[6)].

3. 식품위생법상 영업신고의 법적 성질

그러면 식품위생법 제37조제4항에서 규정하고 있는 영업신고의 법적 성질은 무엇인가. 이에 대하여 위 영업신고는 단순한 통보나 보고의 개념이 아니라 수리의 개념이 함유되어 있다고 보면서, 신고관청은 신고의 수리여부를 결정하여야 한다고 보는 견해가 있다[7)]. 그러한 견해의 논거로는 식품위생법이 ① 일정한 경우 영업의 신고를 할 수 없도록

---

5) 박균성, 행정법론(상)(제11판), 2011, 109면.

6) 김동희, 행정법 I (제11판), 2005, 380면.

7) 강윤구·최영현·이성훈, 알기 쉬운 식품위생법(개정판), 1997, 238면.

그 신고제한 규정을 두고 있는 점(법 제38조제2항), ② 허가영업자의 경우뿐만이 아니라 신고영업자의 경우에도 그 영업의 양도 등을 허용하고 그로 인한 영업자의 지위승계규정을 두고 있는 점(법 제39조제1항)[8], ③ 영업신고를 하려는 자로 하여금 영업에 필요한 시설을 갖춘 후에 그 신고서를 제출할 것을 요구하고 있는 점(시행규칙 제42조제1항), ④ 신고를 받은 신고관청은 해당 영업소의 시설에 대한 확인이 필요한 경우에는 신고증 발급 후 15일 이내에 신고 받은 사항을 확인하여야 하는 점(시행규칙 제42조제10항), ⑤ 미신고 영업의 경우 이를 처벌하는 규정을 두고 있는 점(법 제97조제1호, 제37조제3항·제4항) 등을 들 수 있을 것이다.

하지만 ① 자기완결적 신고라고 할지라도 일정한 경우 신고제한 규정을 둘 수는 있다는 점, ② 식품위생법은 허가영업과 신고영업 외에 등록영업을 별도로 규정하고 있는바, 영업신고를 수리를 요하는 신고로 볼 경우 등록제를 별도로 둔 취지가 몰각될 우려가 있다는 점, ③ 등록영업의 경우 해당 영업소의 시설을 확인한 후 영업등록증을 발급하도록 되어 있는 것에 반하여(시행규칙 제43조의2제3항), 신고영업의 경우 신고를 받은 신고관청으로 하여금 지체없이 영업신고증을 발급하도록 의무지우고 있다는 점(시행규칙 제42조제8항), ④ 영업시설이 일정한 시설기준에 적합하지 아니한 경우에 이는 영업허가·영업등록의 제한사유가 되나, 영업신고의 제한사유는 되지 아니하는 점(법 제38조제1항제1호), ⑤ 허가영업·등록영업의 경우는 그 허가취소·등록취소 및 영업정지가 가능하나 신고영업의 경우 그 취소 및 정지가 불가능하고 오로지 영업소의 폐쇄만이 가능한 점(법 제75조제1항) 등에 비추어 보건대, 식품위생법 상의 영업신고는 자기완결적 신고(수리를 요하지 않는 신고)로 파악하는 것이 옳다고 보여진다.

Ⅲ. 영업신고의 절차

1. 구비서류

가. 제출서류

식품위생법 제37조제4항 전단에 따라 영업신고를 하려는 자는 영업에 필요한 시설을

8) 영업의 신고가 본래적 의미의 신고라면 식품위생법이 신고영업자의 지위승계 규정을 따로 두고 있는 것은 아무런 의미가 없게 될 것이다. 즉 당사자는 새로운 영업허가 신청의 일종이라고 볼 수 있는 지위승계신고를 굳이 할 필요없이 간단하게 영업의 신고를 하면 그것으로 충분히 목적을 달성할 수 있을 것이기 때문이다.

갖춘 후 별지 제37호서식의 영업신고서(전자문서로 된 신고서를 포함한다)에 다음 각 호의 서류(전자문서를 포함한다)를 첨부하여 시행령 제25조제1항에 따른 신고관청(이하 "신고관청"이라 한다)에 제출하여야 한다(시행규칙 제42조제1항).

① 교육이수증(법 제41조제2항에 따라 미리 교육을 받은 경우만 해당한다)

② 제조·가공하려는 식품의 유형 및 제조방법설명서(시행령 제21조제2호의 영업만 해당한다)

③ 시설사용계약서(시행령 제21조제4호의 식품운반업을 하려는 자 중 차고 또는 세차장을 임대할 경우만 해당한다)

④ 먹는물관리법에 따른 먹는물 수질검사기관이 발행한 수질검사(시험)성적서(수돗물이 아닌 지하수 등을 먹는 물 또는 식품 등의 제조과정이나 식품의 조리·세척 등에 사용하는 경우만 해당한다)

⑤ 유선 및 도선사업 면허증 또는 신고필증(수상구조물로 된 유선장 및 도선장에서 시행령 제21조제8호가목의 휴게음식점영업, 같은 호 나목의 일반음식점영업 및 같은 호 바목의 제과점영업을 하려는 경우만 해당한다)

⑥ 식품자동판매기의 종류 및 설치장소가 기재된 서류(2대 이상의 식품자동판매기를 설치하고 일련관리번호를 부여하여 일괄 신고를 하는 경우만 해당한다)

⑦ 수상레저사업 등록증(수상구조물로 된 수상레저사업장에서 영 제21조제8호가목의 휴게음식점영업 및 같은 호 바목의 제과점영업을 하려는 경우만 해당한다)

⑧ 국유재산법 시행규칙 제14조제3항에 따른 국유재산 사용허가서(군사시설 또는 국유철도의 정거장시설에서 영 제21조제2호의 즉석판매제조·가공업의 영업, 같은 조 제5호의 식품소분·판매업의 영업, 같은 조 제8호가목의 휴게음식점영업, 같은 호 나목의 일반음식점영업 또는 같은 호 바목의 제과점영업을 하려는 경우만 해당한다)

⑨ 해당 도시철도사업자와 체결한 도시철도시설 사용계약에 관한 서류(도시철도의 정거장시설에서 영 제21조제2호의 즉석판매제조·가공업의 영업, 같은 조 제5호의 식품소분·판매업의 영업, 같은 조 제8호가목의 휴게음식점영업, 같은 호 나목의 일반음식점영업 또는 같은 호 바목의 제과점영업을 하려는 경우만 해당한다)

⑩ 예비군식당 운영계약에 관한 서류(군사시설에서 영 제21조제8호나목의 일반음식점영업을 하려는 경우만 해당한다)

⑪ 영업장과 연접하는 외부 장소를 영업장으로 사용하려는 경우에는 해당 외부 장소에 대해 정당한 사용 권한이 있음을 증명하는 서류(시행령 제21조제8호가목의 휴게음식점영업, 같은 호 나목의 일반음식점영업 또는 같은 호 바목의 제과점영업을 하려는 자가

해당 외부 장소에서 음식류 등을 제공하는 경우만 해당한다)

⑫ 자동차관리법 시행규칙 별표 1 제1호·제2호 및 비고 제1호가목에 따른 이동용 음식판매 용도인 소형·경형화물자동차 또는 같은 표 제2호에 따른 이동용 음식판매 용도인 특수작업형 특수자동차(이하 "음식판매자동차"라 한다)를 사용하여 시행령 제21조제8호가목의 휴게음식점영업 또는 같은 호 바목의 제과점영업을 하려는 경우는 별표 15의2에 따른 서류

⑬「어린이놀이시설 안전관리법」 제12조제1항 및 같은 법 시행령 제7조제4항에 따른 어린이놀이시설 설치검사합격증 또는「어린이놀이시설 안전관리법」 제12조제2항 및 같은 법 시행령 제8조제5항에 따른 어린이놀이시설 정기시설검사합격증(시행령 제21조제8호가목, 나목, 마목 또는 바목의 영업을 하려는 경우로서 해당 영업장에 어린이놀이시설을 설치하는 경우만 해당한다)

⑭ 공유주방 소재지, 면적 등이 기재된 공유주방 사용계약에 관한 서류(시행령 제21조제9호의 공유주방 운영업자의 공유주방을 사용하는 경우만 해당한다)

나. 관할청(신고관청)의 확인서류

제1항에 따라 신고서를 제출받은 신고관청은 전자정부법 제36조제1항에 따른 행정정보의 공동이용을 통하여 다음 각 호의 서류를 확인하여야 한다. 다만, 신고인이 제3호부터 제7호까지의 확인에 동의하지 아니하는 경우에는 그 사본을 첨부하도록 하여야 한다(시행규칙 제42조제2항).

① 토지이용계획확인서(제1항제10호에 따른 국유재산 사용허가서를 제출한 경우에는 제외한다)

② 건축물대장 또는 건축법 제22조제3항제2호에 따른 건축물의 임시사용 승인서(제1항제10호에 따른 국유재산 사용허가서를 제출한 경우에는 제외한다)

③ 액화석유가스 사용시설완성검사증명서(시행령 제21조제8호가목의 휴게음식점영업, 같은 호 나목의 일반음식점영업 및 같은 호 바목의 제과점영업을 하려는 자 중「액화석유가스의 안전관리 및 사업법」 제44조제2항에 따라 액화석유가스 사용시설의 완성검사를 받아야 하는 경우만 해당한다)

④ 자동차등록증(음식판매자동차를 사용하여 시행령 제21조제8호가목의 휴게음식점영업 또는 같은 호 바목의 제과점영업을 하려는 경우만 해당한다)

⑤ 사업자등록증(「고등교육법」 제2조에 따른 학교에서 해당 학교의 경영자가 음식판매자동차를 사용하여 영 제21조제8호가목의 휴게음식점영업 또는 같은 호 바목의 제과점

영업을 하려는 경우만 해당한다)

⑥ 건강진단결과서(제49조에 따른 건강진단 대상자만 해당한다)

⑦ 「다중이용업소의 안전관리에 관한 특별법」 제9조제5항에 따라 소방본부장 또는 소방서장이 발급하는 안전시설등 완비증명서(「다중이용업소의 안전관리에 관한 특별법 시행령」 제2조제1호가목에 따른 영업을 하려는 경우만 해당한다)

다. 특칙

(1) 한시적 영업

제1항에도 불구하고 신고한 영업소 외의 다른 장소(제2호의 경우에는 별표 14 제8호 가목5)에 따른 장소만 해당한다)에서 1개월의 범위에서 한시적으로 영업을 하려는 자는 다음 각 호의 구분에 따른 서류를 관할 신고관청에 제출해야 한다(시행규칙 제42조제3항).

① 시행령 제21조제2호에 따른 즉석판매제조·가공업자: 영업신고증 및 자가품질검사 결과서(자가품질검사가 필요한 영업만 해당한다)

② 시행령 제21조제8호에 따른 휴게음식점영업자, 일반음식점영업자 또는 제과점영업자(음식판매자동차를 사용하여 영업을 하는 경우는 제외한다): 영업신고증

(2) 음식판매자동차를 사용하는 휴게음식점영업자·제과점영업자

제1항에도 불구하고 음식판매자동차를 사용하는 시행령 제21조제8호가목의 휴게음식점영업자 또는 같은 호 바목의 제과점영업자가 신고한 영업소의 소재지 외의 장소에서 해당 영업을 하려는 경우에는 영업을 하려는 지역의 관할 행정관청에 영업신고증 및 별표 15의2에 따른 서류(전자문서를 포함한다)를 제출하여야 한다(시행규칙 제42조제4항).

제4항에 따라 영업신고증 및 서류를 제출받은 관할 행정관청은 지체 없이 제출된 영업신고증의 뒷면에 제출일 및 새로운 영업소의 소재지를 적어 발급하고 그 사실을 신고관청에 통보하여야 하며, 신고관청은 통보받은 내용을 영업신고 관리대장에 작성·보관하거나 전산망에 입력하여 관리하여야 한다(시행규칙 제42조제5항).

2. 신고의 대상 업종 및 신고관청

가. 원칙

식품위생법 제37조제4항 전단에 따라 특별자치시장·특별자치도지사 또는 시장·군수·구청장에게 신고를 하여야 하는 영업은 다음 각 호와 같다(시행령 제25조제1항).

① 제21조제2호의 즉석판매제조·가공업

② 제21조제4호의 식품운반업

③ 제21조제5호의 식품소분·판매업

④ 제21조제6호나목의 식품냉동·냉장업

⑤ 제21조제7호의 용기·포장류제조업(자신의 제품을 포장하기 위하여 용기·포장류를 제조하는 경우는 제외한다)

⑥ 제21조제8호가목의 휴게음식점영업, 같은 호 나목의 일반음식점영업, 같은 호 마목의 위탁급식영업 및 같은 호 바목의 제과점영업

나. 예외

제1항에도 불구하고 다음 각 호의 어느 하나에 해당하는 경우에는 신고하지 아니한다(시행령 제25조제2항).

① 양곡관리법 제19조에 따른 양곡가공업중 도정업을 하는 경우

② 「수산식품산업의 육성 및 지원에 관한 법률」 제16조에 따라 수산물가공업[수산동물유(水産動物油) 가공업, 냉동·냉장업 및 선상가공업만 해당한다]의 신고를 하고 해당 영업을 하는 경우

③ 「축산물 위생관리법」 제22조에 따라 축산물가공업의 허가를 받아 해당 영업을 하거나 같은 법 제24조 및 같은 법 시행령 제21조제8호에 따라 식육즉석판매가공업 신고를 하고 해당 영업을 하는 경우

④ 「건강기능식품에 관한 법률」 제5조 및 제6조에 따라 건강기능식품제조업 및 건강기능식품판매업의 영업허가를 받거나 영업신고를 하고 해당 영업을 하는 경우

⑤ 건강기능식품에 관한 법률 제5조 및 제6조의 규정에 따라 건강기능식품제조업·건강기능식품수입업 및 건강기능식품판매업의 영업허가를 받거나 신고를 하고 당해 영업을 하는 경우

⑥ 식품첨가물이나 다른 원료를 사용하지 아니하고 농산물·임산물·수산물을 단순히 자르거나, 껍질을 벗기거나, 말리거나, 소금에 절이거나, 숙성하거나, 가열(살균의 목적 또는 성분의 현격한 변화를 유발하기 위한 목적의 경우는 제외한다. 이하 같다)하는 등의 가공과정 중 위생상 위해가 발생할 우려가 없고 식품의 상태를 관능검사(官能檢査)로 확인할 수 있도록 가공하는 경우. 다만, 다음 각 목의 어느 하나에 해당하는 경우는 제외한다.

가. 집단급식소에 식품을 판매하기 위하여 가공하는 경우

나. 식품의약품안전처장이 법 제7조제1항에 따라 기준과 규격을 정하여 고시한 신선편의식품(과일, 야채, 채소, 새싹 등을 식품첨가물이나 다른 원료를 사용하지 아니하고 단

순히 자르거나, 껍질을 벗기거나, 말리거나, 소금에 절이거나, 숙성하거나, 가열하는 등의 가공과정을 거친 상태에서 따로 씻는 등의 과정 없이 그대로 먹을 수 있게 만든 식품을 말한다)을 판매하기 위하여 가공하는 경우

⑦「농업·농촌 및 식품산업 기본법」 제3조제2호에 따른 농업인과 「수산업·어촌 발전 기본법」 제3조제3호에 따른 어업인 및 「농어업경영체 육성 및 지원에 관한 법률」 제16조에 따른 영농조합법인과 영어조합법인이 생산한 농산물·임산물·수산물을 집단급식소에 판매하는 경우. 다만, 다른 사람으로 하여금 생산하거나 판매하게 하는 경우는 제외한다.

3. 영업신고증의 발급

가. 관련 규정

제1항에 따라 신고를 받은 신고관청은 지체 없이 시행령 제21조제2호 및 제7호의 영업의 경우에는 별지 제38호서식의 영업신고증을 발급하고, 시행령 제21조제4호·제5호·제6호나목 및 제8호가목·나목·마목 및 바목의 영업의 경우에는 별지 제39호서식의 영업신고증을 발급하여야 한다(시행규칙 제42조제8항).

제8항에 따라 신고증을 발급한 신고관청은 시행령 제21조제2호, 제4호, 제5호, 제6호나목 및 제7호의 영업의 경우에는 별지 제33호서식의 영업신고 관리대장을, 시행령 제21조제8호가목·나목·마목 및 바목의 영업의 경우에는 별지 제34호서식의 영업신고 관리대장을 각각 작성·보관하거나 같은 서식으로 전산망에 입력하여 관리하여야 한다(시행규칙 제42조제9항).

나. 신고증 발급의 법적 성질

수리를 요하지 않는 신고의 경우 신고필증은 신고사실을 단순히 확인하는 것에 불과하다. 즉 그것은 사인이 행정기관에 대하여 일정한 사실을 알렸다는 것을 사실로서 확인하는 의미만을 지닐 뿐이다. 따라서 그 발급의 거부가 항고소송의 대상이 될 수 없다는 것에는 이견이 없다.

수리를 요하는 신고의 경우에도 그 수리행위에 신고필증의 교부 등 행위가 꼭 필요한 것은 아니고, 따라서 신고필증의 교부가 없는 경우에도 수리행위의 효력에는 영향이 없다는 것이 판례의 태도이다(대법원 2011. 9. 8. 선고 2009두6766 판결). 다만 수리를 요하는 신고의 경우에 신고필증이 주어질 수 있는바, 그러한 신고필증은 사인의 신고를 수리하였음을 공적으로 증명하는 의미를 갖는 준법률행위적 행정행위로서 공증행위의 성격을 갖는다. 따라서 그것은 단순한 사실행위가 아니라 법적 행위로서 그 신고필증 교부의 거부

는 행정소송법상의 처분으로 보아야 한다는 견해도 있다[9].

4. 신고사항의 변경

가. 중요한 사항

식품위생법 제37조제4항 전단에 따라 신고한 사항 중 대통령령으로 정하는 중요한 사항을 변경하거나 폐업할 때에도 신고를 하여야 한다(법 제37조제4항 후단). 그러한 사항은 다음 각 호와 같다(시행령 제26조).

① 영업자의 성명(법인인 경우에는 그 대표자의 성명을 말한다)

② 영업소의 명칭 또는 상호

③ 영업소의 소재지

④ 영업장의 면적

⑤ 제21조제2호의 즉석판매제조·가공업을 하는 자가 같은 호에 따른 즉석판매제조·가공 대상 식품 중 식품의 유형을 달리하여 새로운 식품을 제조·가공하려는 경우(변경 전 식품의 유형 또는 변경하려는 식품의 유형이 법 제31조에 따른 자가품질검사 대상인 경우만 해당한다)

⑥ 제21조제4호의 식품운반업을 하는 자가 냉장·냉동차량을 증감하려는 경우

⑦ 제21조제5호나목2)의 식품자동판매기영업을 하는 자가 같은 특별자치시·시(「제주특별자치도 설치 및 국제자유도시 조성을 위한 특별법」에 따른 행정시를 포함한다)·군·구(자치구를 말한다)에서 식품자동판매기의 설치 대수를 증감하려는 경우

나. 구비서류

법 제37조제4항 후단에 따라 변경신고를 하려는 자는 별지 제41호서식의 영업신고사항 변경신고서에 영업신고증 및 다음 각 호의 구분에 따른 서류를 첨부하여 변경한 날부터 7일 이내에 신고관청에 제출해야 한다(시행규칙 제43조제1항).

① 시행령 제26조제3호의 영업소 소재지를 변경하려는 경우: 제42조제1항제3호부터 제12호까지 및 제14호부터 제16호까지의 서류

② 건물 외부에 영업장과 연접하는 외부장소를 영업장으로 사용하기 위하여 시행령 제26조제4호의 영업장 면적을 변경하려는 경우: 사용하려는 장소에 대한 정당한 사용 권한이 있음을 증명하는 서류

---

9) 홍정선, 행정법원론(상)(제30판), 박영사, 2022, 230면.

③ 시행령 제26조제6호의 사항을 변경하려는 경우: 제조·가공하려는 식품의 유형 및 제조방법설명서

한편 영업소 소재지를 변경하는 경우에 원래의 영업신고시에 첨부했던 것과 거의 동일한 서류를 새로이 제출할 것을 요구하는 이유는 다음과 같다. 즉 영업소의 소재지의 변경은 새로이 영업신고를 하는 것과 동일시할 수 있을 정도의 중요한 내용변화라고 할 것이므로 새로운 소재지의 신고관청으로 하여금 신고의 요건을 심사하여 그 수리여부를 결정할 기회를 부여하기 위함이다.

대법원 2022. 8. 25. 선고 2020도12944 판결【개발제한구역의지정및관리에관한특별조치법위반·식품위생법위반·수도법위반·하천법위반】〈피고인이 2016년 음식점 영업장 면적을 변경하고도 변경신고를 하지 않은 채 영업을 계속한 행위가 식품위생법 제37조 제4항 위반죄에 해당하는지가 문제된 사안〉

식품위생법 제37조 제4항, 식품위생법 시행령 제25조 제1항 제8호, 제26조 제4호에 의하면, 신고대상인 일반음식점 영업을 하고자 하는 때와 해당 영업의 영업장 면적 등 중요한 사항을 변경하고자 하는 때에는 이를 시장 등에게 신고하도록 규정하고, 식품위생법 제97조 제1호에서는 위와 같은 신고의무를 위반한 자를 3년 이하의 징역 또는 3천만 원 이하의 벌금에 처하도록 규정한다. 이러한 신고의무 조항 및 처벌조항의 취지는 신고대상인 영업을 신고 없이 하거나 해당 영업의 영업장 면적 등 중요한 사항을 변경하였음에도 그에 관한 신고 없이 영업을 계속하는 경우 이를 처벌함으로써 그 신고를 강제하고 궁극적으로는 미신고 영업을 금지하려는 데 있다. 따라서 영업장의 면적을 변경하는 행위를 하였음에도 그 당시 법령인 식품위생법 제37조 제4항, 식품위생법 시행령 제26조 제4호에 따라 영업장 면적 변경신고를 하지 않은 채 영업을 계속한다면 처벌대상이 된다고 보아야 하고, 이는 영업장 면적을 변경신고 사항으로 명시한 구 식품위생법 시행령(2003. 4. 22. 대통령령 제17971호로 개정된 것)이 시행되기 이전에 일반음식점 영업신고가 된 경우에도 마찬가지이다.

Ⅳ. 영업신고의 제한

1. 장소적 제한

영업을 하고자 하는 장소가 다음에 해당하는 곳일 때에는 영업의 신고를 할 수 없다.

첫째, 식품위생법 제75조제1항 또는 제2항에 따른 영업소 폐쇄명령(제44조제2항제1호를 위반하여 영업소 폐쇄명령을 받은 경우와 제75조제1항제19호에 따라 영업소 폐쇄명령을 받은 경우는 제외한다)이나 「식품 등의 표시·광고에 관한 법률」 제16조제1항부터 제4

항까지에 따른 영업소 폐쇄명령을 받고 6개월이 지나기 전에 같은 장소에서 같은 종류의 영업을 하려는 경우. 다만, 영업시설 전부를 철거하여 영업소 폐쇄명령을 받은 경우에는 그러하지 아니하다(법 제38조제2항제1호).

둘째, 식품위생법 제44조제2항제1호를 위반하여 영업소 폐쇄명령을 받거나 제75조제1항제19호에 따라 영업소 폐쇄명령을 받은 후 1년이 지나기 전에 같은 장소에서 제36조제1항제3호에 따른 식품접객업을 하려는 경우(법 제38조제2항제2호)

2. 인적 제한

영업을 하고자 하는 자가 다음에 해당하는 자일 때에는 영업의 신고를 할 수 없다.

첫째, 식품위생법 제75조제1항 또는 제2항에 따른 영업소 폐쇄명령(제4조부터 제6조까지, 제8조 또는 제44조제2항제1호를 위반하여 영업소 폐쇄명령을 받은 경우와 제75조제1항제19호에 따라 영업소 폐쇄명령을 받은 경우는 제외한다)이나 「식품 등의 표시·광고에 관한 법률」 제16조제1항부터 제4항까지에 따른 영업소 폐쇄명령을 받고 2년이 지나기 전에 같은 자(법인인 경우에는 그 대표자를 포함한다)가 폐쇄명령을 받은 영업과 같은 종류의 영업을 하려는 경우. 다만, 영업시설 전부를 철거(행정 제재처분을 회피하기 위하여 영업시설을 철거한 경우는 제외한다)하여 영업소 폐쇄명령을 받은 경우에는 그러하지 아니하다(법 제38조제2항제3호).

둘째, 식품위생법 제44조제2항제1호를 위반하여 영업소 폐쇄명령을 받거나 제75조제1항제19호에 따라 영업소 폐쇄명령을 받고 2년이 지나기 전에 같은 자(법인인 경우에는 그 대표자를 포함한다)가 제36조제1항제3호에 따른 식품접객업을 하려는 경우(법 제38조제2항제4호).

셋째, 식품위생법 제4조부터 제6조까지 또는 제8조를 위반하여 영업소 폐쇄명령을 받고 5년이 지나지 아니한 자(법인인 경우에는 그 대표자를 포함한다)가 폐쇄명령을 받은 영업과 같은 종류의 영업을 하려는 경우(법 제38조제2항제5호).

제5절 영업의 등록

Ⅰ. 의의

본래 등록(본래적 등록)은 일정사항을 공적 장부인 등록부에 등재하여 공시하는 행정행위(공증)라고 말할 수 있다. 그런데 실정법상 영업에 대한 일반적·상대적 금지의 해제와 관련하여서는 허가·신고·등록이 상호 구분되어 규정되어 있는 경우가 적지 않다. 식품위생법도 허가·신고·등록을 구분하여 규정하고 있는바, 등록이란 일정한 요건의 성취를 공적 장부에 기재함으로써 일반적 금지의 해제를 받는 경우를 의미한다고 말할 수 있다.

Ⅱ. 등록의 법적 성질

등록이란 일정한 요건의 성취를 공적 장부에 기재함으로써 일반적 금지의 해제를 받는 경우를 의미한다.

그런데 영업의 자유와 관련하여 식품위생법과 같은 개별법령에서 허가영업·신고영업·등록영업을 구분하여 규정하고 있는 경우가 적지 않다. 이 경우 등록영업은 행정요건적 신고(수리를 요하는 신고)영업에 해당되고, 사실상 완화된 허가제로서의 성질을 지닌다고 보는 것이 일반적이다.

따라서 식품위생법상의 영업등록은 행정정요건적 신고(수리를 요하는 신고)의 수리행위에 해당된다고 보는 것이 타당하다.

Ⅲ. 영업등록의 절차

1. 구비서류

가. 제출서류

식품위생법 제37조제5항 본문에 따라 영업등록을 하려는 자는 영업에 필요한 시설을 갖춘 후 별지 제41호의2서식의 영업등록신청서에 다음 각 호에서 정하는 바에 따른 서류를 첨부하여 시행령 제26조의2에 따른 등록관청(이하 "등록관청"이라 한다)에 제출해야 한다(시행규칙 제43조의2 제1항).

(1) 공통서류

① 법 제41조제2항에 따라 미리 교육을 받은 경우: 교육이수증

② 수돗물이 아닌 지하수 등을 먹는 물 또는 식품 등의 제조과정 등에 사용하는 경우: 「먹는물관리법」에 따른 먹는물 수질검사기관이 발행한 수질검사(시험)성적서

(2) 개별서류

① 시행령 제21조제1호의 식품제조·가공업 및 같은 조 제3호의 식품첨가물제조업을 하려는 경우

i) 제조·가공하려는 식품 또는 식품첨가물의 종류 및 제조방법 설명서

ii) 공유주방 소재지, 면적 등이 기재된 공유주방 사용계약에 관한 서류(영 제21조 제9호의 공유주방 운영업자의 공유주방을 사용하는 경우만 해당한다)

② 시행령 제21조제9호의 공유주방 운영업을 하려는 경우

i) 제55조제1항에 따른 위생관리책임자 선임신고서

ii) 법 제44조의2 및 영 제30조에 따른 책임보험에 가입하였음을 증명하는 서류

나. 관할청(등록관청)의 확인서류

제1항에 따라 신청서를 제출받은 등록관청은 「전자정부법」 제36조제1항에 따른 행정정보의 공동이용을 통하여 다음 각 호의 서류를 확인해야 한다. 다만, 신청인이 제3호 및 제4호의 서류의 확인에 동의하지 않는 경우에는 그 사본을 첨부하도록 해야 한다(시행규칙 제43조의2 제2항).

① 토지이용계획확인서

② 건축물대장 또는 건축법 제22조제3항제2호에 따른 건축물의 임시사용 승인서

③ 「다중이용업소의 안전관리에 관한 특별법」 제9조제5항에 따라 소방본부장 또는 소방서장이 발급하는 안전시설등 완비증명서(「다중이용업소의 안전관리에 관한 특별법 시행령」 제2조제1호가목에 따른 영업을 하려는 경우만 해당한다)

④ 건강진단결과서(제49조에 따른 건강진단 대상자만 해당한다)

2. 등록의 대상 업종 및 등록관청

가. 원칙

식품위생법 법 제37조제5항 본문에 따라 특별자치시장·특별자치도지사 또는 시장·군수·구청장에게 등록하여야 하는 영업은 다음 각 호와 같다. 다만, 제1호에 따른 식품제조·가공업 중 「주세법」 제2조제1호의 주류를 제조하는 경우에는 식품의약품안전처장에게 등록하여야 한다(시행령 제26조의2 제1항).

① 제21조제1호의 식품제조·가공업

② 제21조제3호의 식품첨가물제조업

③ 제21조제9호의 공유주방 운영업

나. 예외

제1항에도 불구하고 다음 각 호의 어느 하나에 해당하는 경우에는 등록하지 아니한다(시행령 제26조의2 제2항).

① 양곡관리법 제19조에 따른 양곡가공업중 도정업을 하는 경우

②「수산식품산업의 육성 및 지원에 관한 법률」 제16조에 따라 수산물가공업[수산동물유 가공업, 냉동·냉장업 및 선상가공업만 해당한다]의 신고를 하고 해당 영업을 하는 경우

③「축산물 위생관리법」 제22조에 따라 축산물가공업의 허가를 받아 해당 영업을 하는 경우

④「건강기능식품에 관한 법률」 제5조에 따라 건강기능식품제조업의 영업허가를 받아 해당 영업을 하는 경우

⑤ 식품첨가물이나 다른 원료를 사용하지 아니하고 농산물·임산물·수산물을 단순히 자르거나, 껍질을 벗기거나, 말리거나, 소금에 절이거나, 숙성하거나, 가열하는 등의 가공과정 중 위생상 위해가 발생할 우려가 없고 식품의 상태를 관능검사로 확인할 수 있도록 가공하는 경우. 다만, 다음 각 목의 어느 하나에 해당하는 경우는 제외한다.

i) 집단급식소에 식품을 판매하기 위하여 가공하는 경우

ii) 식품의약품안전처장이 법 제7조제1항에 따라 기준과 규격을 정하여 고시한 신선편의식품(과일, 야채, 채소, 새싹 등을 식품첨가물이나 다른 원료를 사용하지 아니하고 단순히 자르거나, 껍질을 벗기거나, 말리거나, 소금에 절이거나, 숙성하거나, 가열하는 등의 가공과정을 거친 상태에서 따로 씻는 등의 과정 없이 그대로 먹을 수 있게 만든 식품을 말한다)을 판매하기 위하여 가공하는 경우

3. 영업등록증의 발급

제1항에 따른 등록신청을 받은 등록관청은 해당 영업소의 시설을 확인한 후 별지 제41호의3서식의 영업등록증을 발급하여야 한다(시행규칙 제43조의2 제3항).

제3항에 따라 등록증을 발급한 등록관청은 별지 제33호서식의 영업등록 관리대장을 작성·보관하거나 같은 서식으로 전산망에 입력하여 관리하여야 한다(시행규칙 제43조의2 제4항).

4. 등록사항의 변경

가. 중요한 사항의 변경

(1) 중요한 사항

식품위생법 제37조제5항 본문에 따라 등록한 사항 중 대통령령으로 정하는 중요한 사항을 변경할 때에도 등록을 하여야 한다(법 제37조제5항 본문). 법 제37조제5항 본문에 따라 변경할 때 등록하여야 하는 사항은 다음 각 호와 같다(시행령 제26조의3).

① 영업소의 소재지

② 제21조제1호의 식품제조·가공업을 하는 자가 추가로 시설을 갖추어 새로운 식품군(법 제7조제1항에 따라 식품의약품안전처장이 정하여 고시하는 식품의 기준 및 규격에 따른 식품군을 말한다)에 해당하는 식품을 제조·가공하려는 경우

③ 제21조제3호의 식품첨가물제조업을 하는 자가 추가로 시설을 갖추어 새로운 식품첨가물(법 제7조제1항에 따라 식품의약품안전처장이 정하여 고시하는 식품의 기준 및 규격에 따른 식품첨가물을 말한다)을 제조하려는 경우

④ 공유주방을 사용하는 영업의 종류(제21조제9호의 공유주방 운영업만 해당한다)

(2) 구비서류

법 제37조제5항 본문에 따라 변경등록을 하려는 자는 별지 제41호의4서식의 변경등록신청서에 등록증과 다음 각 호의 구분에 따른 서류를 첨부하여 변경한 날부터 7일 이내에 등록관청에 제출해야 한다(시행규칙 제43조의3 제1항).

① 시행령 제26조의3제1호의 영업소 소재지를 변경하여 수돗물이 아닌 지하수 등을 먹는 물 또는 식품 등의 제조과정 등에 사용하려는 경우: 「먹는물관리법」에 따른 먹는물 수질검사기관이 발행한 수질검사(시험)성적서

② 시행령 제21조제9호의 공유주방 운영업자가 영 제26조의3제1호의 영업소 소재지를 변경하려는 경우: 법 제44조의2 및 영 제30조에 따른 책임보험에 가입하였음을 증명하는 서류

③ 시행령 제26조의3제2호 또는 제3호의 사항을 변경하려는 경우: 새롭게 제조·가공하려는 식품 또는 식품첨가물의 종류 및 제조방법설명서

④ 시행령 제26조의3제4호의 공유주방을 사용하는 영업의 종류를 변경하려는 경우: 공유주방을 사용하는 영업의 종류가 기재된 공유주방 사용계약에 관한 서류

나. 경미한 사항의 변경

영업등록을 받은 자가 폐업하거나 대통령령으로 정하는 중요한 사항을 제외한 경미한 사항을 변경할 때에는 식품의약품안전처장 또는 특별자치시장·특별자치도지사·시장·군수·구청장에게 신고하여야 한다(법 제37조제5항 단서).

영업등록을 한 자가 다음 각 호의 사항을 변경한 경우에는 법 제37조제5항 단서에 따라 별지 제41호의4서식의 변경신고서에 등록증과 변경내용을 기재한 서류를 첨부하여 변경한 날부터 7일 이내에 등록관청에 신고하여야 한다. 다만, 제48조의 영업자 지위승계에 따른 변경의 경우는 제외한다(시행규칙 제43조의3 제3항).

① 영업자의 성명(법인의 경우에는 그 대표자의 성명을 말한다)

② 영업소의 명칭 또는 상호

③ 영업장의 면적

한편 영업자 지위승계에 따른 영업자 변경의 경우 시행규칙 제48조에서 규정하는 별도의 변경절차를 받도록 하는 이유는 허가사항 변경의 경우와 동일하다.

Ⅳ. 영업등록의 제한

영업등록에 대한 장소적, 인적 제한은 신고영업의 경우와 동일하다(법 제38조제2항제1, 3, 5호).

제6절 허가영업·신고영업·등록영업의 비교

Ⅰ. 식품위생법령의 관련규정

허가영업·신고영업·등록영업에 관한 식품위생법령의 관련 규정의 주요 내용을 도표로 요약하면 다음과 같다.

	신고	등록	허가
대상 영업 (근거법령)	즉석판매제조·가공업, 식품운반업, 식품소분·판매업, 식품보존업 중 식품냉동·냉장업, 용기·포장류제조업,	식품제조·가공업, 식품첨가물제조업, 공유주방 운영업 (법 제37조제5항, 시행	식품보존법 중 식품조사처리업, 식품접객업 중 단란주점영업·유흥주점영업 (법 제37조제1항, 시행령 제23조)

	신고	등록	허가
대상 영업 (근거법령)	식품접객업 중 휴게음식점영업·일반음식점영업·위탁급식영업·제과점영업 (법 제37조제4항, 시행령 제25조제1항)	령 제26조의2)	
심사내용 (근거법령)	서류결재 (시행규칙 제42조제1항, 별지 제37조 서식) “지체없이” 신고증 발급 (시행규칙 제42조제8항)	현장실사 및 시설조사 (시행규칙 제43조의2 제1항, 별지 제41조의2 서식) “시설 확인 후” 등록증 발급 (시행규칙 제43조의2 제3항)	현장실사 및 시설조사 (법 제38조제1항, 시행규칙 제40조제1항, 별지 제30호 서식)
조건 부가 가능성 (근거법령)			조건 부가 가능 (법 제37조제2항)
영업 금지 용어 (근거법령)	영업소 폐쇄 (법 제75조)	등록 취소 (법 제75조)	허가취소 (법 제75조)
무단 영업시 형사처벌 (근거법령)	3년 이하의 징역 또는 3천만원 이하의 벌금 (법 제97조)	5년 이하 징역 또는 5천만 원 이하 벌금 (법 제95조)	10년 이하 징역 또는 1억 이하 벌금 (법 제94조)
증서 (근거법령)	신고증 (시행규칙 제42조제8항)	등록증 (시행규칙 제43조의2 제3항)	허가증 (시행규칙 제40조제4항)
장부 (근거법령)	영업신고 관리대장 (시행규칙 제42조제9항)	영업등록 관리대장 (시행규칙 제43조의2 제4항)	영업허가 관리대장 (시행령 제40조제4항)

Ⅱ. 구체적인 내용의 분석

1. 신고·등록·허가 대상 영업의 분류 기준

식품위생법령은 영업을 허가대상 영업, 신고대상 영업, 등록대상 영업으로 분류하고 있다. 어떤 기준으로 위와 같이 분류하였는지를 살펴보면, 보다 엄격한 심사나 규제가 필요한 것은 허가대상 영업으로, 간단한 서류 심사나 규제만 요구되는 것은 신고대상 영업으로, 그 중간 영역의 영업은 등록대상 영업으로 규정하고 있다고 평가할 수 있다.

2. 행정청의 심사 범위

행정청의 심사범위는, 신고대상 영업의 경우 서류결재 후 지체 없이 신고증을 발급하도록 규정하고 있고, 등록·허가대상 영업의 경우 '현장 실사 및 시설조사 후' 등록증·허가증을 발급하도록 규정하고 있다. 신고대상 영업의 경우 소위 형식적 심사에 그치고, 등록·허가대상 영업의 경우 실질적 심사까지 하여야 함을 알 수 있다.

3. 조건의 부가 가능성

신고·등록 대상 영업에 관하여는 조건 부가에 관한 규정을 두고 있지 아니한 반면, 허가 대상 영업에 대하여는 조건을 부가할 수 있음을 명시적으로 규정하고 있다.

4. 영업금지 용어

제재처분의 일환으로 영업신고·등록·허가를 철회할 경우 용어의 사용에 차이가 있다. 신고영업의 경우 '영업소 폐쇄'라는 용어를, 등록·허가영업의 경우 등록취소·허가취소라는 용어를 사용하고 있다.

영업신고의 경우 신고취소 혹은 수리취소라는 용어가 아니라 영업소 폐쇄라는 용어를 사용한 이유는 신고 영업에서 말하는 신고는 수리를 요하지 않는 신고이므로 신고취소 내지 수리취소라는 용어를 사용하는 것은 논리적으로 문제가 있다고 보기 때문으로 보인다.

5. 미신고, 무등록, 무허가 영업시 처벌 내용

신고·등록·허가 없이 영업을 할 경우 그 처벌내용을 살펴보면 신고, 등록, 허가 순으로 보다 엄한 처벌이 규정되어 있다.

6. 증서나 장부

신고증, 등록증, 허가증 등의 증서나 신고대장, 등록대장, 허가대장 등 장부에 있어서는 신고, 등록, 허가 사이에 차이점이 없다.

제7절 영업의 승계

Ⅰ. 의의

식품위생법은 영업의 승계에 관한 규정을 두고 있다. 즉 식품위생법 제39조제1항은 "영업자가 영업을 양도하거나 사망한 경우 또는 법인이 합병한 경우에는 그 양수인·상속인 또는 합병 후 존속하는 법인이나 합병에 따라 설립되는 법인은 그 영업자의 지위를 승계한다"고 규정하고, 같은 조 제2항은 "다음 각 호(1. 민사집행법에 따른 경매, 2. 채무자 회생 및 파산에 관한 법률에 따른 환가, 3. 국세징수법, 관세법 또는 지방세징수법에 따른 압류재산의 매각, 4. 그 밖에 제1호부터 제3호까지의 절차에 준하는 절차)의 어느 하나에 해당하는 절차에 따라 영업 시설의 전부를 인수한 자는 그 영업자의 지위를 승계한다. 이 경우 종전의 영업자에 대한 영업 허가·등록 또는 그가 한 신고는 그 효력을 잃는다"고 규정하고 있다.

여기서 영업양도가 있다고 볼 수 있는지 여부는 영업양도로 인하여 구법상의 영업자의 지위가 양수인에게 승계되어 양도인에 대한 사업허가 등이 취소되는 효과가 발생함을 염두에 두고, 양수인이 유기적으로 조직화된 수익의 원천으로서의 기능적 재산을 이전받아 양도인이 하던 것과 같은 영업적 활동을 계속하고 있다고 볼 수 있는지에 따라 판단되어야 한다(대법원 2012. 1. 12. 선고 2011도6561 판결).

한편 위 규정과 관련하여 문제가 되는 것은 ① 영업자의 지위를 승계한다는 것의 의미를 어떻게 파악할 것인가, ② 지위승계신고와 그 수리행위의 법적성질은 무엇인지 등이 관련된 주요 쟁점이라고 할 수 있다.

Ⅱ. 영업자의 지위를 승계한다는 것의 의미

1. 의의

식품위생법 제39조제1항과 제2항은 일정한 경우 양수인 등이 "영업자의 지위를 승계한다"라고 규정하고 있다. 이 경우 영업자의 지위를 승계한다는 것의 구체적 의미는 무엇인가? 이는 위 규정을 공법상 권리·의무의 승계를 인정하기 위한 승계요건에 관한 규정으로 볼 수 있는가의 문제이기도 하다.

2. 학설

이에 대하여는 첫째, 승계란 법적 지위를 타인으로부터 파생적·유래적으로 취득하게 됨을 의미한다는 전제하에, 공법상의 의무뿐만 아니라 허가권과 같은 공법상의 권리에 대하여 까지도 이러한 어의(語義)대로의 승계를 인정할 수는 없다는 견해가 있다[10]. 그러나 이 견해에 의하면 위 승계 규정의 존재의미가 거의 상실된다는 문제가 있다.

둘째, 영업자의 지위를 승계한다는 것은 영업자의 모든 공법상의 권리 및 의무를 승계한다는 의미라고 해석하는 견해가 있다[11]. 하지만 다음과 같은 점에서 이 견해에는 찬성하기 힘들다. 먼저 공법상의 권리의 이전은 하나의 수익적 행위라고도 볼 수 있기 때문에 굳이 이를 부정할 이유는 없다. 하지만 공법상의 의무의 이전은 부담적 행위이고 이러한 부담적 행위에 대하여는 위와 같이 추상적 규정만으로 그 승계를 인정하기가 어렵다고 생각된다. 아울러 공법상의 의무라는 것도 자세히 살펴보면 일의적인 것이 아니라 조세 등의 납부의무, 무허가건물의 철거의무, 과거에 행정상의 제재처분을 받은 전력으로 인하여 향후 가중된 제재처분을 수인할 의무, 보고의무, 법령위반으로 제재처분을 받을 의무 등과 같이 그 태양이 극히 다양하다. 공법상 의무의 이러한 다양한 모습을 무시한 채 획일적으로 그 의무의 승계를 인정한다는 것은 타당하지 않다고 할 것이다. 따라서 승계되는 공법상 의무의 종류, 승계의 요건 등을 특정하는 그 밖의 개별적·구체적인 법적 근거없이 막연히 현재와 같은 추상적 규정만으로 다양한 공법상의 의무의 획일적인 승계를 인정하는 것은 법적 안정성을 해치고 아울러 법치행정 원칙의 핵심인 법률유보의 원칙에도 어긋난다고 할 것이다.

셋째, 영업양도 등에 따른 승계규정은 당해 영업활동을 규율하는 법령상의 권리의무관계만 승계되는 것으로 보되, 다만, 영업자의 당해 법령위반사유 및 그에 대한 제재처분도 당해 인·허가와 관련되는 행정상 법률관계에 속하는 것이므로 승계대상에 원칙적으로 포함될 수 있다고 보는 견해가 있다[12]. 이 견해는 '영업활동을 규율하는' 법령상의 권리의무관계라는 의미가 너무 추상적이어서 이는 결국 위 둘째의 견해에 귀결되고, 나아가 영업자의 법령위반사유 및 그에 대한 제재처분 효과까지에 대하여도 위 추상적인 규정만

10) 김중권, "공의무, 특히 철거의무 및 이행강제금납부의무의 승계에 관한 고찰", 공법연구, 제23집 제2호, 288면.

11) 임병수, "영업양도 등에 따른 허가 등 효과의 승계에 관한 기준 연구", 법제연구총서(제5집), 법제처, 291면.

12) 이경운, "영업자 지위승계신고의 수리와 행정절차-식품위생법상의 영업허가는 혼합적 허가인가-", 행정법연구 제15호, 2006. 05, 378면.

으로 승계를 인정함으로써 양수인의 지위를 저해할 우려가 크다는 비판이 제기될 수 있다.

생각건대 비록 위 승계 규정의 존재의미가 상실된다는 문제는 있으나 결국 첫째의 견해를 취할 수밖에 없다고 생각된다. 이러한 해석은 위 지위승계 신고에 대한 수리행위의 법적 성질과 관련하여 고찰하여 볼 때 더욱 그러하다.

Ⅲ. 지위승계의 절차

1. 지위승계의 신고

가. 관련 규정

식품위생법 제39조제1항 또는 제2항에 따라 그 영업자의 지위를 승계한 자는 총리령으로 정하는 바에 따라 1개월 이내에 그 사실을 식품의약품안전처장 또는 특별자치시장·특별자치도지사·시장·군수·구청장에게 신고하여야 한다(법 제39조제3항).

식품의약품안전처장 또는 특별자치시장·특별자치도지사·시장·군수·구청장은 제3항에 따른 신고를 받은 날부터 3일 이내에 신고수리 여부를 신고인에게 통지하여야 한다(법 제39조제4항).식품의약품안전처장 또는 특별자치시장·특별자치도지사·시장·군수·구청장이 제4항에서 정한 기간 내에 신고수리 여부 또는 민원 처리 관련 법령에 따른 처리기간의 연장을 신고인에게 통지하지 아니하면 그 기간(민원 처리 관련 법령에 따라 처리기간이 연장 또는 재연장된 경우에는 해당 처리기간을 말한다)이 끝난 날의 다음 날에 신고를 수리한 것으로 본다(법 제39조제5항).

나. 지위승계 신고의 법적 성질

식품위생법의 위 규정에서와 같이 ‘신고에 대해 수리여부를 통지하도록 규정하고 있는 경우’ 또는 ‘신고수리 간주규정이 있는 경우’에는 입법자가 수리를 요하는 신고로 규정한 취지가 명백한 것이므로 이는 수리를 요하는 신고로 보아야 한다. 행정기본법도 “법령등으로 정하는 바에 따라 행정청에 일정한 사항을 통지하여야 하는 신고로서 법률에 신고의 수리가 필요하다고 명시되어 있는 경우(행정기관의 내부 업무 처리 절차로서 수리를 규정한 경우는 제외한다)에는 행정청이 수리하여야 효력이 발생한다”(제34조)고 규정하여 이러한 취지를 분명히 하고 있다.

2. 제출서류

식품위생법 제39조제3항에 따른 영업자의 지위승계 신고를 하려는 자는 별지 제49호서식의 영업자 지위승계 신고서에 다음 각 호에서 정하는 바에 따른 서류를 첨부하여 허가관청, 신고관청 또는 등록관청에 제출해야 한다(시행규칙 제48조제1항).

가. 공통서류

① 영업허가증, 영업신고증 또는 영업등록증

② 영업자 지위 승계를 증명할 수 있는 다음의 서류

1) 양도의 경우: 양도·양수를 증명할 수 있는 서류 사본

2) 상속의 경우: 상속인임을 증명하는 서류

3) 그 밖에 해당 사유별로 영업자의 지위를 승계하였음을 증명할 수 있는 서류

나. 개별서류

①「다중이용업소의 안전관리에 관한 특별법 시행령」 제2조제1호 및 제1호의2의 영업:「다중이용업소의 안전관리에 관한 특별법」 제13조의2에 따른 화재배상책임보험에 가입하였음을 증명하는 서류

② 시행령 제21조제9호의 공유주방 운영업: 법 제44조의2 및 영 제30조에 따른 책임보험에 가입하였음을 증명하는 서류

3. 관할청의 확인서류

제1항에 따라 신청서를 제출받은 허가관청, 신고관청 또는 등록관청은「전자정부법」 제36조제1항에 따른 행정정보의 공동이용을 통해 다음 각 호의 구분에 따른 행정정보를 확인해야 한다. 다만, 신청인이 확인에 동의하지 않는 경우에는 그 사본을 첨부하도록 해야 한다(시행규칙 제48조제2항).

① 제49조에 따른 건강진단 대상자의 경우: 건강진단결과서

② 상속의 경우: 상속인의 가족관계증명서

허가관청은 신청인이 법 제38조제1항제8호에 해당하는지 여부를 내부적으로 확인할 수 없는 경우에는 제1항의 서류 외에 신원 확인에 필요한 자료를 제출하게 할 수 있다(시행규칙 제48조제4항).

4. 기타 절차

제1항에 따라 영업자의 지위승계 신고를 하려는 상속인이 제44조제1항에 따른 폐업신고를 함께 하려는 경우에는 제1항 각 호의 첨부서류 중 제1항제1호가목 및 같은 호 나

목2)의 서류(상속인이 영업자 지위승계 신고를 위임한 경우에는 같은 항 제1호라목의 서류를 포함한다)만을 첨부하여 제출할 수 있다(시행규칙 제48조제3항).

제1항에 따라 영업자 지위승계 신고를 하는 자가 제41조제2항제2호 및 제43조에 따라 영업소의 명칭 또는 상호를 변경하려는 경우에는 이를 함께 신고할 수 있다(시행규칙 제48조제5항).

Ⅳ. 지위승계 신고에 대한 수리행위의 법적성질

1. 지위승계 신고의 구체적 내용

식품위생법은 일정한 영업을 하기 위해서는 행정청의 허가·신고·등록을 받아야 함을 규정하면서(법 제37조제1항, 제4항, 제5항), 이어 이를 양도하는 등의 사유가 발생하는 경우 양수인 등이 영업자의 지위를 승계하며, 영업자의 지위를 승계한 양수인 등으로 하여금 이를 신고하도록 규정하고 있다(법 제39조).

이 때 행하여지는 신고가 앞서 살펴 본 바와 같이 수리를 요하는 신고인 것은 분명하지만, 그 신고의 구체적인 내용이 무엇인지는 또 다른 문제라고 할 수 있다. 생각건대, 이러한 신고는 양도대상이 된 영업의 법적 성질에 따라 개별적으로 판단되어져야 한다. 즉 허가영업 양도의 경우 그 신고는 허가신청으로, 수리를 요하는 신고영업 양도의 경우는 수리를 요하는 신고로, 등록영업 양도의 경우는 등록신청으로 보는 것이 통설의 입장이다. 만일 그렇지 않다면 허가·신고·등록 요건을 구비할 수 없는 자가 허가·신고·등록제를 회피하는 수단이 될 수 있기 때문이다[13].

2. 수리행위의 법적성질

위와 같이 지위승계에 대한 신고가 실질적으로 허가·신고·등록 신청의 일종으로 본다면 그에 대한 수리의 구체적인 의미는 무엇일까? 이에 대하여 판례는 영업양도에 따른 지위승계 신고를 행정청이 수리하는 행위는 단순히 양도·양수인 사이에 이미 발생한 사법상의 영업양도의 법률효과에 의하여 양수인이 그 영업을 승계하였다는 사실의 신고를 접수하는 행위에 그치는 것이 아니라, 양도자에 대한 영업허가 등을 취소함과 아울러 양수자에게 적법하게 영업을 할 수 있는 지위를 설정하여 주는 행위로서 영업허가자 등의 변경이라는 법률효과를 발생시키는 행위로 보고 있다(대법원 2020. 3. 26. 선고 2019두38830 판결 등).

13) 홍정선, 행정법원론(상)(제19판), 2011, 192면.

대법원 1995. 2. 24. 선고 94누9146 판결 【일반유흥음식점허가취소처분취소】

가. 식품위생법 제25조 제3항에 의한 영업양도에 따른 지위승계신고를 수리하는 행위의 성질: 식품위생법 제25조 제3항에 의한 영업양도에 따른 지위승계신고를 수리하는 허가관청의 행위는 단순히 양도·양수인 사이에 이미 발생한 사법상의 사업양도의 법률효과에 의하여 양수인이 그 영업을 승계하였다는 사실의 신고를 접수하는 행위에 그치는 것이 아니라, 영업허가자의 변경이라는 법률효과를 발생시키는 행위라고 할 것이다.

나. 사실상 영업이 양도·양수되었지만 아직 승계신고 및 수리처분이 있기 이전의 경우, 행정제재처분사유 유무의 판단기준이 되는 대상자 및 위반행위에 대한 행정책임이 귀속되는 자: 사실상 영업이 양도·양수되었지만 아직 승계신고 및 그 수리처분이 있기 이전에는 여전히 종전의 영업자인 양도인이 영업허가자이고, 양수인은 영업허가자가 되지 못한다 할 것이어서 행정제재처분의 사유가 있는지 여부 및 그 사유가 있다고 하여 행하는 행정제재처분은 영업허가자인 양도인을 기준으로 판단하여 그 양도인에 대하여 행하여야 할 것이고, 한편 양도인이 그의 의사에 따라 양수인에게 영업을 양도하면서 양수인으로 하여금 영업을 하도록 허락하였다면 그 양수인의 영업 중 발생한 위반행위에 대한 행정적인 책임은 영업허가자인 양도인에게 귀속된다고 보아야 할 것이다.

다. "나"항의 경우, 식품위생법 제61조의 적용가능성 여부: 양수인이 양도인으로부터 그 지분을 양수하고도 영업허가 명의를 양도인 앞으로 남겨 둔 채 단독으로 영업을 하던 중 일어난 위반행위 이외에 그 이전에 양도인이 주점에서 지정된 영업시간을 준수하지 아니하고 영업을 하던중 적발된 적이 있었다면 위 위반행위로써 양도인은 2차로 위반한 셈이 된다할 것이고, 여기에 영업양도가 있은 경우 종전의 영업자에 대하여 행한 행정제재처분의 효과가 양수인에게 승계되는지 여부에 관한 규정인 식품위생법 제61조의 적용 여부가 문제될 여지는 없다.

대법원 2001. 2. 9. 선고 2000도2050 판결 【식품위생법위반】

구 식품위생법상 영업자로부터 영업을 양수하여 영업자의 지위를 승계한 경우, 그 대가의 지급 여부 또는 양도인의 인감증명서 교부 여부와 무관하게 영업자지위승계신고를 할 의무가 있는지 여부(적극): 구 식품위생법(1997. 12. 13. 법률 제5453호로 개정되기 전의 것) 제25조 제1항, 제3항에 의하여 영업양도에 따른 지위승계신고를 수리하는 허가관청의 행위는, 단순히 양도·양수인 사이에 이미 발생한 사법상의 사업양도의 법률효과에 의하여 양수인이 그 영업을 승계하였다는 사실의 신고를 접수하는 행위에 그치는 것이 아니라, 실질에 있어서 양도자의 사업허가를 취소함과 아울러 양수자에게 적법히 사업을 할 수 있는 권리를 설정하여 주는 행위로서 사업허가자의 변경이라는 법률효과를 발생시키는 행위라고 할 것이고, 한편 구 식품위생법시행규칙(1998. 10. 19. 보건복지부령 제83호로 개정되기 전의 것) 제33조에 의하면, 위 법 제25조 제3항에 따라 영업자의 지위승계신고를 하고자 하는 자는 [별지 제33호 서식]에 의한 영업자지위승계신고서에 권리의 이전을 증빙하는 서류 및 양도인의 인감증명서 등을 첨부하여 허가 또는 신고관청에 제출하여야 한다고 하면서, 행방불명(주민등록법상 무단전출을 포함한다)

등으로 양도인의 인감증명서를 첨부하지 못하는 경우에는 허가 또는 신고관청이 사실확인 등을 통하여 양도·양수가 이루어졌다고 인정할 수 있는 때에는 이를 제출하지 아니할 수 있다고 규정되어 있음을 알 수 있는바, 이러한 법리와 관계 법령의 취지에 비추어 보면 구 식품위생법(1997. 12. 13. 법률 제5453호로 개정되기 전의 것)상 영업자로부터 영업을 양수하여 영업자의 지위를 승계한 자는, 그 대가의 지급여부 또는 양도인의 인감증명서 교부 여부와는 무관하게, 영업을 실제로 양수한 날부터 1월 이내에 소정의 절차에 따른 지위승계신고를 하여야 하고, 그러한 신고를 하지 아니한 채 양수받은 영업을 계속하였다면 위 식품위생법 소정의 신고의무를 다하지 아니한 것으로 해석하여야 한다.

대법원 2020. 3. 26. 선고 2019두38830 판결【시정명령취소청구】

식품위생법 제39조 제1항, 제3항에 의한 영업양도에 따른 지위승계 신고를 행정청이 수리하는 행위의 법률효과 및 양수인이 영업자 지위승계 신고서를 제출할 때 해당 영업장에서 적법하게 영업할 수 있는 요건을 갖추었다는 점에 관한 소명자료를 첨부해야 하는지 여부(적극) / 식품위생법 제37조 제4항, 식품위생법 시행령 제26조 제4호에 따른 영업장 면적 변경에 관한 신고의무가 이행되지 않은 영업을 양수한 자가 그 신고의무를 이행하지 않은 채 영업을 계속하는 경우, 시정명령 또는 영업정지 등 제재처분의 대상이 되는지 여부(적극): 식품위생법 제39조 제1항, 제3항에 의한 영업양도에 따른 지위승계 신고를 행정청이 수리하는 행위는 단순히 양도·양수인 사이에 이미 발생한 사법상의 영업양도의 법률효과에 의하여 양수인이 그 영업을 승계하였다는 사실의 신고를 접수하는 행위에 그치는 것이 아니라, 양도자에 대한 영업허가 등을 취소함과 아울러 양수자에게 적법하게 영업을 할 수 있는 지위를 설정하여 주는 행위로서 영업허가자 등의 변경이라는 법률효과를 발생시키는 행위이다. 따라서 양수인은 영업자 지위승계 신고서에 해당 영업장에서 적법하게 영업을 할 수 있는 요건을 모두 갖추었다는 점을 확인할 수 있는 소명자료를 첨부하여 제출하여야 하며(식품위생법 시행규칙 제48조 참조), 그 요건에는 신고 당시를 기준으로 해당 영업의 종류에 사용할 수 있는 적법한 건축물(점포)의 사용권원을 확보하고 식품위생법 제36조에서 정한 시설기준을 갖추어야 한다는 점도 포함된다.

영업장 면적이 변경되었음에도 그에 관한 신고의무가 이행되지 않은 영업을 양수한 자 역시 그와 같은 신고의무를 이행하지 않은 채 영업을 계속한다면 시정명령 또는 영업정지 등 제재처분의 대상이 될 수 있다.

제8절 식품 영업자의 의무

Ⅰ. 건강진단

1. 대상자

식품위생법 제40조제1항은 총리령으로 정하는 영업자 및 그 종업원으로 하여금 건강진단 의무를 부과하고 있다. 이에 따라 건강진단을 받아야 하는 사람은 식품 또는 식품첨가물(화학적 합성품 또는 기구 등의 살균·소독제는 제외한다)을 채취·제조·가공·조리·저장·운반 또는 판매하는 일에 직접 종사하는 영업자 및 종업원이다(시행규칙 제49조제1항 본문). 다만, 완전 포장된 식품 또는 식품첨가물을 운반하거나 판매하는 일에 종사하는 사람은 제외한다(시행규칙 제49조제1항 단서).

따라서 채취·제조·가공·조리·저장·운반·판매 등에 직접 종사하지 아니하는 영업자(법인의 경우 대표자) 등과 완전 포장된 식품 등을 운반·판매 하는 일에 종사하는 사람은 건강진단을 받지 아니하여도 무방하다.

또한 산업안전보건법 등 다른 법령에 따라 같은 내용의 건강진단을 받는 경우에는 식품위생법에 따른 건강진단을 받은 것으로 본다(법 제40조제1항 단서). 그러나 다른 법령에서 규정하고 있는 건강진단 항목과 '식품위생 분야 종사자의 건강진단 규칙'에 의한 진단항목 및 진단횟수가 서로 다르기 때문에 다른 법령에 따라 건강진단을 받은 사람일지라도 별도의 건강진단을 받아야 하는 경우가 있을 수 있다.

2. 진단항목 및 진단횟수

「식품위생 분야 종사자의 건강진단 규칙」(총리령 제1804호, 2022. 4. 28., 일부개정) 제2조제1항에서 규정하고 있는 건강진단의 대상 항목은 다음의 표와 같다.

아울러 위 건강진단을 받아야 하는 사람은 직전 건강진단 검진을 받은 날을 기준으로 매 1년마다 1회 이상 건강진단을 받아야 한다(식품위생 분야 종사자의 건강진단 규칙 제2조제2항).

건강진단 항목 및 횟수

대상	건강진단 항목	횟수
식품 또는 식품첨가물(화학적 합성품 또는 기구 등의 살균·소독제는 제외한다)을 채취·제조·가공·조리·저장·운반 또는 판매하는 데 직접 종사하는 사람. 다만, 영업자 또는 종업원 중 완전 포장된 식품 또는 식품첨가물을 운반하거나 판매하는데 종사하는 사람은 제외한다	1. 장티푸스(식품위생 관련 영업 및 집단급식소 종사자만 해당한다) 2. 폐결핵 3. 전염성 피부질환(한센병 등 세균성 피부질환을 말한다)	1회 이상/년

한편 성매개감염병의 예방을 위하여 종사자의 건강진단이 필요한 직업으로 보건복지부령으로 정하는 직업에 종사하는 자는 보건복지부령으로 정하는 바에 따라 성매개감염병에 관한 건강진단을 받아야 한다(감염병의 예방 및 관리에 관한 법률 제19조). 그리고 식품위생법 시행령 제22조제1항에 따른 유흥접객원은 이러한 건강진단 대상자에 해당된다. 그 건강진단 항목 및 진단횟수는 다음의 기준에 따른다(성매개감염병 및 후천성면역결핍증 건강진단규칙 제3조 별표).

성매개감염병 및 후천성면역결핍증 건강진단 대상자와 건강진단 항목 및 횟수

성매개감염병 및 후천성면역결핍증 건강진단 대상자	건강진단 항목 및 횟수		
	매독검사	HIV검사	그밖의 성매개감염병검사
식품위생법시행령 제22조제1항에 따른 유흥접객원	1회/3개월	1회/6개월	1회/3개월

3. 영업에 종사하지 못하는 질병

식품위생법 제40조제1항에 따라 건강진단을 받은 결과 타인에게 위해를 끼칠 우려가 있는 질병이 있다고 인정된 자는 그 영업에 종사하지 못한다(법 제40조제2항). 여기서 타인에게 위해를 끼칠 우려가 있는 질병의 종류는 다음과 같다(법 제40조제4항, 시행규칙 제50조).

①「감염병의 예방 및 관리에 관한 법률」 제2조제3호가목에 따른 결핵(비감염성인 경우는 제외한다)

②「감염병의 예방 및 관리에 관한 법률 시행규칙」 제33조제1항 각 호의 어느 하나에 해당하는 감염병

③ 피부병 또는 그 밖의 고름형성(화농성) 질환

④ 후천성면역결핍증(「감염병의 예방 및 관리에 관한 법률」 제19조에 따라 성매개감염병에 관한 건강진단을 받아야 하는 영업에 종사하는 사람만 해당한다)

영업자는 식품위생법 제40조제1항을 위반하여 건강진단을 받지 아니한 자나 제2항에 따른 건강진단 결과 타인에게 위해를 끼칠 우려가 있는 질병이 있는 자를 그 영업에 종사시키지 못한다(법 제40조제3항).

4. 위반시의 제재

건강진단을 받아야 할 자가 건강진단을 받지 아니하거나 건강진단 결과 타인에게 위해를 끼칠 우려가 있는 질병이 있다고 인정된 자가 종사할 수 없는 영업에 종사하는 경우에는 당해 종사자에 대하여 300만원 이하의 과태료를 부과한다(법 제101조제3항제1호, 제40조제1항). 아울러 이와 별도로 영업주에 대하여도 영업의 취소·정지 등 행정처분과 과태료를 부과한다(법 제75조제1항제9호, 제40조제3항, 법 제101조제3항제1호, 제40조제3항).

Ⅱ. 식품위생교육

1. 교육대상

가. 기존 영업자

대통령령으로 정하는 영업자 및 유흥종사자를 둘 수 있는 식품접객업 영업자의 종업원은 매년 식품위생에 관한 교육(이하 "식품위생교육"이라 한다)을 받아야 한다(법 제41조제1항). 이는 기존 영업자를 대상으로 하는 규정이다. 구체적으로 말하자면 식품제조·가공업자, 즉석판매제조·가공업자, 식품첨가물제조업자, 식품운반업자, 식품소분·판매업자(식용얼음판매업자 및 식품자동판매기영업자는 제외한다), 식품보존업자, 용기·포장류제조업자, 식품접객업자, 공유주방 운영업자는 매년 식품위생교육을 받아야 한다(시행령 제27조). 아울러 유흥종사자를 둘 수 있는 식품접객업 영업자의 종업원도 정기 식품위생교육의 대상이 된다.

나. 신규 영업자

식품위생법 제36조제1항 각 호에 따른 영업을 하려는 자는 미리 식품위생교육을 받아야 한다(법 제41조제2항본문). 다만, 부득이한 사유로 미리 식품위생교육을 받을 수 없는 경우에는 영업을 시작한 뒤에 식품의약품안전처장이 정하는 바에 따라 식품위생교육을 받을 수 있다(법 제41조제2항단서). 이는 신규 영업자를 대상으로 하는 규정이다. 구체적으로 말하자면 ① 식품 또는 식품첨가물의 제조업, 가공업, 운반업, 판매업 및 보존업, ② 기구 또는 용기·포장의 제조업, ③ 식품접객업, ④ 공유주방 운영업(제2조제5호의2에 따라 여러 영업자가 함께 사용하는 공유주방을 운영하는 경우로 한정한다)에 관한 영업을 하려는 자는 신규 식품위생교육을 받아야 한다(법 제41조제2항, 제36조제1항).

2. 식품위생교육기관

식품위생법 제41조제1항 및 제41조의2제8항에 따른 식품위생교육 및 위생관리책임자에 대한 교육을 실시하는 기관은 식품의약품안전처장이 지정·고시하는 식품위생교육전문기관, 식품위생법 제59조제1항에 따른 동업자조합 또는 식품위생법 제64조제1항에 따른 한국식품산업협회로 한다(시행규칙 제51조제1항).

식품위생교육전문기관의 운영과 식품위생교육 및 위생관리책임자에 대한 교육 내용에 관한 세부 사항은 식품의약품안전처장이 정한다(시행규칙 제51조제3항).

3. 교육시간

가. 기존 영업자

식품위생법 제41조제1항(제88조제3항에 따라 준용되는 경우를 포함한다)에 따라 영업자와 종업원이 받아야 하는 식품위생교육 시간은 다음 각 호와 같다(시행규칙 제52조제1항).

① 시행령 제21조제1호부터 제9호까지의 영업자[같은 조 제5호나목1)의 식용얼음판매업자와 같은 목 2)의 식품자동판매기영업자는 제외한다]: 3시간

② 시행령 제21조제8호라목에 따른 유흥주점영업의 유흥종사자: 2시간

③ 법 제88조제2항에 따라 집단급식소를 설치·운영하는 자: 3시간

나. 신규 영업자

식품위생법 제41조제2항(법 제88조제3항에 따라 준용되는 경우를 포함한다)에 따라 영업을 하려는 자가 받아야 하는 식품위생교육 시간은 다음 각 호와 같다(시행규칙 제52조제2항)

① 시행령 제21조제1호부터 제3호까지 및 제9호의 영업을 하려는 자 : 8시간

② 시행령 제21조제4호부터 제7호까지의 영업을 하려는 자 : 4시간

③ 시행령 제21조제8호의 영업을 하려는 자 : 6시간

④ 법 제88조제1항에 따라 집단급식소를 설치·운영하려는 자: 6시간

4. 교육의 간주, 면제 및 유예

가. 기존 영업자

제1항에 따라 식품위생교육을 받은 자가 다음 각 호의 어느 하나에 해당하는 경우에는 해당 영업에 대하여 제1항에 따른 식품위생교육을 받은 것으로 본다(시행규칙 제52조 제4항).

① 해당 연도에 제1항에 따른 교육을 받은 자가 기존 영업의 영업소가 속한 특별시·광역시·특별자치시·도·특별자치도의 관할 구역에서 교육받은 업종과 같은 업종으로 영업을 하고 있는 경우

② 해당 연도에 제1항에 따른 교육을 받은 자가 기존 영업의 허가관청·신고관청·등록관청과 같은 관할 구역에서 다음 각 목의 어느 하나에 해당하는 업종 중에서 같은 목의 다른 업종으로 영업을 하고 있는 경우

가. 시행령 제21조제1호에 따른 식품제조·가공업, 같은 조 제2호에 따른 즉석판매제조·가공업 및 같은 조 제3호에 따른 식품첨가물제조업

나. 시행령 제21조제5호가목의 식품소분업, 같은 호 나목의 유통전문판매업, 집단급식소 식품판매업 및 기타 식품판매업

다. 시행령 제21조제8호가목에 따른 휴게음식점영업, 같은 호 나목에 따른 일반음식점영업 및 같은 호 바목에 따른 제과점영업

라. 시행령 제21조제8호다목에 따른 단란주점영업 및 같은 호 라목에 따른 유흥주점영업

나. 신규 영업자

(1) 교육 간주

제1항 및 제2항에 따라 식품위생교육을 받은 자가 다음 각 호의 어느 하나에 해당하는 경우에는 해당 영업에 대한 신규 식품위생교육을 받은 것으로 본다(시행규칙 제52조제3항).

① 신규 식품위생교육을 받은 날부터 2년이 지나지 않은 자 또는 제1항에 따른 교육을 받은 날부터 1년이 지나지 아니한 자가 교육받은 업종과 같은 업종으로 영업을 하려는

경우

② 신규 식품위생교육을 받은 날부터 2년이 지나지 않은 자 또는 제1항에 따른 교육을 받은 날부터 1년이 지나지 아니한 자가 다음 각 목의 어느 하나에 해당하는 업종 중에서 같은 목의 다른 업종으로 영업을 하려는 경우

가. 시행령 제21조제1호의 식품제조·가공업, 같은 조 제2호의 즉석판매제조·가공업 및 같은 조 제3호의 식품첨가물제조업

나. 시행령 제21조제5호가목의 식품소분업, 같은 호 나목의 식용얼음판매업, 유통전문판매업, 집단급식소 식품판매업 및 기타 식품판매업

다. 시행령 제21조제8호가목의 휴게음식점영업, 같은 호 나목의 일반음식점영업 및 같은 호 바목의 제과점영업

라. 시행령 제21조제8호다목의 단란주점영업 및 같은 호 라목의 유흥주점영업

③ 시행령 제21조제1호부터 제3호까지의 어느 하나에 해당하는 영업에서 같은 조 제4호부터 제7호까지의 어느 하나에 해당하는 영업으로 업종을 변경하거나 그 업종을 함께 하려는 경우

④ 시행령 제21조제1호부터 제8호까지의 어느 하나에 해당하는 영업을 하는 자가 영 제21조제5호나목2)의 식품자동판매기영업으로 업종을 변경하거나 그 업종을 함께 하려는 경우

(2) 교육 면제

제2항에도 불구하고 조리사 면허, 영양사 면허, 위생사 면허를 받은 자가 제36조제1항제3호에 따른 식품접객업을 하려는 경우에는 식품위생교육을 받지 아니하여도 된다(법 제41조제4항).

(3) 교육 유예

식품위생법 제41조제2항에 따른 식품위생교육 대상자 중 영업준비상 사전교육을 받기가 곤란하다고 허가관청, 신고관청 또는 등록관청이 인정하는 자에 대해서는 영업허가를 받거나 영업신고 또는 영업등록을 한 후 3개월 이내에 허가관청, 신고관청 또는 등록관청이 정하는 바에 따라 식품위생교육을 받게 할 수 있다(시행규칙 제54조제2항)

다. 기타의 특칙

제1항 및 제2항에 따라 교육을 받아야 하는 자가 영업에 직접 종사하지 아니하거나 두 곳 이상의 장소에서 영업을 하는 경우에는 종업원 중에서 식품위생에 관한 책임자를

지정하여 영업자 대신 교육을 받게 할 수 있다. 다만, 집단급식소에 종사하는 조리사 및 영양사(「국민영양관리법」 제15조에 따라 영양사 면허를 받은 사람을 말한다. 이하 같다)가 식품위생에 관한 책임자로 지정되어 제56조제1항 단서에 따라 교육을 받은 경우에는 제1항 및 제2항에 따른 해당 연도의 식품위생교육을 받은 것으로 본다(법 제41조제3항).

5. 교육방법

가. 원칙

식품위생교육은 집합교육 또는 정보통신매체를 이용한 원격교육으로 실시한다. 다만, 제2항(제88조제3항에서 준용하는 경우를 포함한다)에 따라 영업을 하려는 자가 미리 받아야 하는 식품위생교육은 집합교육으로 실시한다(법 제41조제6항).

나. 특칙

제6항에도 불구하고 식품위생교육을 받기 어려운 도서·벽지 등의 영업자 및 종업원인 경우 또는 식품의약품안전처장이 「감염병의 예방 및 관리에 관한 법률」 제2조에 따른 감염병이 유행하여 국민건강을 해칠 우려가 있다고 인정하는 경우 등 불가피한 사유가 있는 경우에는 총리령으로 정하는 바에 따라 식품위생교육을 실시할 수 있다(법 제41조제7항). 식품위생법 제41조제7항에 따라 식품위생교육을 실시하는 경우에는 다음 각 호의 구분에 따른다(시행규칙 제54조제1항).

① 도서·벽지 등의 영업자 및 종업원의 경우: 제53조에 따른 교육교재를 배부하여 학습하도록 하는 방법(법 제41조제1항에 따라 식품위생교육을 받아야 하는 사람으로서 허가관청·신고관청 또는 등록관청이 인정하는 경우만 해당한다)

② 그 밖의 경우: 정보통신매체를 이용한 원격교육의 방법

6. 교육교재

시행규칙 제51조제1항에 따른 식품위생교육기관은 교육교재를 제작하여 교육 대상자에게 제공하여야 한다(시행규칙 제53조제1항).

식품위생교육 및 위생관리책임자에 대한 교육의 내용은 식품위생, 개인위생, 식품위생시책, 식품의 품질관리 등으로 한다(시행규칙 제51조제2항).

7. 교육실시기관의 보고의무 등

식품위생교육기관은 식품위생교육을 수료한 사람에게 수료증을 발급하고, 교육 실시

결과를 교육 후 1개월 이내에 허가관청, 신고관청 또는 등록관청에, 해당 연도 종료 후 1개월 이내에 식품의약품안전처장에게 각각 보고하여야 하며, 수료증 발급대장 등 교육에 관한 기록을 2년 이상 보관·관리하여야 한다(시행규칙 제53조제2항).

8. 위반시의 제재

영업자는 특별한 사유가 없는 한 식품위생교육을 받지 아니한 자를 그 영업에 종사하게 하여서는 아니 된다(법 제41조제5항). 영업자가 이를 위반한 경우에는 영업허가·등록의 취소·정지 등 행정상 제재를 받게 된다(법 제75조제1항제10호, 제41조제5항).

이와 아울러 식품위생교육대상자로서 위생교육을 받지 아니한 자(법 제41조제1항)와 식품위생교육 미이수자의 고용금지를 위반한 자(법 제41조제5항)는 과태료 처분을 받게 된다(법 제101조제4항제1호, 제41조제1항 및 제5항).

Ⅲ. 생산실적 등의 보고

1. 보고사항

식품 또는 식품첨가물을 제조·가공하는 영업자는 총리령으로 정하는 바에 따라 식품 및 식품첨가물을 생산한 실적 등을 식품의약품안전처장 또는 시·도지사에게 보고하여야 한다(법 제42조제2항). 영업자가 보고하여야 하는 사항은 영업의 종류, 제품명, 식품의 유형, 연간생산능력, 생산량(액) 및 국내·외 판매실적 등의 사항이 포함된다.

2. 보고시기 및 방법

생산실적 등의 보고는 별지 제50호서식에 따라 하되, 다음 해 2월 말일까지 해야 한다(시행규칙 제56조제1항). 영업자가 생산실적 등의 보고를 할 때에는 등록관청을 거쳐 식품의약품안전처장 또는 시·도지사(특별자치시장·특별자치도지사를 제외한다)에게 보고하여야 한다(시행규칙 제56조제2항).

Ⅳ. 영업의 제한

1. 관련규정

특별자치시장·특별자치도지사·시장·군수·구청장은 영업 질서와 선량한 풍속을 유지하는 데에 필요한 경우에는 영업자 중 식품접객영업자와 그 종업원에 대하여 영업시간 및 영업행위를 제한할 수 있다(법 제43조제1항). 제1항에 따른 제한 사항은 대통령령으로 정하는 범위에서 해당 특별자치시·특별자치도·시·군·구의 조례로 정한다(법 제43조제2항). 이를 위반한 경우에는 5년 이하의 징역 또는 5천만원 이하의 벌금에 처하거나 이를 병과할 수 있다(법 제95조제3호).

2. 제한요건

영업 질서와 선량한 풍속을 유지하는 데에 필요한 경우를 그 제한의 요건으로 하고 있다(법 제43조제1항).

3. 제한의 대상자

영업의 제한대상은 식품위생법상의 영업자 중 식품접객영업자 와 그 종업원이다. 따라서 식품접객영업자를 제외한 식품 등의 제조·가공업자 등 그 밖의 식품영업자는 제한의 대상에서 제외된다. 이는 본 규정의 제한 취지가 영업 질서와 선량한 풍속을 유지하기 위함에 있음을 고려할 때, 풍속 등과 밀접한 관련이 없는 제조업자 등은 당연히 제한대상에서 제외된다고 보아야 할 것이기 때문이다.

한편 영업의 허가(신고·등록) 없는 자가 영업이 금지된 시간에 영업을 하였을 경우 무허가(무신고·무등록) 영업과 시간외 영업의 수죄가 성립될 것인지 아니면 무허가(무신고·무등록) 영업만이 성립할 것인지에 관하여는 다음과 같은 견해의 대립이 있다[14].

가. 무허가(무신고·무등록) 영업만이 성립한다는 견해

첫째, 식품위생법 제43조의 규정을 문리적으로 해석하면 그 규율대상은 영업자라고 할 수 있다. 그리고 식품위생법 제2조제10호는 제37조제1항에 따라 영업허가를 받은 자나 같은 조 제4항에 따라 영업신고를 한 자 또는 같은 조 제5항에 따라 영업등록을 한 자를 영업자로 규정하고 있다. 그러므로 시간외 영업의 주체는 허가를 받거나 신고 또는 등록을 한 적법한 영업자라고 할 것이다. 결국 무허가(무신고·무등록) 영업자는 영업시간의 제한을 준수하여야 할 의무를 부담하는 자라고 할 수 없고 이를 위반하더라도 시간외 영업으로 처벌할 수가 없는 것이다.

둘째, 무허가 영업을 내용으로 하는 식품위생법위반죄[15]가 시간외 영업을 내용으로

---

14) 권태호, 앞의 논문, 494-496면. 참조

15) 식품위생법 제94조(벌칙) ① 다음 각 호의 어느 하나에 해당하는 자는 10년 이하의 징역 또는

하는 식품위생법위반죄보다 법정형이 중하므로 시간외 영업을 내용으로 하는 식품위생법위반죄는 무허가 영업을 내용으로 하는 식품위생법위반죄로 이미 평가가 되었다고 볼 수 있다. 무허가 영업자가 영업이 금지된 시간에 영업을 하더라도 시간외 영업으로 굳이 처벌할 필요가 없는 것이다.

셋째, 무허가(무신고·무등록) 영업과 시간외 영업의 요건을 모두 충족시킨다고 하더라도, 무허가(무신고·무등록) 영업으로 공소제기하면서 시간외 영업까지 포함시키는 것은 절차상 번잡할 뿐 아니라 형사 정책적으로도 무허가(무신고·무등록) 영업으로 처벌함으로써 그 목적은 충분히 달성할 수 있다.

나. 경합범이 성립한다는 견해

첫째, 식품위생법 제43조의 규정이 허가를 받거나 신고 또는 등록을 한 영업자에 대하여 영업시간 등의 제한을 준수할 의무를 부과한 것이라는 점에 대하여는 이론의 여지가 없다. 그러나 영업시간 제한위반을 처벌하는 규정에서는 그 주체가 허가를 받거나 신고 또는 등록을 한 적법한 영업자에 한정된다는 명문의 규정이 없을 뿐 아니라 위와 같이 한정하여 해석한다면 무허가(무신고·무등록) 영업자가 허가를 받거나 신고 또는 등록을 한 영업자보다 더 보호를 받게 되는 불합리한 결과가 발생한다.

둘째, 시간외 영업은 무허가(무신고·무등록) 영업과 그 보호법익을 달리한다고 보아야 한다. 무허가(무신고·무등록) 영업은 국민보건의 안전 및 위생보호를 보호법익으로 하는 반면에, 시간외 영업은 영업질서와 선량한 풍속의 유지를 보호법익으로 한다. 그러므로 시간외 영업을 내용으로 하는 식품위생법위반죄가 무허가 영업을 내용으로 하는 식품위생법위반죄보다 법정형이 낮다는 사실만으로 그 죄에 의하여 완전히 평가되어 흡수된다고 할 수는 없다.

더구나 무신고 영업을 내용으로 하는 식품위생법위반죄[16]의 경우 시간외 영업을 내용으로 하는 식품위생법위반죄보다 법정형이 오히려 낮으므로 시간외 영업으로 처벌할

1억원 이하의 벌금에 처하거나 이를 병과할 수 있다.
1-2 (생략)
3. 제37조제1항을 위반한 자

16) 식품위생법 제97조(벌칙) 다음 각 호의 어느 하나에 해당하는 자는 3년 이하의 징역 또는 3천만원 이하의 벌금에 처한다.
1. 제12조의2제2항, 제17조제4항, 제31조제1항·제3항, 제37조제3항·제4항, 제39조제3항, 제48조제2항·제10항, 제49조제1항 단서 또는 제55조를 위반한 자
2-10호 (생략)

필요성이 더욱 절실하다.

셋째, 무허가(무신고·무등록) 영업과 시간외 영업이 성립할 경우 무허가(무신고·무등록) 영업만으로 처벌하여도 형사정책적 목적을 달성할 수 있을지는 의문이다. 실무상 수사기관과 재판기관이 양형을 함에 있어서 시간외 영업도 성립한다는 사정을 고려한다는 것은 드문 일이다. 허가(신고·등록)를 받은 적법한 영업자에 대하여만 영업시간제한을 준수하도록 하여서는 영업시간을 제한한 입법목적을 달성하기 어려울 것이다.

넷째, 허가를 받거나 신고 또는 등록을 한 적법한 영업자의 시간외 영업보다 무허가(무신고·무등록) 영업자의 시간외 영업을 규제할 필요성이 실천적으로 더 크다.

다. 판례의 입장

판례는 영업제한의 대상자는 영업신고를 하거나 영업허가를 받아 적법하게 식품접객업 등을 할 수 있는 영업자만이 규제대상이 되고, 영업자가 허가를 취소당한 경우나 영업정지명령을 받아 정지기간 중에 있는 경우에는 영업제한의 대상자가 되지 아니한다고 보고 있다(대법원 1993. 5. 25. 선고 93도436 판결).

대법원 1993. 5. 25. 선고 93도436 판결 【식품위생법위반】

식품접객영업자가 영업정지명령에 위반하여 영업을 하면서 식품위생법 제30조, 제31조 및 같은법시행규칙 제42조 별표 13의 규정을 위반한 경우 같은 법 제30조, 제31조 위반죄를 구성하는지 여부(소극): 식품위생법 제30조, 제31조 및 같은법시행규칙 제42조 별표 13의 각 규정은 영업허가를 받아 적법하게 식품접객업 등을 할 수 있는 영업자만이 규제대상이 되고, 영업자가 허가를 취소당한 경우나 영업정지명령을 받아 정지 기간 중에 있는 경우에는 적법한 영업을 할 수 있는 자라고 볼 수 없어 규제대상이 아니라 할 것이므로 영업정지명령에 위반하여 영업을 하면서 위 각 규정을 위반한 행위에 대하여는 같은 법 제30조와 제31조 위반죄로 처벌할 수 없다(대법원 1993. 5. 25. 선고 93도436 판결)

4. 제한의 범위

식품위생법은 식품접객업의 영업시간 및 영업행위에 대하여만 제한을 가하고 있다. 그런데 실제로 영업시간의 경우에는 세부 업종별로 다시 이를 차등하여 제한하는 경우가 있다. 다만 법 제43조제2항에 따라 특별자치시·특별자치도·시·군·구의 조례로 영업을 제한하는 경우 영업시간의 제한은 1일당 8시간 이내로 하여야 한다(시행령 제28조). 아울러 영업행위에 대하여는 미성년자에 대한 출입제한 및 주류판매금지, 혐오식품 등의 조리 판매행위의 금지, 휴게음식점에서의 주류판매와 진열금지, 허가받은 이외의 다른 영업행위 금지 등 식품접객업의 영업자 준수사항 등에서 구체적으로 그 제한행위를 규정하고 있다.

5. 제한의 방식

식품접객업의 영업시간 및 영업행위에 대한 제한은 특별자치시장·특별자치도지사·시장·군수·구청장이 행하며, 그 제한사항은 대통령령으로 정하는 범위에서 해당 특별자치시·특별자치도·시·군·구의 조례로 정한다(법 제43조제2항).

대법원 1993. 10. 26. 선고 93초104 판결 【위헌법률제청신청】

식품위생법 제30조(*현행 제43조에 해당)의 위헌 여부: 보건사회부장관이 공익상 또는 선량한 풍속을 유지하기 위하여 필요하다고 인정하는 때에는 식품접객영업자에 대하여 영업시간에 관한 필요한 제한을 할 수 있도록 한 식품위생법 제30조는 공공복리와 질서유지를 위하여 필요한 제한을 하고 있는 것으로서, 그 제한이 자유와 권리의 본질적 내용을 침해하거나 국민의 평등권을 침해하여 헌법 제37조 제1항, 제2항 후단, 제11조 등에 위반되는 위헌의 규정이라 할 수 없다(대법원 1993. 10. 26. 선고 93초104 판결).

헌법재판소 2000. 7. 20. 선고 99헌마455 전원재판부

가. 식품위생법시행령 제7조 제8호 라목의 유흥주점 영업행위 중 "무도장을 갖추고 손님으로 하여금 춤을 추게 하는 행위"를 오전 9시부터 오후 5시까지 제한하는 식품접객업소영업행위제한기준이 직업행사의 자유를 침해하는지 여부(소극): 위 기준의 입법목적은 국민경제가 어려운 시기에 과소비, 사치, 향락분위기 등의 재발을 막고 건전한 사회기풍을 조성하기 위한 것으로서 그 목적의 정당이 인정되고, 무도영업행위에 대한 영업시간의 제한은 위와 같은 입법목적을 달성하기 위한 적절한 방법이라고 할 수 있으며, 위 기준에 의한 직업행사의 자유의 제한은 피해의 최소성 및 법익의 균형성의 원칙에도 위배되지 아니하므로, 위 기준이 과잉금지의 원칙에 위배하여 청구인의 직업행사의 자유를 침해하였다고 볼 수 없다.

나. 위 기준이 평등권을 침해하는지 여부(소극): 위 기준은 주간무도영업행위를 하는 모든 유흥주점업종에 적용되는 것으로서 비단 카바레에만 적용되는 것이 아닐 뿐만 아니라, 가사 실제로 카바레의 영업행위만을 제한하는 결과가 된다고 하더라도 이는 주간무도영업행위로 인한 폐해를 고려한 것으로서 청구인을 비롯한 카바레영업자를 합리적 이유 없이 자의적으로 차별하는 것이라고 할 수 없고, 관광특구의 카바레영업자의 주간무도영업행위를 허용하는 것은 관광사업을 육성함으로써 관광진흥에 이바지하기 위한 것으로서 이를 두고 청구인을 비롯한 관광특구 이외의 지역의 카바레영업자를 합리적 이유 없이 자의적으로 차별하는 것이라고는 할 수 없다.

대법원 2000. 6. 9. 선고 2000도764 판결 【식품위생법위반】

일반음식점에 대한 영업시간제한 규정의 폐지로 그 전에 범한 위반행위의 가벌성이 소멸되는지 여부(소극): 식품위생법 제30조의 규정에 의하여 단란주점의 영업시간을 제한하고 있던 보건복지부 고시가 유효기간 만료로 실효되어 그 영업시간 제한이 해제됨으로써 그 후로는 이 사건과 같은 영업시간제한 위반행위를 더 이상 처벌할 수 없게 되기는 하였으나, 이와 같은 영업시간제한의 해제는 법률 이념의 변천으로 종래의 규정에 따른 처벌 자체가 부당하다는 반성적 고려에서 비롯된 것이라기보다는 사회상황의 변화에 따른 식품접객업소의 영업시간제한 필요성의 감소와 그 위반행위의 단속과정에서 발생하는 부작용을 줄이기 위한 특수한 정책적인 필요 등에 대처하기 위하여 취하여진 조치에 불과하므로, 위와 같이 영업시간제한이 해제되었다고 하더라도 그 이전에 범하여진 피고인의 이 사건 위반행위에 대한 가벌성이 소멸되는 것은 아니다(대법원 2000. 6. 9. 선고 2000도764 판결).

한편 특별자치시장·특별자치도지사·시장·군수·구청장이 행하는 위 영업시간 및 영업행위에 대한 제한이 자치사무인지 아니면 기관위임사무에 해당하는지에 관하여는 논란이 있을 수 있다. 원래 자치사무와는 달리 기관위임사무에 관하여는 조례를 제정할 수 없는 것이 원칙이나, 개별법령에서 그 중 일정한 사항을 조례로 정하도록 위임하고 있는 경우에는 위임조례를 정하는 것도 가능하다. 그런데 식품위생법에서 위와 같이 일정한 제한사항을 조례로 정하도록 위임하고 있으므로 위 사무의 성질을 어떻게 보든지 실무상 별다른 문제는 없다고 할 것이다.

대법원 1999. 9. 17. 선고 99추30 판결 【울진군발전소주변지역지원산업시행에관한조례무효확인청구의소】

[1] **지방자치단체가 기관위임사무에 관하여 조례를 제정할 수 있는지 여부(소극)**: 헌법 제117조 제1항과 지방자치법 제15조에 의하면 지방자치단체는 법령의 범위 안에서 그 사무에 관하여 자치조례를 제정할 수 있으나 이 때 사무란 지방자치법 제9조 제1항에서 말하는 지방자치단체의 자치사무와 법령에 의하여 지방자치단체에 속하게 된 단체위임사무를 가리키므로 지방자치단체가 자치조례를 제정할 수 있는 것은 원칙적으로 이러한 자치사무와 단체위임사무에 한하므로, 국가사무가 지방자치단체의 장에게 위임된 기관위임사무와 같이 지방자치단체의 장이 국가기관의 지위에서 수행하는 사무일 뿐 지방자치단체 자체의 사무라고 할 수 없는 것은 원칙적으로 자치조례의 제정범위에 속하지 않는다.

[2] **개별 법령에서 기관위임사무 중 일정 사항을 조례로 정하도록 위임받아 제정하는 이른바 위임조례의 제정 한계**: 기관위임사무에 있어서도 그에 관한 개별 법령에서 일정한 사항을 조례로 정하도록 위임하고 있는 경우에는 지방자치단체의 자치조례 제정권과 무관하게 이른바 위임조례

를 정할 수 있다고 하겠으나 이때에도 그 내용은 개별 법령이 위임하고 있는 사항에 관한 것으로서 개별 법령의 취지에 부합하는 것이라야만 하고, 그 범위를 벗어난 경우에는 위임조례로서의 효력도 인정할 수 없다(대법원 1999. 9. 17. 선고 99추30 판결).

Ⅴ. 영업자의 준수사항

1. 적용대상 영업자의 범위

다음에 해당하는 영업자와 그 종업원은 영업의 위생관리와 질서유지, 국민의 보건위생 증진을 위하여 영업의 종류에 따라 영업자 준수사항을 지켜야 한다(법 제44조제1항, 시행령 제29조제1항).

① 시행령 제21조제1호의 식품제조·가공업자

② 시행령 제21조제2호의 즉석판매제조·가공업자

③ 시행령 제21조제3호의 식품첨가물제조업자

④ 시행령 제21조제4호의 식품운반업자

⑤ 시행령 제21조제5호의 식품소분·판매업자

⑥시행령 제21조제6호가목의 식품조사처리업자

⑦ 제21조제8호의 식품접객업자

⑧ 제21조제9호의 공유주방 운영업자

2. 준수사항

가. 일반적(공통) 준수사항

위 적용대상 영업자와 그 종업원은 다음 각 호에 해당하는 사항을 지켜야 한다(법 제44조제1항).

① 「축산물 위생관리법」 제12조에 따른 검사를 받지 아니한 축산물 또는 실험 등의 용도로 사용한 동물은 운반·보관·진열·판매하거나 식품의 제조·가공에 사용하지 말 것

② 「야생생물 보호 및 관리에 관한 법률」을 위반하여 포획·채취한 야생생물은 이를 식품의 제조·가공에 사용하거나 판매하지 말 것

③ 소비기한이 경과된 제품·식품 또는 그 원재료를 제조·가공·조리·판매의 목적으로 소분·운반·진열·보관하거나 이를 판매 또는 식품의 제조·가공·조리에 사용하지 말 것

④ 수돗물이 아닌 지하수 등을 먹는 물 또는 식품의 조리·세척 등에 사용하는 경우에

는 「먹는물관리법」 제43조에 따른 먹는물 수질검사기관에서 총리령으로 정하는 바에 따라 검사를 받아 마시기에 적합하다고 인정된 물을 사용할 것. 다만, 둘 이상의 업소가 같은 건물에서 같은 수원(水源)을 사용하는 경우에는 하나의 업소에 대한 시험결과로 나머지 업소에 대한 검사를 갈음할 수 있다.

⑤ 제15조제2항에 따라 위해평가가 완료되기 전까지 일시적으로 금지된 식품 등을 제조·가공·판매·수입·사용 및 운반하지 말 것

⑥ 식중독 발생 시 보관 또는 사용 중인 식품은 역학조사가 완료될 때까지 폐기하거나 소독 등으로 현장을 훼손하여서는 아니 되고 원상태로 보존하여야 하며, 식중독 원인 규명을 위한 행위를 방해하지 말 것

⑦ 손님을 꾀어서 끌어들이는 행위를 하지 말 것

⑧ 그 밖에 영업의 원료관리, 제조공정 및 위생관리와 질서유지, 국민의 보건위생 증진 등을 위하여 총리령으로 정하는 사항

대법원 2010.6.10. 선고 2010두3473 판결 【과징금부과처분취소】

구 식품위생법 제31조 제1항(*현재의 식품위생법 제44조 제1항에 해당) 규정이 포괄위임입법금지의 원칙에 반하여 위헌인지 여부(소극): 구 식품위생법(2009. 2. 6. 법률 제9432호로 전부 개정되기 전의 것)은 식품으로 인한 위생상의 위해를 방지하고 식품영양의 질적 향상을 도모하며 식품에 관한 올바른 정보를 제공함으로써 국민보건의 증진에 이바지하는 데에 입법 목적이 있으며(제1조), 한편 식품산업의 발전에 따라 식품위생에 관한 기준도 달라질 수 있고 이에 대한 적절한 대처가 필요하지만 국회의 기술적·전문적 능력이나 시간적 적응능력에는 한계가 있을 뿐만 아니라, 규율대상인 식품 및 식품첨가물의 제조 또는 가공업의 종류 및 형태가 다양하여 이에 종사하는 자들이 준수하여야 할 세부적인 사항을 법률에서 구체적으로 정하기 어려우므로 이러한 식품위생에 관한 기준 등은 국회 제정의 법률에 비하여 탄력적인 행정입법에 위임할 필요성이 인정된다. 또한 위 법 제31조 제1항은 식품접객영업자 등이 지켜야 할 사항을 영업의 위생적 관리 및 질서유지와 국민보건위생의 증진을 위하여 필요한 사항으로 정하고 있는 등 그로부터 보건복지가족부령에 규정될 내용의 대강을 예측할 수 있어 헌법이 정한 위임입법의 한계를 준수하고 있다고 할 것이므로, 위 규정이 포괄위임입법금지의 원칙에 반하는 위헌규정이라고는 할 수 없다.

나. 개별적(업종별) 준수사항

(1) 식품제조·가공업자 및 식품첨가물제조업자와 그 종업원의 준수사항

식품제조·가공업자 및 식품첨가물제조업자와 그 종업원의 준수사항은 다음과 같다

(시행규칙 제57조 관련 [별표 17]).

① 생산 및 작업기록에 관한 서류와 원료의 입고·출고·사용에 대한 원료출납 관계 서류를 작성하되 이를 거짓으로 작성해서는 안된다. 이 경우 해당 서류는 최종 기재일부터 3년간 보관하여야 한다.

② 식품제조·가공영업자는 제품의 거래기록을 작성하여야 하고, 최종 기재일부터 3년간 보관하여야 한다.

③ 소비기한이 경과된 제품·식품 또는 그 원재료를 제조·가공·판매의 목적으로 운반·진열·보관(대리점으로 하여금 진열·보관하게 하는 경우를 포함한다)하거나 이를 판매(대리점으로 하여금 판매하게 하는 경우를 포함한다) 또는 식품의 제조·가공에 사용해서는 안 되며, 해당 제품·식품 또는 그 원재료를 진열·보관할 때에는 폐기용 또는 교육용이라는 표시를 명확하게 해야 한다

④ 식품제조·가공영업자는 장난감 등을 식품과 함께 포장하여 판매하는 경우 장난감 등이 식품의 보관·섭취에 사용되는 경우를 제외하고는 식품과 구분하여 별도로 포장하여야 한다. 이 경우 장난감 등은 「품질경영 및 공산품 안전관리법」 제14조제3항에 따른 제품검사의 안전기준에 적합한 것이어야 한다.

⑤ 식품제조·가공업자 또는 식품첨가물제조업자는 별표 14 제1호자목2) 또는 제3호에 따라 식품제조·가공업 또는 식품첨가물제조업의 영업등록을 한 자에게 위탁하여 식품 또는 식품첨가물을 제조·가공하는 경우에는 위탁한 그 제조·가공업자에 대하여 반기별 1회 이상 위생관리상태 등을 점검하여야 한다. 다만, 위탁하려는 식품과 동일한 식품에 대하여 법 제48조에 따라 식품안전관리인증기준적용업소로 인증받거나 「어린이 식생활안전관리 특별법」 제14조에 따라 품질인증을 받은 영업자에게 위탁하는 경우는 제외한다.

⑥ 식품제조·가공업자 및 식품첨가물제조업자는 이물이 검출되지 아니하도록 필요한 조치를 하여야 하고, 소비자로부터 이물 검출 등 불만사례 등을 신고 받은 경우 그 내용을 기록하여 2년간 보관하여야 하며, 이 경우 소비자가 제시한 이물과 증거품(사진, 해당 식품 등을 말한다)은 6개월간 보관하여야 한다. 다만, 부패하거나 변질될 우려가 있는 이물 또는 증거품은 2개월간 보관할 수 있다.

⑦ 식품제조·가공업자는 「식품 등의 표시·광고에 관한 법률」 제4조 및 제5조에 따른 표시사항을 모두 표시하지 않은 축산물, 「축산물 위생관리법」 제7조제1항을 위반하여 허가받지 않은 작업장에서 도축·집유·가공·포장 또는 보관된 축산물, 같은 법 제12조제1항·제2항에 따른 검사를 받지 않은 축산물, 같은 법 제22조에 따른 영업 허가를 받지 아니한 자가 도축·집유·가공·포장 또는 보관된 축산물 또는 같은 법 제33조제1항에 따른 축산물

또는 실험 등의 용도로 사용한 동물을 식품의 제조 또는 가공에 사용하여서는 아니 된다.

⑧ 수돗물이 아닌 지하수 등을 먹는 물 또는 식품의 제조·가공 등에 사용하는 경우에는 「먹는물관리법」 제43조에 따른 먹는 물 수질검사기관에서 1년(음료류 등 마시는 용도의 식품인 경우에는 6개월)마다 「먹는물관리법」 제5조에 따른 먹는 물의 수질기준에 따라 검사를 받아 마시기에 적합하다고 인정된 물을 사용하여야 한다.

⑨ 법 제15조제2항에 따라 위해평가가 완료되기 전까지 일시적으로 금지된 제품에 대하여는 이를 제조·가공·유통·판매하여서는 아니 된다.

⑩ 식품제조·가공업자가 자신의 제품을 만들기 위하여 수입한 반가공 원료 식품 및 용기·포장과 「대외무역법」에 따른 외화획득용 원료로 수입한 식품 등을 부패하거나 변질되어 또는 소비기한이 경과하여 폐기한 경우에는 이를 증명하는 자료를 작성하고, 최종 작성일부터 2년간 보관하여야 한다.

⑪ 법 제47조제1항에 따라 우수업소로 지정받은 자 외의 자는 우수업소로 오인·혼동할 우려가 있는 표시를 하여서는 아니 된다.

⑫ 법 제31조제1항에 따라 자가품질검사를 하는 식품제조·가공업자 또는 식품첨가물제조업자는 검사설비에 검사 결과의 변경 시 그 변경내용이 기록·저장되는 시스템을 설치·운영하여야 한다.

⑬ 초산($C_2H_4O_2$) 함량비율이 99% 이상인 빙초산을 제조하는 식품첨가물제조업자는 빙초산에 「품질경영 및 공산품안전관리법」 제2조제11호에 따른 어린이보호포장을 하여야 한다.

⑭ 식품제조·가공업자가 제조·가공 과정에서 생산한 반제품을 별표 14 제1호자목7)에 따라 일시적으로 보관하려는 때에는 그 반제품을 사용하여 제조·가공하려는 제품의 명칭, 보관조건, 보관조건에서 설정한 보관기한, 제조 및 반입일자를 표시하여 보관해야 한다. 이 경우 해당 제품의 입고·출고에 대한 기록을 작성하고, 최종 기재일부터 3년간 보관해야 한다.

⑮ 공유주방 운영업자와의 계약을 통해 공유주방을 사용하는 영업자는 다음 각 호의 사항을 준수해야 한다.

i) 영업자 간 원재료 및 제품을 공동으로 사용하지 말 것

ii) 위생관리책임자가 실시하는 위생교육을 매월 1시간 이상 받을 것

(2) 즉석판매제조·가공업자와 그 종업원의 준수사항

즉석판매제조·가공영업자와 그 종업원의 준수사항은 다음과 같다(시행규칙 제57조

관련 [별표 17]).

① 제조·가공한 식품을 판매를 목적으로 하는 사람에게 판매하여서는 아니 되며, 다음의 어느 하나에 해당하는 방법으로 배달하는 경우를 제외하고는 영업장 외의 장소에서 판매하여서는 아니 된다.

i) 영업자나 그 종업원이 최종소비자에게 직접 배달하는 경우

ii) 식품의약품안전처장이 정하여 고시하는 기준에 따라 우편 또는 택배 등의 방법으로 최종소비자에게 배달하는 경우

② 손님이 보기 쉬운 곳에 가격표를 붙여야 하며, 가격표대로 요금을 받아야 한다.

③ 영업신고증을 업소 안에 보관하여야 한다.

④「식품 등의 표시·광고에 관한 법률」 제4조 및 제5조에 따른 표시사항을 모두 표시하지 않은 축산물,「축산물 위생관리법」 제7조제1항을 위반하여 허가받지 않은 작업장에서 도축·집유·가공·포장 또는 보관된 축산물, 같은 법 제12조제1항·제2항에 따른 검사를 받지 않은 축산물, 같은 법 제22조에 따른 영업 허가를 받지 아니한 자가 도축·집유·가공·포장 또는 보관된 축산물 또는 같은 법 제33조제1항에 따른 축산물 또는 실험 등의 용도로 사용한 동물은 식품의 제조·가공에 사용해서는 안 된다. 다만, 자신이 직접 생산한 원유(原乳)를 원료로 하여 제조·가공하는 경우로서「축산물 위생관리법 시행규칙」 제12조 및 별표 4 제1호에 따른 검사에서 적합으로 판정된 원유는 식품의 제조·가공에 사용할 수 있다.

⑤「야생생물 보호 및 관리에 관한 법률」을 위반하여 포획한 야생동물은 이를 식품의 제조·가공에 사용하여서는 아니 된다.

⑥ 소비기한이 경과된 제품·식품 또는 그 원재료를 제조·가공·판매의 목적으로 운반·진열·보관하거나 이를 판매 또는 식품의 제조·가공에 사용해서는 안 되며, 해당 제품·식품 또는 그 원재료를 진열·보관할 때에는 폐기용 또는 교육용이라는 표시를 명확하게 해야 한다.

⑦ 수돗물이 아닌 지하수 등을 먹는 물 또는 식품의 조리·세척 등에 사용하는 경우에는「먹는물관리법」 제43조에 따른 먹는 물 수질검사기관에서 다음의 검사를 받아 마시기에 적합하다고 인정된 물을 사용하여야 한다. 다만, 둘 이상의 업소가 같은 건물에서 같은 수원(水原)을 사용하는 경우에는 하나의 업소에 대한 시험결과로 해당 업소에 대한 검사에 갈음할 수 있다.

i) 일부항목 검사: 1년마다(모든 항목 검사를 하는 연도의 경우는 제외한다)「먹는물 수질기준 및 검사 등에 관한 규칙」 제4조제1항제2호에 따른 마을상수도

의 검사기준에 따른 검사(잔류염소검사를 제외한다). 다만, 시·도지사가 오염의 염려가 있다고 판단하여 지정한 지역에서는 같은 규칙 제2조에 따른 먹는물의 수질기준에 따른 검사를 하여야 한다.

ii) 모든 항목 검사: 2년마다 「먹는물 수질기준 및 검사 등에 관한 규칙」 제2조에 따른 먹는 물의 수질기준에 따른 검사

⑧ 법 제15조제2항에 따라 위해평가가 완료되기 전까지 일시적으로 금지된 식품 등을 제조·가공·판매하여서는 아니 된다.

⑨ 공유주방 운영업자와의 계약을 통해 공유주방을 사용하는 영업자는 다음 각 호의 사항을 준수해야 한다.

i) 영업자 간 원재료 및 제품을 공동으로 사용하지 말 것

ii) 위생관리책임자가 실시하는 위생교육을 매월 1시간 이상 받을 것

(3) 식품소분·판매(식품자동판매기영업 및 집단급식소 식품판매업은 제외한다)·운반업자와 그 종업원의 준수사항

식품소분·판매(식품자동판매기영업 및 집단급식소 식품판매업은 제외한다)·운반업자와 그 종업원의 준수사항은 다음과 같다(시행규칙 제57조 관련 [별표 17]).

① 영업자간의 거래에 관하여 식품의 거래기록(전자문서를 포함한다)을 작성하고, 최종 기재일부터 2년 동안 이를 보관하여야 한다.

② 영업허가증 또는 신고증을 영업소 안에 보관하여야 한다.

③ 수돗물이 아닌 지하수 등을 먹는 물 또는 식품의 조리·세척 등에 사용하는 경우에는 「먹는물관리법」 제43조에 따른 먹는 물 수질검사기관에서 다음의 구분에 따라 검사를 받아 마시기에 적합하다고 인정된 물을 사용하여야 한다. 다만, 같은 건물에서 같은 수원을 사용하는 경우에는 하나의 업소에 대한 시험결과로 갈음할 수 있다.

i) 일부항목 검사: 1년마다(모든 항목 검사를 하는 연도의 경우를 제외한다) 「먹는물 수질기준 및 검사 등에 관한 규칙」 제4조제1항제2호에 따른 마을 상수도의 검사기준에 따른 검사(잔류염소검사를 제외한다). 다만, 시·도지사가 오염의 염려가 있다고 판단하여 지정한 지역에서는 같은 규칙 제2조에 따른 먹는 물의 수질기준에 따른 검사를 하여야 한다.

ii) 모든 항목 검사: 2년마다 「먹는물 수질기준 및 검사 등에 관한 규칙」 제2조에 따른 먹는 물의 수질기준에 따른 검사

④ 식품판매업자는 제1호마목을 위반한 식품을 판매하여서는 아니 된다.

⑤ 식품운반업자는 운반차량을 이용하여 살아있는 동물을 운반하여서는 아니 되며, 운반목적 외에 운반차량을 사용하여서는 아니 된다.

⑥「식품 등의 표시·광고에 관한 법률」제4조 및 제5조에 따른 표시사항을 모두 표시하지 않은 축산물,「축산물 위생관리법」제7조제1항을 위반하여 허가받지 않은 작업장에서 도축·집유·가공·포장 또는 보관된 축산물, 같은 법 제12조제1항·제2항에 따른 검사를 받지 않은 축산물, 같은 법 제22조에 따른 영업 허가를 받지 아니한 자가 도축·집유·가공·포장 또는 보관된 축산물 또는 같은 법 제33조제1항에 따른 축산물 또는 실험 등의 용도로 사용한 동물은 운반·보관·진열 또는 판매하여서는 아니 된다.

⑦ 소비기한이 경과된 제품·식품 또는 그 원재료를 판매의 목적으로 소분·운반·진열·보관하거나 이를 판매해서는 안 되며, 해당 제품·식품 또는 그 원재료를 진열·보관할 때에는 폐기용 또는 교육용이라는 표시를 명확하게 해야 한다.

⑧ 식품판매영업자는 즉석판매제조·가공영업자가 제조·가공한 식품을 진열·판매하여서는 아니 된다.

⑨ 식품소분·판매업자는 법 제15조제2항에 따라 위해평가가 완료되기 전까지 일시적으로 금지된 식품 등에 대하여는 이를 수입·가공·사용·운반 등을 하여서는 아니 된다.

⑩ 식품소분업자 및 유통전문판매업자는 소비자로부터 이물 검출 등 불만사례 등을 신고 받은 경우에는 그 내용을 2년간 기록·보관하여야 하며, 소비자가 제시한 이물과 증거품(사진, 해당 식품 등을 말한다)은 6개월간 보관하여야 한다. 다만, 부패하거나 변질될 우려가 있는 이물 또는 증거품은 2개월간 보관할 수 있다.

⑪ 유통전문판매업자는 제조·가공을 위탁한 제조·가공업자에 대하여 반기마다 1회 이상 위생관리 상태를 점검하여야 한다. 다만, 위탁받은 제조·가공업자가 위탁받은 식품과 동일한 식품에 대하여 법 제48조에 따른 식품안전관리인증기준적용업소인 경우 또는 위탁받은 식품과 동일한 식품에 대하여「어린이 식생활안전관리 특별법」제14조에 따라 품질인증을 받은 자인 경우는 제외한다.

⑫ 공유주방 운영업자와의 계약을 통해 공유주방을 사용하는 식품소분업자는 다음 각 호의 사항을 준수해야 한다.

i) 영업자 간 원재료 및 제품을 공동으로 사용하지 말 것

ii) 위생관리책임자가 실시하는 위생교육을 매월 1시간 이상 받을 것.

(4) 식품자동판매기영업자와 그 종업원의 준수사항

식품자동판매기영업자와 그 종업원의 준수사항은 다음과 같다(시행규칙 제57조 관련

[별표 17]).

① 자판기용 제품은 적법하게 가공된 것을 사용해야 하며, 소비기한이 경과된 제품·식품 또는 그 원재료를 판매의 목적으로 진열·보관하거나 이를 판매해서는 안 되며, 해당 제품·식품 또는 그 원재료를 진열·보관할 때에는 폐기용 또는 교육용이라는 표시를 명확하게 해야 한다.

② 자판기 내부의 정수기 또는 살균장치 등이 낡거나 닳아 없어진 경우에는 즉시 바꾸어야 하고, 그 기능이 떨어진 경우에는 즉시 그 기능을 보강하여야 한다.

③ 자판기 내부(재료혼합기, 급수통, 급수호스 등)는 하루 1회 이상 세척 또는 소독하여 청결히 하여야 하고, 그 기능이 떨어진 경우에는 즉시 교체하여야 한다.

④ 자판기 설치장소 주변은 항상 청결하게 하고, 뚜껑이 있는 쓰레기통 또는 종이컵 수거대(종이컵을 사용하는 자판기만 해당한다)를 비치하여야 하며, 쥐·바퀴 등 해충이 자판기 내부에 침입하지 아니하도록 하여야 한다.

⑤ 매일 위생상태 및 고장여부를 점검하여야 하고, 그 내용을 다음과 같은 점검표에 기록하여 보기 쉬운 곳에 항상 비치하여야 한다.

점검일시	점검자	점검결과		비고
		내부청결상태	정상가동여부	

⑥ 자판기에는 영업신고번호, 자판기별 일련관리번호(제42조제7항에 따라 2대 이상을 일괄신고한 경우에 한한다), 제품의 명칭 및 고장시의 연락전화번호를 12포인트 이상의 글씨로 판매기 앞면의 보기 쉬운 곳에 표시하여야 한다.

(5) 집단급식소 식품판매업자와 그 종업원의 준수사항

집단급식소 식품판매업자와 그 종업원의 준수사항다음과 같다(시행규칙 제57조 관련 [별표 17]).

① 영업자는 식품의 구매·운반·보관·판매 등의 과정에 대한 거래내역을 2년간 보관하여야 한다.

② 「식품 등의 표시·광고에 관한 법률」 제4조 및 제5조에 따른 표시사항을 모두 표시하지 않은 축산물, 「축산물 위생관리법」 제7조제1항을 위반하여 허가받지 않은 작업장에서 도축·집유·가공·포장 또는 보관된 축산물, 같은 법 제12조제1항·제2항에 따른 검사를 받지 않은 축산물, 같은 법 제22조에 따른 영업 허가를 받지 아니한 자가 도축·집유·가공·포장 또는 보관된 축산물 또는 같은 법 제33조제1항에 따른 축산물, 실험 등의 용도로 사용한 동물 또는 「야생동·식물보호법」을 위반하여 포획한 야생동물은 판매하여서는 아

니 된다.

③ 냉동식품을 공급할 때에 해당 집단급식소의 영양사 및 조리사가 해동(解凍)을 요청할 경우 해동을 위한 별도의 보관 장치를 이용하거나 냉장운반을 할 수 있다. 이 경우 해당 제품이 해동 중이라는 표시, 해동을 요청한 자, 해동 시작시간, 해동한 자 등 해동에 관한 내용을 표시하여야 한다.

④ 작업장에서 사용하는 기구, 용기 및 포장은 사용 전, 사용 후 및 정기적으로 살균·소독하여야 하며, 동물·수산물의 내장 등 세균의 오염원이 될 수 있는 식품 부산물을 처리한 경우에는 사용한 기구에 따른 오염을 방지하여야 한다.

⑤ 소비기한이 경과된 제품·식품 또는 그 원재료를 판매의 목적으로 운반·진열·보관하거나 이를 판매해서는 안 되며, 해당 제품·식품 또는 그 원재료를 진열·보관할 때에는 폐기용 또는 교육용이라는 표시를 명확하게 해야 한다.

⑥ 수돗물이 아닌 지하수 등을 먹는 물 또는 식품의 조리·세척 등에 사용하는 경우에는 「먹는물관리법」 제43조에 따른 먹는 물 수질검사기관에서 다음의 검사를 받아 마시기에 적합하다고 인정된 물을 사용하여야 한다. 다만, 둘 이상의 업소가 같은 건물에서 같은 수원을 사용하는 경우에는 하나의 업소에 대한 시험결과로 해당 업소에 대한 검사에 갈음할 수 있다.

i) 일부항목 검사: 1년(모든 항목 검사를 하는 연도는 제외한다) 마다 「먹는물 수질기준 및 검사 등에 관한 규칙」 제4조에 따른 마을상수도의 검사기준에 따른 검사(잔류염소검사는 제외한다)를 하여야 한다. 다만, 시·도지사가 오염의 염려가 있다고 판단하여 지정한 지역에서는 같은 규칙 제2조에 따른 먹는 물의 수질기준에 따른 검사를 하여야 한다.

ii) 모든 항목 검사 : 2년마다 「먹는물 수질기준 및 검사 등에 관한 규칙」 제2조에 따른 먹는 물의 수질기준에 따른 검사

⑦ 법 제15조에 따른 위해평가가 완료되기 전까지 일시적으로 금지된 식품 등을 사용하여서는 아니 된다.

⑧ 식중독 발생 시 보관 또는 사용 중인 식품은 역학조사가 완료될 때까지 폐기하거나 소독 등으로 현장을 훼손하여서는 아니 되고 원상태로 보존하여야 하며, 식중독 원인 규명을 위한 행위를 방해하여서는 아니 된다.

(6) 식품조사처리업자 및 그 종업원의 준수사항

식품조사처리업자는 조사연월일 및 시간, 조사대상식품명칭 및 무게 또는 수량, 조사

선량 및 선량보증, 조사목적에 관한 서류를 작성하여야 하고, 최종 기재일부터 3년간 보관하여야 한다(시행규칙 제57조 관련 [별표 17]).

(7) 식품접객영업자(위탁급식영업자를 제외한다)와 그 종업원의 준수사항

(가) 청소년보호의무

식품접객영업자는 청소년보호법 제2조의 규정에 의한 청소년(이하 이 항에서 "청소년"이라 한다)에 대하여 다음 각 호의 어느 하나에 해당하는 행위를 하여서는 아니 된다(법 제44조제2항). 청소년보호법상의 "청소년"이란 만 19세 미만인 사람을 말한다. 다만, 만 19세가 되는 해의 1월 1일을 맞이한 사람은 제외한다(청소년보호법 제2조제1호).

① 청소년을 유흥접객원으로 고용하여 유흥행위를 하게 하는 행위

②「청소년 보호법」 제2조제5호가목3)에 따른 청소년출입·고용 금지업소에 청소년을 출입시키거나 고용하는 행위

③「청소년 보호법」 제2조제5호나목3)에 따른 청소년고용금지업소에 청소년을 고용하는 행위

④ 청소년에게 주류(酒類)를 제공하는 행위

대법원 2005. 5. 27. 선고 2005두2223 판결【영업정지처분취소】

음식점 운영자가 술을 내어 놓을 당시에는 성년자들만이 술을 마시다가 나중에 청소년이 합석하여 술을 마신 경우, 식품위생법 제31조 제2항 제4호에 규정된 '청소년에게 주류를 제공하는 행위'에 해당하는지 여부(한정 소극): 음식점을 운영하는 사람이 그 음식점에 들어온 사람들에게 술을 내어 놓을 당시에는 성년자들만이 있었고 그들끼리만 술을 마시다가 나중에 청소년이 들어와서 합석하게 된 경우에는, 처음부터 음식점 운영자가 나중에 그렇게 청소년이 합석하리라는 것을 예견할 만한 사정이 있었거나, 청소년이 합석한 후에 이를 인식하면서 추가로 술을 내어 준 경우가 아닌 이상, 나중에 합석한 청소년이 남아 있던 술을 일부 마셨다고 하더라도 음식점 운영자가 식품위생법 제31조 제2항 제4호에 규정된 '청소년에게 주류를 제공하는 행위'를 하였다고 볼 수는 없다.

대법원 2004. 2. 12. 선고 2003도6282 판결【청소년보호법위반】

[1] 청소년보호법이 주로 주류의 조리·판매를 목적으로 하는 영업을 청소년고용금지업소로 규정한 취지: 청소년보호법이 '일반음식점 영업 중 음식류의 조리·판매보다는 주로 주류의 조리·판매를 목적으로 하는 소주방·호프·카페 등의 영업형태로 운영되는 영업'을 청소년고용금지업소의 하나로 규정하고 있는 이유는 그러한 업소에 청소년이 고용되어 근로할 경우 주류에 쉽게

접촉되어 고용청소년의 건전한 심신발달에 장애를 유발할 우려가 있고 또한 고용청소년에게 유해한 근로행위의 요구가 우려되므로 이를 방지하기 위한 데 있다.

[2] 일반음식점 영업허가를 받은 업소가 실제로는 주로 주류를 조리·판매하는 영업행위를 한 경우, 청소년보호법상의 청소년고용금지업소에 해당하는지 여부(적극) 및 주간에는 주로 음식류를, 야간에는 주로 주류를 조리·판매하는 형태의 영업행위를 한 경우, 청소년보호법상의 청소년고용금지업소에 해당하는지 여부(한정 적극): 식품위생법 제21조 제2항, 식품위생법시행령 제7조 제8호 (나)목은 일반음식점 영업을 '음식류를 조리·판매하는 영업으로서 식사와 함께 부수적으로 음주행위가 허용되는 영업'이라고 규정하고 있지만, 청소년보호법 제2조 제5호는 청소년고용금지업소 등 청소년유해업소의 구분은 그 업소가 영업을 함에 있어서 다른 법령에 의하여 요구되는 허가·인가·등록·신고 등의 여부에 불구하고 실제로 이루어지고 있는 영업행위를 기준으로 하도록 규정하고 있으므로, 음식류를 조리·판매하면서 식사와 함께 부수적으로 음주행위가 허용되는 영업을 하겠다면서 식품위생법상의 일반음식점 영업허가를 받은 업소라고 하더라도 실제로는 음식류의 조리·판매보다는 주로 주류를 조리·판매하는 영업행위가 이루어지고 있는 경우에는 청소년보호법상의 청소년고용금지업소에 해당하며, 나아가 일반음식점의 실제의 영업형태 중에서는 주간에는 주로 음식류를 조리·판매하고 야간에는 주로 주류를 조리·판매하는 형태도 있을 수 있는데, 이러한 경우 음식류의 조리·판매보다는 주로 주류를 조리·판매하는 야간의 영업형태에 있어서의 그 업소는 위 청소년보호법의 입법취지에 비추어 볼 때 청소년보호법상의 청소년고용금지업소에 해당한다.

대법원 2000. 6. 9. 선고 2000도764 판결 【식품위생법위반】

주류를 취급하는 식품접객업자가 성년인 보호자와 동반하여 단란주점에 출입한 18세 이상의 미성년자에게 주류를 제공하는 행위가 허용되는지 여부(소극): 구 식품위생법시행규칙(1999. 12. 29. 보건복지부령 제139호로 개정되기 전의 것) [별표 13] 제5호 (라)목 단서는 원칙적으로 금지된 미성년자의 단란주점 출입을 '가족·직장인 등의 모임으로 18세 이상의 미성년자가 부모·직장상사 등의 성년인 보호자와 동반하는' 경우에 한하여 예외적으로 허용하고 있기는 하나, 친권을 행사하는 자 또는 친권자를 대신하여 이를 감독하는 자의 보호·감독 아래서 하는 음주행위를 포함하여 미성년자의 음주행위 일체를 전면적으로 금지하고 있는 구 미성년자보호법(1999. 2. 5. 법률 제5817호 청소년보호법 부칙 제3조로 폐지) 제2조 제1항 제2호, 제3조(미성년자보호법 제3조는 미성년자에 대하여 친권을 행사하는 자 또는 친권자를 대신하여 이를 감독하는 자가 미성년자의 음주행위를 알았을 때에는 이를 제지하여야 하는 것으로 규정하고 있다)의 규정 취지에 비추어 보면, 그 경우에도 허용되는 것은 어디까지나 보호자와 동반한 18세 이상의 미성년자를 단란주점에 출입시키는 행위(출입하여 노래부르게 하는 행위 포함)만인 것이지, 보호자와 같이 출입시킨 미성년자가 음주할 것을 알면서 미성년자에게 주류를 제공하는 행위까지 허용되는 것은 아니다.

헌법재판소 1999. 9. 16. 선고 96헌마39 전원재판부

단란주점에 미성년자의 출입을 제한하고 미성년자에 대한 주류제공을 금지하는 것이 직업종사(직업수행)의 자유를 침해하는지 여부(소극): 식품위생법시행규칙 제42조 〔별표 13〕 제5. 라. 마.의 규정의 입법목적은 미풍양속의 보존과 미성년자의 보호라고 할 것인데, 단란주점에 가족·직장인 등의 모임으로 18세 이상의 미성년자가 부모·직장상사 등의 성년인 보호자와 동반하는 때만 예외를 인정하고 성년인 보호자의 동반 없는 미성년자의 출입여부의 감시를 영업주에게 맡겨 두는 한편, 미성년자에게 주류제공을 할 수 없도록 한 것은 입법목적 달성을 위한 필요·최소한의 적정한 효과적인 수단에 해당된다. 향락적·폐쇄적 공간인 단란주점에 미성년자의 출입을 허용하고 주류를 제공할 것인지, 이를 허용한다면 어느 연령의 범위까지 허용할 것인지는 입법정책의 영역에 속하는데, 이 사건 규정이 단란주점의 출입제한 및 주류제공금지의 연령을 원칙적으로 20세 미만으로 규정한 것은 미성년자의 정신적·육체적 성숙도, 미성년자 보호에 관한 사회의 통념 등에 비추어 그 연령이 지나치게 높다고 할 수 없으며, 이 사건 규정의 입법목적에 의하여 달성되는 공익은 이로 말미암아 제한되는 단란주점영업자의 직업수행상 불이익보다 크다.

따라서 이 사건 규정은 직업종사의 자유를 제한하기 위한 목적의 정당성, 방법의 적합성, 피해의 최소성 및 법익의 균형성을 갖추고 있어 헌법에 위반되지 아니한다.

대법원 1991. 4. 26. 선고 91누1660 판결【대중음식점영업정지처분취소】

대중음식점영업을 하는 자가 성년에 이르기 5개월 전인 여자에게 연령을 확인하지 아니하고 생맥주를 판매하였음을 이유로 한 영업정지처분이 재량권을 일탈하여 위법하다고 본 사례: 대중음식점 영업을 하는 자가 성년에 이르기 5개월 전인 여자에게 연령을 확인하지 아니하고 생맥주를 판매하였음을 이유로 한 영업정지처분이 위반사항의 경미함에 비추어 위 처분으로 업주가 입게될 불이익이 막대하므로 재량권을 일탈하여 위법하다고 본 사례(대법원 1991. 4. 26. 선고 91누1660 판결).

(나) 그 밖의 준수사항

그 밖에 식품접객영업자(위탁급식영업자를 제외한다)와 그 종업원의 준수사항은 다음과 같다(시행규칙 제57조 관련 [별표 17]).

① 물수건, 숟가락, 젓가락, 식기, 찬기, 도마, 칼, 행주, 그 밖의 주방용구는 기구 등의 살균·소독제, 열탕, 자외선살균 또는 전기살균의 방법으로 소독한 것을 사용하여야 한다.

② 「식품 등의 표시·광고에 관한 법률」 제4조 및 제5조에 따른 표시사항을 모두 표시하지 않은 축산물, 「축산물 위생관리법」 제7조제1항을 위반하여 허가받지 않은 작업장에서 도축·집유·가공·포장 또는 보관된 축산물, 같은 법 제12조제1항·제2항에 따른 검사를

받지 않은 축산물, 같은 법 제22조에 따른 영업 허가를 받지 아니한 자가 도축·집유·가공·포장 또는 보관된 축산물 또는 같은 법 제33조제1항에 따른 축산물 또는 실험 등의 용도로 사용한 동물은 음식물의 조리에 사용하여서는 아니 된다.

③ 업소 안에서는 도박이나 그 밖의 사행행위 또는 풍기문란행위를 방지하여야 하며, 배달판매 등의 영업행위 중 종업원의 이러한 행위를 조장하거나 묵인하여서는 아니 된다.

④ 제과점영업자가 별표 14 제8호가목2)라)(5)에 따라 조리장을 공동 사용하는 경우 빵류를 실제 제조한 업소명과 소재지를 소비자가 알아볼 수 있도록 별도로 표시하여야 한다. 이 경우 게시판, 팻말 등 다양한 방법으로 표시할 수 있다.

⑤ 간판에는 영 제21조에 따른 해당업종명과 허가를 받거나 신고한 상호를 표시하여야 한다. 이 경우 상호와 함께 외국어를 병행하여 표시할 수 있으나 업종구분에 혼동을 줄 수 있는 사항은 표시하여서는 아니 된다.

⑥ 손님이 보기 쉽도록 영업소의 외부 또는 내부에 가격표(부가가치세 등이 포함된 것으로서 손님이 실제로 내야 하는 가격이 표시된 가격표를 말한다)를 붙이거나 게시하되, 신고한 영업장 면적이 150제곱미터 이상인 휴게음식점 및 일반음식점은 영업소의 외부와 내부에 가격표를 붙이거나 게시하여야 하고, 가격표대로 요금을 받아야 한다.

⑦ 영업허가증·영업신고증·조리사면허증(조리사를 두어야 하는 영업에만 해당한다)을 영업소 안에 보관하고, 허가관청 또는 신고관청이 식품위생·식생활개선 등을 위하여 게시할 것을 요청하는 사항을 손님이 보기 쉬운 곳에 게시하여야 한다.

⑧ 식품의약품안전처장 또는 시·도지사가 국민에게 혐오감을 준다고 인정하는 식품을 조리·판매하여서는 아니 되며, 「멸종위기에 처한 야생동식물종의 국제거래에 관한 협약」에 위반하여 포획·채취한 야생동물·식물을 사용하여 조리·판매하여서는 아니 된다.

⑨ 소비기한이 경과된 제품·식품 또는 그 원재료를 조리·판매의 목적으로 운반·진열·보관하거나 이를 판매 또는 식품의 조리에 사용해서는 안 되며, 해당 제품·식품 또는 그 원재료를 진열·보관할 때에는 폐기용 또는 교육용이라는 표시를 명확하게 해야 한다.

⑩ 허가를 받거나 신고한 영업 외의 다른 영업시설을 설치하거나 다음에 해당하는 영업행위를 하여서는 아니 된다.

i) 휴게음식점영업자·일반음식점영업자 또는 단란주점영업자가 유흥접객원을 고용하여 유흥접객행위를 하게 하거나 종업원의 이러한 행위를 조장하거나 묵인하는 행위

ii) 휴게음식점영업자·일반음식점영업자가 음향 및 반주시설을 갖추고 손님이 노래를 부르도록 허용하는 행위. 다만, 연회석을 보유한 일반음식점에서 회갑연,

칠순연 등 가정의 의례로서 행하는 경우에는 그러하지 아니하다.

iii) 일반음식점영업자가 주류만을 판매하거나 주로 다류를 조리·판매하는 다방형태의 영업을 하는 행위

iv) 휴게음식점영업자가 손님에게 음주를 허용하는 행위

v) 식품접객업소의 영업자 또는 종업원이 영업장을 벗어나 시간적 소요의 대가로 금품을 수수하거나, 영업자가 종업원의 이러한 행위를 조장하거나 묵인하는 행위

vi) 휴게음식점영업 중 주로 다류 등을 조리·판매하는 영업소에서 「청소년보호법」 제2조제1호에 따른 청소년인 종업원에게 영업소를 벗어나 다류 등을 배달하게 하여 판매하는 행위

vii) 휴게음식점영업자·일반음식점영업자가 음향시설을 갖추고 손님이 춤을 추는 것을 허용하는 행위. 다만, 특별자치도·시·군·구의 조례로 별도의 안전기준, 시간 등을 정하여 별도의 춤을 추는 공간이 아닌 객석에서 춤을 추는 것을 허용하는 경우는 제외한다.

⑪ 유흥주점영업자는 성명, 주민등록번호, 취업일, 이직일, 종사분야를 기록한 종업원(유흥접객원만 해당한다)명부를 비치하여 기록·관리하여야 한다.

⑫ 손님을 꾀어서 끌어들이는 행위를 하여서는 아니 된다.

⑬ 업소 안에서 선량한 미풍양속을 해치는 공연, 영화, 비디오 또는 음반을 상영하거나 사용하여서는 아니 된다.

⑭ 수돗물이 아닌 지하수 등을 먹는 물 또는 식품의 조리·세척 등에 사용하는 경우에는 「먹는물관리법」 제43조에 따른 먹는 물 수질검사기관에서 다음의 검사를 받아 마시기에 적합하다고 인정된 물을 사용하여야 한다. 다만, 둘 이상의 업소가 같은 건물에서 같은 수원을 사용하는 경우에는 하나의 업소에 대한 시험결과로 해당 업소에 대한 검사에 갈음할 수 있다.

i) 일부항목 검사: 1년(모든 항목 검사를 하는 연도는 제외한다) 마다 「먹는물 수질기준 및 검사 등에 관한 규칙」 제4조에 따른 마을상수도의 검사기준에 따른 검사(잔류염소검사는 제외한다)를 하여야 한다. 다만, 시·도지사가 오염의 염려가 있다고 판단하여 지정한 지역에서는 같은 규칙 제2조에 따른 먹는 물의 수질기준에 따른 검사를 하여야 한다.

ii) 모든 항목 검사 : 2년마다 「먹는물 수질기준 및 검사 등에 관한 규칙」 제2조에 따른 먹는 물의 수질기준에 따른 검사

⑮ 동물의 내장을 조리한 경우에는 이에 사용한 기계·기구류 등을 세척하여 살균하여야 한다.

⑯ 식품접객업영업자는 손님이 먹고 남긴 음식물이나 먹을 수 있게 진열 또는 제공한 음식물에 대해서는 다시 사용·조리 또는 보관(폐기용이라는 표시를 명확하게 하여 보관하는 경우는 제외한다)해서는 안 된다. 다만, 식품의약품안전처장이 인터넷 홈페이지에 별도로 정하여 게시한 음식물에 대해서는 다시 사용·조리 또는 보관할 수 있다.

⑰ 식품접객업자는 공통찬통, 소형·복합 찬기, 국·찌개·반찬 등을 덜어 먹을 수 있는 기구 또는 1인 반상을 사용하거나, 손님이 남은 음식물을 싸서 가지고 갈 수 있도록 포장용기를 비치하고 이를 손님에게 알리는 등 음식문화개선과 「감염병의 예방 및 관리에 관한 법률」 제49조에 따른 감염병의 예방 조치사항 준수를 위해 노력해야 한다.

⑱ 휴게음식점영업자·일반음식점영업자 또는 단란주점영업자는 영업장 안에 설치된 무대시설 외의 장소에서 공연을 하거나 공연을 하는 행위를 조장·묵인하여서는 아니 된다. 다만, 일반음식점영업자가 손님의 요구에 따라 회갑연, 칠순연 등 가정의 의례로서 행하는 경우에는 그러하지 아니하다.

⑲ 「야생생물 보호 및 관리에 관한 법률」을 위반하여 포획한 야생동물을 사용한 식품을 조리·판매하여서는 아니 된다.

⑳ 법 제15조제2항에 따른 위해평가가 완료되기 전까지 일시적으로 금지된 식품 등을 사용·조리하여서는 아니 된다.

㉑ 조리·가공한 음식을 진열하고, 진열된 음식을 손님이 선택하여 먹을 수 있도록 제공하는 형태(이하 "뷔페"라 한다)로 영업을 하는 일반음식점영업자는 제과점영업자 및 즉석판매제조·가공업자에게 당일 제조·판매하는 빵류, 과자류, 떡류를 구입하여 구입 당일 이를 손님에게 제공할 수 있다. 이 경우 당일 제조한 제품을 구입했다는 증명서(거래명세서나 영수증 등을 말한다)를 6개월간 보관하여야 한다.

㉒ 법 제47조제1항에 따른 모범업소가 아닌 업소의 영업자는 모범업소로 오인·혼동할 우려가 있는 표시를 하여서는 아니 된다.

㉓ 손님에게 조리하여 제공하는 식품의 주재료, 중량 등이 아목에 따른 가격표에 표시된 내용과 달라서는 아니 된다.

㉔ 아목에 따른 가격표에는 불고기, 갈비 등 식육의 가격을 100그램당 가격으로 표시하여야 하며, 조리하여 제공하는 경우에는 조리하기 이전의 중량을 표시할 수 있다. 100그램당 가격과 함께 1인분의 가격도 표시하려는 경우에는 다음의 예와 같이 1인분의 중량과 가격을 함께 표시하여야 한다.

예) 불고기 100그램 ○○원(1인분 120그램 △△원)
갈비 100그램 ○○원(1인분 150그램 △△원)

㉕ 음식판매자동차를 사용하는 휴게음식점영업자 및 제과점영업자는 신고한 장소가 아닌 장소에서 그 음식판매자동차로 휴게음식점영업 및 제과점영업을 하여서는 아니 된다.

㉖ 법 제47조의2제1항에 따라 위생등급을 지정받지 아니한 식품접객업소의 영업자는 위생등급 지정업소로 오인·혼동할 우려가 있는 표시를 해서는 아니 된다.

㉗ 식품접객영업자는 「재난 및 안전관리 기본법」 제38조제2항 본문에 따라 경계 또는 심각의 위기경보(「감염병의 예방 및 관리에 관한 법률」에 따른 감염병 확산의 경우만 해당한다)가 발령된 경우에는 손님의 보건위생을 위해 해당 영업장에 손을 소독할 수 있는 용품이나 장치를 갖춰 두어야 한다.

㉘ 휴게음식점영업자·일반음식점영업자 또는 제과점영업자는 건물 외부에 있는 영업장에서는 조리·제조한 음식류 등만을 제공해야 한다. 다만, 다음 각 호의 장소·지역 중 주거지역과 인접하지 않아 환경 위해 우려가 적은 장소·지역으로서 특별자치시·특별자치도·시·군·구의 조례로 별도의 안전기준을 정한 경우는 건물 외부에서 조리·제조한 음식류 등을 제공할 수 있다.

i) 「관광진흥법」 제3조제1항제2호의 관광숙박업을 영위하는 장소

ii) 「관광진흥법」 제70조제1항에 따라 시·도지사가 지정한 관광특구 지역

㉙ 손님에게 조리·제공할 목적으로 이미 양념에 재운 불고기, 갈비 등을 새로이 조리한 것처럼 보이도록 세척하는 등 재처리하여 사용·조리 또는 보관해서는 안 된다.

㉚ 식품접객업자는 조리·제조한 식품을 주문한 손님에게 판매해야 하며, 유통·판매를 목적으로 하는 자에게 판매하거나 다른 식품접객업자가 조리·제조한 식품을 자신의 영업에 사용해서는 안 된다.

㉛ 공유주방 운영업자와의 계약을 통해 공유주방을 사용하는 휴게음식점영업자·일반음식점영업자 또는 제과점영업자는 다음 각 호의 사항을 준수해야 한다.

i) 영업자 간 원재료 및 제품을 공동으로 사용하지 말 것

ii) 위생관리책임자가 실시하는 위생교육을 매월 1시간 이상 받을 것.

대법원 1997. 9. 30. 선고 97도1873 판결 【풍속영업규제에관한법률위반】

유흥주점업 영업허가를 받아 실제로는 노래연습장 영업을 하는 자가 지켜야 할 영업자 준수사항이 실제로 하고 있는 영업형태에 따라 정하여지는지 여부(적극): 풍속영업의규제에관한법률 제3조 소정의 '풍속영업을 영위하는 자'는 식품위생법 등 개별법률에서 정한 영업허가나 신고, 등록의 유무

를 묻지 아니하고, 같은 법 제2조에서 정하는 풍속영업의 범위에 속하는 영업을 실제로 하는 자이므로, 그 풍속영업자가 지켜야 할 준수사항도 실제로 하고 있는 영업형태에 따라 정하여지는 것이지, 그 자가 받은 영업허가 등에 의하여 정하여지는 것은 아니므로, 유흥주점영업허가를 받았다고 하더라도 실제로는 노래연습장 영업을 하고 있다면 유흥주점영업에 따른 영업자 준수사항을 지켜야 할 의무가 있다고 할 수 없다.

대법원 1995. 9. 26. 선고 95누8898 판결【영업정지처분취소】

식품접객영업자가 종업원으로 하여금 손님과 여관에서 윤락행위를 할 것을 알선한 것이 풍기문란행위를 방지하여야 한다는 준수사항을 지키지 아니한 경우에 해당하는지 여부: 식품접객영업자가 수차례에 걸쳐 주점의 종업원으로 하여금 주점에서 술을 마신 고객들과 업소 밖의 여관에 투숙하며 윤락행위를 하도록 알선하였다면, 그 식품접객영업자의 이러한 행위가 바로 업소 내에서는 풍기문란행위를 방지하여야 한다는 식품접객영업자로서의 식품위생법시행규칙 제42조 [별표 13] 중 제7호 규정의 준수사항을 지키지 아니한 경우에 해당한다.

대법원 1992. 6. 23. 선고 91누11872 판결【대중음식점업영업정지처분취소】

숙박업을 경영하는 한편 같은 건물에서 식품접객업을 경영하면서 그 숙박객들로부터 숙박비 외에 당일 저녁 및 다음 날 아침의 2끼에 대한 식대를 가산하여 선불로 받는 것만으로는 식품위생법시행규칙 제42조 별표 13 제8호의 규정 소정의 '유객행위'에 해당하지 않는다고 한 사례: 숙박업을 경영하는 한편 같은 건물의 1층에서 식품접객업을 경영하여 오면서 그 숙박객들로부터 숙박비 외에 당일 저녁 및 다음 날 아침의 2끼에 대한 식대를 가산하여 선불로 받아 온 것만으로는, 식품위생법 제31조, 같은법시행규칙 제42조 별표 13 제8호의 규정에 의하여 금지되고 있는 유객행위를 한 것이라고 볼 수 없다고 한 사례(대법원 1992. 6. 23. 선고 91누11872 판결)

3. 위탁급식영업자와 그 종업원의 준수사항

위탁급식영업자와 그 종업원의 준수사항은 다음과 같다(시행규칙 제57조 관련 [별표 17]).

① 집단급식소를 설치·운영하는 자와 위탁 계약한 사항 외의 영업행위를 하여서는 아니 된다.

② 물수건, 숟가락, 젓가락, 식기, 찬기, 도마, 칼, 행주 그 밖에 주방용구는 기구 등의 살균·소독제, 열탕, 자외선살균 또는 전기살균의 방법으로 소독한 것을 사용하여야 한다.

③ 「식품 등의 표시·광고에 관한 법률」 제4조 및 제5조에 따른 표시사항을 모두 표시하지 않은 축산물, 「축산물 위생관리법」 제7조제1항을 위반하여 허가받지 않은 작업장에서 도축·집유·가공·포장 또는 보관된 축산물, 같은 법 제12조제1항·제2항에 따른 검사를

받지 않은 축산물, 같은 법 제22조에 따른 영업 허가를 받지 아니한 자가 도축·집유·가공·포장 또는 보관된 축산물 또는 같은 법 제33조제1항에 따른 축산물 또는 실험 등의 용도로 사용한 동물을 음식물의 조리에 사용하여서는 아니 되며, 「야생생물 보호 및 관리에 관한 법률」에 위반하여 포획한 야생동물을 사용하여 조리하여서는 아니 된다.

④ 소비기한이 경과된 제품·식품 또는 그 원재료를 조리의 목적으로 진열·보관하거나 이를 판매 또는 식품의 조리에 사용해서는 안 되며, 해당 제품·식품 또는 그 원재료를 진열·보관할 때에는 폐기용 또는 교육용이라는 표시를 명확하게 해야 한다

⑤ 수돗물이 아닌 지하수 등을 먹는 물 또는 식품의 조리·세척 등에 사용하는 경우에는 「먹는물관리법」 제43조에 따른 먹는 물 수질검사기관에서 다음의 구분에 따라 검사를 받아 마시기에 적합하다고 인정된 물을 사용하여야 한다. 다만, 같은 건물에서 같은 수원을 사용하는 경우에는 하나의 업소에 대한 시험결과로 갈음할 수 있다.

- i) 일부항목 검사: 1년마다(모든 항목 검사를 하는 연도의 경우를 제외한다) 「먹는물 수질기준 및 검사 등에 관한 규칙」 제4조제1항제2호에 따른 마을상수도의 검사기준에 따른 검사(잔류염소검사를 제외한다). 다만, 시·도지사가 오염의 염려가 있다고 판단하여 지정한 지역에서는 같은 규칙 제2조에 따른 먹는 물의 수질기준에 따른 검사를 하여야 한다.
- ii) 모든 항목 검사: 2년마다 「먹는물 수질기준 및 검사 등에 관한 규칙」 제2조에 따른 먹는 물의 수질기준에 따른 검사

⑥ 동물의 내장을 조리한 경우에는 이에 사용한 기계·기구류 등을 세척하고 살균하여야 한다.

⑦ 조리·제공한 식품(법 제2조제12호다목에 따른 병원의 경우에는 일반식만 해당한다)을 보관할 때에는 매회 1인분 분량을 섭씨 영하 18도 이하에서 144시간 이상 보관하여야 한다. 이 경우 완제품 형태로 제공한 가공식품은 소비기한 내에서 해당 식품의 제조업자가 정한 보관방법에 따라 보관할 수 있다.

⑧ 법 제15조제2항에 따라 위해평가가 완료되기 전까지 일시적으로 금지된 식품 등에 대하여는 이를 사용·조리하여서는 아니 된다.

⑨ 식중독 발생 시 보관 또는 사용 중인 보존식이나 식재료는 역학조사가 완료될 때까지 폐기하거나 소독 등으로 현장을 훼손하여서는 아니 되고 원상태로 보존하여야 하며, 원인규명을 위한 행위를 방해하여서는 아니 된다.

⑩ 법 제47조제1항에 따른 모범업소가 아닌 업소의 영업자는 모범업소로 오인·혼동할 우려가 있는 표시를 하여서는 아니 된다.

⑪ 배식하고 남은 음식물을 다시 사용·조리 또는 보관(폐기용이라는 표시를 명확하게 하여 보관하는 경우는 제외한다)해서는 안 된다.

⑫ 식재료의 검수 및 조리 등에 대해서는 식품의약품안전처장이 정하여 고시하는 바에 따라 위생관리 사항의 점검 결과를 기록해야 한다. 이 경우 그 기록에 관한 서류는 해당 기록을 한 날부터 3개월간 보관해야 한다.

4. 공유주방 운영업자와 그 종업원의 준수사항

공유주방 운영업자와 그 종업원의 준수사항은 다음과 같다(시행규칙 제57조 관련 [별표 17]).

① 공유주방 운영업자는 식품의 제조·가공·소분·조리 등의 과정에서 보건위생상 위해가 없도록 제조·가공·소분·조리시설 및 기구 등을 위생적으로 관리해야 한다.

② 영업등록증 및 공유주방을 사용하는 영업자와의 계약서류를 영업기간 동안 보관해야 한다.

③ 공유주방을 사용하는 영업자의 출입 및 시설 사용에 대해 기록하고, 그 기록을 6개월간 보관해야 한다.

④ 공유주방 운영업에 종사하는 종업원은 위생관리책임자가 실시하는 위생교육을 매월 1시간 이상 받아야 한다.

Ⅵ. 위해식품 등의 회수

1. 회수의무자

판매의 목적으로 식품 등을 제조·가공·소분·수입 또는 판매한 영업자(「수입식품안전관리 특별법」 제15조에 따라 등록한 수입식품 등 수입·판매업자를 포함한다)는 해당 식품 등이 제4조부터 제6조까지, 제7조제4항, 제8조, 제9조제4항, 제9조의3 또는 제12조의2제2항을 위반한 사실(식품 등의 위해와 관련이 없는 위반사항을 제외한다)을 알게 된 경우에는 지체 없이 유통 중인 해당 식품 등을 회수하거나 회수하는 데에 필요한 조치를 하여야 한다(법 제45조제1항). 여기서 "위반한 사실(식품 등의 위해와 관련이 없는 위반사항을 제외한다)을 알게 된 경우"란 법 제31조에 따른 자가품질검사 또는 「식품·의약품분야 시험·검사 등에 관한 법률」 제6조에 따른 식품 등 시험·검사기관의 위탁검사 결과 해당 식품 등이 제1항에 따른 기준을 위반한 사실을 확인한 경우를 말한다(시행규칙 제58조제2항).

이러한 식품 등의 회수(Recall)제도는 식품 등을 제조·가공·소분·수입 또는 판매한 영업자가 당해 식품 등으로 인한 위생상의 위해가 발생하였거나 발생할 우려가 있음을 알게 된 경우에 신속히 그 사실을 국민에게 알리고 유통 중인 당해 식품 등을 회수·폐기함으로써 당해 식품 등의 섭취나 사용으로 인한 피해를 최대한 방지하기 위한 것이다. 아울러 이는 기업 스스로 자사제품에 대하여 책임을 지게 하여 위해식품으로부터 신속하고도 효율적으로 소비자를 보호하기 위한 제도이다.

2. 회수대상 식품 등의 기준

식품위생법 제45조제1항 및 제72조제3항에 따른 회수대상 식품 등의 기준은 다음과 같다(시행규칙 제58조제1항 관련 [별표 18]).

① 식품위생법 법 제4조, 제5조, 제6조 또는 제8조를 위반한 경우

② 식품위생법 제7조에 따라 식품의약품안전처장이 정한 식품, 식품첨가물의 기준 및 규격을 위반한 것으로서 다음 각 목의 어느 하나에 해당하는 경우

가. 비소·카드뮴·납·수은·메틸수은·무기비소 등 중금속, 메탄올 또는 시안화물의 기준을 위반한 경우

나. 바륨, 포름알데히드 o-톨루엔설폰아미드, 다이옥신 또는 폴리옥시에틸렌의 기준을 위반한 경우

다. 방사능 기준을 위반한 경우

라. 농산물의 농약잔류허용기준을 위반한 경우

마. 곰팡이독소 기준을 위반한 경우

바. 패독소 기준을 위반한 경우

사. 동물용의약품의 잔류허용기준을 위반한 경우

아. 식중독균 기준을 위반한 경우

자. 주석, 포스파타제, 암모니아성질소, 아질산이온, 형광증백제 또는 프탈레이트 기준을 위반한 경우

차. 식품조사처리기준을 위반한 경우

카. 식품 등에서 금속성 이물, 유리조각 등 인체에 직접적인 손상을 줄 수 있는 재질이나 크기의 이물, 위생동물의 사체 등 심한 혐오감을 줄 수 있는 이물 또는 위생해충, 기생충 및 그 알이 혼입된 경우(이물의 혼입 원인이 객관적으로 밝혀져 다른 제품에서 더 이상 동일한 이물이 발견될 가능성이 없다고 식품의약품안전처장이 인정하는 경우에는 그렇지 않다)

타. 부정물질 기준을 위반한 경우

파. 대장균, 대장균군, 세균수 또는 세균발육 기준을 위반한 경우

하. 소비기한 경과 제품 또는 식품에 사용할 수 없는 원료가 사용되어 식품 원료 기준을 위반한 경우

거. 셀레늄, 방향족탄화수소(벤조피렌 등), 폴리염화비페닐(PCBs), 멜라민, 3-MCPD(3- Monochloropropane-1,2-diol), 테트라하이드로칸나비놀(THC) 또는 칸나비디올(CBD) 기준을 위반한 경우

너. 수산물의 잔류물질 잔류허용기준을 위반한 경우

더. 식품첨가물의 사용 및 허용 기준을 위반한 경우(사용 또는 허용량 기준을 10% 미만 초과한 것은 제외한다)

러. 에틸렌옥사이드 또는 2-클로로에탄올 기준을 위반한 경우

③ 식품위생법 제9조에 따라 식품의약품안전처장이 정한 기구 또는 용기·포장의 기준 및 규격을 위반한 것으로서 유독·유해물질이 검출된 경우

④ 국제기구 및 외국의 정부 등에서 위생상 위해우려를 제기하여 식품의약품안전처장이 사용금지한 원료·성분이 검출된 경우

⑤ 그 밖에 섭취함으로써 인체의 건강을 해치거나 해칠 우려가 있다고 식품의약품안전처장이 정하는 경우

3. 회수 절차

가. 회수계획의 수립

검사 결과 해당 식품 등이 기준을 위반하여 회수대상임을 확인한 경우, 영업자는 회수계획을 식품의약품안전처장, 시·도지사 또는 시장·군수·구청장에게 미리 보고하여야 한다(법 제45조제1항 후단). 위 회수계획에 포함되어야 할 사항은 다음 각 호와 같다(시행규칙 제59조제1항).

① 제품명, 제조연월일, 소비기한

② 회수계획량(위해식품 등으로 판명 당시 해당 식품 등의 소비량 및 소비기한 등을 고려하여 산출하여야 한다)

③ 회수사유

④ 회수방법

⑤ 회수기간 및 예상 소요기간

⑥ 회수되는 식품 등의 폐기 등 처리방법

⑦ 회수사실을 국민에게 알리는 방법

나. 관할청의 조치

허가관청, 신고관청 또는 등록관청은 영업자로부터 회수계획을 보고받은 경우에는 지체 없이 다음 각 호에 따른 조치를 하여야 한다(시행규칙 제59조제2항).

① 식품의약품안전처장에게 회수계획을 통보할 것. 이 경우 허가관청, 신고관청 또는 등록관청이 시장·군수·구청장인 경우에는 시·도지사를 거쳐야 한다.

② 식품위생법 제73조제1항에 따라 해당 영업자에게 회수계획의 공표를 명할 것

③ 유통 중인 해당 회수식품 등에 대하여 해당 위반사실을 확인하기 위한 검사를 실시할 것

다. 회수결과의 보고

식품위생법 제45조제1항후단에 따라 회수계획을 보고한 영업자는 해당 위해식품 등을 회수하고, 그 회수결과를 지체 없이 허가관청, 신고관청 또는 등록관청에 보고하여야 한다. 이 경우 회수결과 보고서에는 다음 각 호의 사항이 포함되어야 한다(시행규칙 제59조제3항).

① 식품 등의 제조·가공량, 판매량, 회수량 및 미회수량 등이 포함된 회수실적

② 미회수량에 대한 조치계획

③ 재발방지를 위한 대책

4. 책임의 감면

식품의약품안전처장, 시·도지사 또는 시장·군수·구청장은 제1항에 따른 회수에 필요한 조치를 성실히 이행한 영업자에 대하여 해당 식품 등으로 인하여 받게 되는 제75조 또는 제76조에 따른 행정처분을 대통령령으로 정하는 바에 따라 감면할 수 있다(법 제45조제2항).

이는 자진회수 제도의 원활한 정착을 유도하기 위한 것이다.

Ⅶ. 이물발견 보고

1. 의의

판매의 목적으로 식품 등을 제조·가공·소분·수입 또는 판매하는 영업자는 소비자로

부터 판매제품에서 식품의 제조·가공·조리·유통 과정에서 정상적으로 사용된 원료 또는 재료가 아닌 것으로서 섭취할 때 위생상 위해가 발생할 우려가 있거나 섭취하기에 부적합한 물질[이하 "이물(異物)"이라 한다]을 발견한 사실을 신고받은 경우 지체 없이 이를 식품의약품안전처장, 시·도지사 또는 시장· 군수·구청장에게 보고하여야 한다(법 제46조제1항).

2. 이물 보고의 대상

법 제46조제1항에 따라 영업자가 지방식품의약품안전청장, 시·도지사 또는 시장·군수·구청장에게 보고하여야 하는 이물(異物)은 다음 각 호의 어느 하나에 해당하는 물질을 말한다(시행규칙 제60조제1항).

① 금속성 이물, 유리조각 등 섭취과정에서 인체에 직접적인 위해나 손상을 줄 수 있는 재질 또는 크기의 물질

② 기생충 및 그 알, 동물의 사체 등 섭취과정에서 혐오감을 줄 수 있는 물질

③ 그 밖에 인체의 건강을 해칠 우려가 있거나 섭취하기에 부적합한 물질로서 식품의약품안전처장이 인정하는 물질

이에 따라 식품의약품안전처장이 구체적으로 고시한 내용은 다음과 같다(보고 대상 이물의 범위와 조사·절차 등에 관한 규정 제3조).

① 섭취과정에서 인체에 직접적인 위해나 손상을 줄 수 있는 재질이나 크기의 이물 : 3 밀리미터(mm) 이상 크기의 유리·플라스틱·사기 또는 금속성 재질의 물질이 이에 해당한다.

② 섭취과정에서 혐오감을 줄 수 있는 이물: '쥐 등 동물의 사체 또는 그 배설물', '파리, 바퀴벌레 등 곤충류', '기생충 및 그 알(축·수산물을 주원료로 제조한 식품 등에서 발견되는 원생물에 기생하는 기생충으로서 제조·가공과정에서 사멸되어 인체의 건강을 해칠 우려가 없는 것은 제외)'이 이에 해당한다.

③ 그 밖에 인체의 건강을 해칠 우려가 있거나 섭취하기에 부적합한 이물: '컨베이어 벨트 등 고무류', '이쑤시개(전분재질은 제외) 등 나무류', '돌, 모래 등 토사류', '그 밖에 위 각 목에 준하는 것으로서 식품의약품안전처장이 인정하는 이물'이 이에 해당한다.

한편 이물 보고의 대상은 육안으로 식별 가능하고 식품 등과 직접 접촉하고 있는 것이어야 하므로 제품의 포장에 묻어 있는 물질이거나, 단순히 이물감을 느끼거나 이물이 있다고 의심하는 경우에 불과한 경우에는 보고 대상에 해당하지 않는다. 예를 들어 소비자가 섭취 중 '모래가 씹히는 것 같다'는 등과 같이 섭취 중 이물감을 느껴 이를 신고한

경우는 이물보고 대상에 해당하지 않는다.

3. 보고 등의 절차

가. 보고대상 영업자

판매의 목적으로 식품 등을 제조·가공·소분·수입 또는 판매하는 영업자가 보고대상 영업자에 해당한다(법 제46조제1항). 법 제46조제1항에 따라 이물의 발견 사실을 보고하려는 자는 별지 제51호서식의 이물보고서(전자문서로 된 보고서를 포함한다)에 사진, 해당 식품 등 증거자료를 첨부하여 관할 지방식품의약품안전청장, 시·도지사 또는 시장·군수·구청장에게 제출하여야 한다(시행규칙 제60조제2항).

「식품위생법 시행규칙」제60조제2항 및「축산물 위생관리법 시행령」제26조의6에 따라 '이물 발견 사실을 보고하려는 자'란 다음 각 호의 영업자를 말한다(보고 대상 이물의 범위와 조사·절차 등에 관한 규정 제4조).

①「식품위생법 시행령」제21조제1호의 식품제조·가공업자, 같은 조 제3호의 식품첨가물제조업자, 같은 조 제5호가목의 식품소분업자, 같은 조 제5호나목3)의 유통전문판매업자

②「수입식품안전관리 특별법」제14조제1항제1호의 수입식품 등 수입·판매업자

③「축산물 위생관리법 시행령」제26조6의제1호의 축산물가공업자, 같은 조 제2호의 식육포장처리업자, 같은 조 제3호의 축산물유통전문판매업자

나. 보고·통보 방법

제4조 각 호에 따른 영업자는 소비자로부터 이물 발견 사실을 신고(전화, 전자문서 등을 포함한다)받은 날부터 7일 이내(토요일 및 법정 공휴일은 제외한다)에 별지 제1호서식에 그 내용을 작성하여 조사기관에 보고하여야 한다. 다만, 제4조제2항에 해당하는 영업자가 살아 있는 곤충이 발견되었음을 인지(소비자가 영업자에게 신고한 것을 포함한다)한 경우 지체없이 별지 제1호 서식을 준용하여 조사기관에 알릴 수 있다(보고 대상 이물의 범위와 조사·절차 등에 관한 규정 제5조제1항).

식품위생법 제46조제2항·제3항 및 축산물 위생관리법 제31조의6 제2항·제3항에 따라 소비자로부터 이물 발견 신고를 접수받은 다음 각 호의 어느 하나에 해당하는 자는 별지 제2호 서식에 그 내용을 작성하여 식품의약품안전처장에게 통보하여야 한다(보고 대상 이물의 범위와 조사·절차 등에 관한 규정 제5조제2항).

① 한국소비자원 및 소비자 단체

② 「전자상거래 등에서의 소비자 보호에 관한 법률」에 따른 통신판매중개업자로서 식품접객업소에서 조리한 식품의 통신판매를 전문적으로 알선하는 자

③ 시·도지사 또는 시장·군수·구청장

다. 이물 원인조사

조사기관은 제5조에 따라 이물 발견 사실에 대하여 다음 각 호의 구분에 따라 원인조사를 실시하여야 한다(보고 대상 이물의 범위와 조사·절차 등에 관한 규정 제5조제1항).

① 제3조제1호 및 제2호가목에 해당하는 이물 : 식품의약품안전처장, 지방식품의약품안전청장

② 제3조제1호 및 제2호가목 외의 이물 : 시·도지사, 시장·군수·구청장

제1항에도 불구하고 주류와 수입식품 등에서 발견되어 보고된 이물 신고내용에 대해서는 지방식품의약품안전청장이 원인조사를 실시한다(보고 대상 이물의 범위와 조사·절차 등에 관한 규정 제5조제2항).

조사기관은 제5조제1항에 따라 보고된 내용을 접수한 날부터 7일 이내(토요일 및 법정 공휴일은 제외한다)에 신속하게 원인조사를 실시하여야 한다. 다만, 추가조사나 성분분석 등의 특별한 사유로 조사에 상당한 시간이 소요되는 때에는 이를 연장할 수 있다(보고 대상 이물의 범위와 조사·절차 등에 관한 규정 제5조제3항).

라. 이물조사의 평가

영업자 또는 소비자가 제6조에 따라 조사기관이 실시한 이물 혼입 원인조사 결과에 관하여 이의가 있을 때에는 조사기관으로부터 원인조사 결과를 회신받은 날부터 30일 이내에 식품의약품안전처장에게 조사결과에 대해 평가를 요청할 수 있다(보고 대상 이물의 범위와 조사·절차 등에 관한 규정 제7조제1항).

영업자 또는 소비자가 제1항에 따라 평가를 요청하는 경우에는 별지 제3호 서식에 그 사유 및 객관적인 증빙자료 등을 첨부하여 식품의약품안전처장에게 제출하여야 한다(보고 대상 이물의 범위와 조사·절차 등에 관한 규정 제7조제2항).

식품의약품안전처장은 제1항에 따라 평가를 요청받은 경우 조사방법의 객관성 및 적절성 등을 검토하여 재조사가 필요한 경우에는 '재조사'로, 조사가 적절하다고 판단된 경우에는 '조사적합' 등으로 구분하여 판정하여야 하며, 그 결과를 평가를 요청한 영업자 또는 소비자에게 통보하여야 한다(보고 대상 이물의 범위와 조사·절차 등에 관한 규정 제7조제3항).

4. 위반시의 제재

소비자로부터 이물 발견의 신고를 접수하고 이를 거짓으로 보고한 자와 이물의 발견을 거짓으로 신고한 자는 1년 이하의 징역 또는 1천만원 이하의 벌금에 처한다(법 제98조, 제46조제1항).

소비자로부터 이물 발견신고를 받고 보고하지 아니한 자에게는 500만원 이하의 과태료를 부과한다(법 제101조제2항, 제46조제1항).

제8장

식품위생법상의 검사 등

제8장 식품위생법상의 검사 등

제1절 자가품질검사

Ⅰ. 의의

식품 등을 제조·가공하는 영업자는 총리령으로 정하는 바에 따라 제조·가공하는 식품 등이 제7조 또는 제9조에 따른 기준과 규격에 맞는지를 검사하여야 한다(법 제31조제1항).

식품 등을 제조·가공하는 영업자는 위생적으로 안전한 제품을 제조·가공하여 소비자에게 제공(판매)하기 위해서 자사 제품에 대한 지속적인 품질검사를 시행하는 것이 필요하다. 즉 식품 등의 안전성을 확보하기 위한 검사는 본래 식품 영업자가 그 책임 하에서 자주적으로 행하는 것이 원칙이다.

이러한 품질검사는 자체검사실을 갖추어 전문지식을 갖춘 식품위생관리인에 의하여 실시하여야 한다. 그러나 영업자가 자체검사실을 갖추지 못한 경우도 있고, 자체검사실을 설치한 경우일지라도 검사항목 등에 따라서는 시설의 미비 등으로 인하여 영업자가 직접 검사하기 어려운 경우가 있는바, 이때에는 식품위생 검사기관에 위탁하여 검사하게 할 수도 있다.

Ⅱ. 자가품질검사의 기준

자가품질검사는 다음과 같은 기준에 따라 실시하여야 한다(시행규칙 제31조제1항 관련 [별표 12]).

① 식품 등에 대한 자가품질검사는 판매를 목적으로 제조·가공하는 품목별로 실시하여야 한다. 다만, 식품공전에서 정한 동일한 검사항목을 적용받은 품목을 제조·가공하는 경우에는 식품유형별로 이를 실시할 수 있다.

② 기구 및 용기·포장의 경우 동일한 재질의 제품으로 크기나 형태가 다를 경우에는 재질별로 자가품질검사를 실시할 수 있다.

③ 자가품질검사주기는 처음으로 제품을 제조한 날을 기준으로 산정한다. 다만, 「수입식품안전관리 특별법」 제18조제2항에 따른 주문자상표부착식품 등과 식품제조·가공업

자가 자신의 제품을 만들기 위하여 수입한 반가공 원료식품 및 용기·포장은 「관세법」 제248조에 따라 관할 세관장이 신고필증을 발급한 날을 기준으로 산정한다.

④ 자가품질검사는 식품의약품안전처장이 정하여 고시하는 식품유형별 검사항목을 검사한다. 다만, 식품제조·가공 과정 중 특정 식품첨가물을 사용하지 아니한 경우에는 그 항목의 검사를 생략할 수 있다.

⑤ 영업자가 다른 영업자에게 식품 등을 제조하게 하는 경우에는 식품 등을 제조하게 하는 자 또는 직접 그 식품 등을 제조하는 자가 자가품질검사를 실시하여야 한다.

⑥ 식품 등의 자가품질검사는 다음의 구분에 따라 실시하여야 한다.

가. 식품제조·가공업

1) 과자류, 빵류 또는 떡류(과자, 캔디류, 추잉껌 및 떡류만 해당한다), 코코아가공품류, 초콜릿류, 잼류, 당류, 음료류[다류(茶類) 및 커피류만 해당한다], 절임류 또는 조림류, 수산가공식품류(젓갈류, 건포류, 조미김, 기타 수산물가공품만 해당한다), 두부류 또는 묵류, 면류, 조미식품(고춧가루, 실고추 및 향신료가공품, 식염만 해당한다), 즉석식품류(만두류, 즉석섭취식품, 즉석조리식품만 해당한다), 장류, 농산가공식품류(전분류, 밀가루, 기타농산가공품류 중 곡류가공품, 두류가공품, 서류가공품, 기타 농산가공품만 해당한다), 식용유지가공품(모조치즈, 식물성크림, 기타 식용유지가공품만 해당한다), 동물성가공식품류(추출가공식품만 해당한다), 기타가공품, 선박에서 통·병조림을 제조하는 경우 및 단순가공품(자연산물을 그 원형을 알아볼 수 없도록 분해·절단 등의 방법으로 변형시키거나 1차 가공처리한 식품원료를 식품첨가물을 사용하지 아니하고 단순히 서로 혼합만 하여 가공한 제품이거나 이 제품에 식품제조·가공업의 허가를 받아 제조·포장된 조미식품을 포장된 상태 그대로 첨부한 것을 말한다)만을 가공하는 경우: 3개월마다 1회 이상 식품의약품안전처장이 정하여 고시하는 식품유형별 검사항목

2) 식품제조·가공업자가 자신의 제품을 만들기 위하여 수입한 반가공 원료식품 및 용기·포장

가) 반가공 원료식품: 6개월마다 1회 이상 식품의약품안전처장이 정하여 고시하는 식품유형별 검사항목

나) 용기·포장: 동일재질별로 6개월마다 1회 이상 재질별 성분에 관한 규격

3) 빵류, 식육함유가공품, 알함유가공품, 동물성가공식품류(기타식육 또는 기타 알제품), 음료류(과일·채소류음료, 탄산음료류, 두유류, 발효음료류, 인삼·홍삼음료, 기타 음료만 해당한다, 비가열음료는 제외한다), 식용유지류(들기름, 추출들깨유만 해당한다): 2개월마다 1회 이상 식품의약품안전처장이 정하여 고시하는 식품유형별 검사항목

4) 1)부터 3)까지의 규정 외의 식품: 1개월(주류의 경우에는 6개월)마다 1회 이상 식품의약품안전처장이 정하여 고시하는 식품유형별 검사항목

5) 법 제48조제8항에 따른 전년도의 조사·평가 결과가 만점의 90퍼센트 이상인 식품: 1)·3)·4)에도 불구하고 6개월마다 1회 이상 식품의약품안전처장이 정하여 고시하는 식품유형별 검사항목

6) 식품의약품안전처장이 식중독 발생위험이 높다고 인정하여 지정·고시한 기간에는 1) 및 2)에 해당하는 식품은 1개월마다 1회 이상, 3)에 해당하는 식품은 15일마다 1회 이상, 4)에 해당하는 식품은 1주일마다 1회 이상 실시하여야 한다.

7) 「주류 면허 등에 관한 법률」 제29조에 따른 검사 결과 적합 판정을 받은 주류는 자가품질검사를 실시하지 않을 수 있다. 이 경우 해당 검사는 제4호에 따른 주류의 자가품질검사 항목에 대한 검사를 포함해야 한다.

나. 즉석판매제조·가공업

1) 과자(크림을 위에 바르거나 안에 채워 넣은 후 가열살균하지 않고 그대로 섭취하는 것만 해당한다), 빵류(크림을 위에 바르거나 안에 채워 넣은 후 가열살균하지 않고 그대로 섭취하는 것만 해당한다), 당류(설탕류, 포도당, 과당류, 올리고당류만 해당한다), 식육함유가공품, 어육가공품류(연육, 어묵, 어육소시지 및 기타 어육가공품만 해당한다), 두부류 또는 묵류, 식용유지류(압착식용유만 해당한다), 특수용도식품, 소스, 음료류(커피, 과일·채소류음료, 탄산음료류, 두유류, 발효음료류, 인삼·홍삼음료, 기타음료만 해당한다), 동물성가공식품류(추출가공식품만 해당한다), 빙과류, 즉석섭취식품(도시락, 김밥류, 햄버거류 및 샌드위치류만 해당한다), 즉석조리식품(순대류만 해당한다), 신선편의식품, 간편조리세트,「축산물 위생관리법」 제2조제2호에 따른 유가공품, 식육가공품 및 알가공품: 9개월 마다 1회 이상 식품의약품안전처장이 정하여 고시하는 식품 및 축산물가공품 유형별 검사항목

2) 별표 15 제2호에 따른 영업을 하는 경우에는 자가품질검사를 실시하지 않을 수 있다.

다. 식품첨가물

1) 기구 등 살균소독제: 6개월마다 1회 이상 살균소독력

2) 1) 외의 식품첨가물: 6개월마다 1회 이상 식품첨가물별 성분에 관한 규격

라. 기구 또는 용기·포장: 동일재질별로 6개월마다 1회 이상 재질별 성분에 관한 규격

Ⅲ. 자가품질검사의 면제

식품의약품안전처장 또는 시·도지사는 제48조제3항에 따른 식품안전관리인증기준적용업소가 다음 각 호에 해당하는 경우에는 제31조제1항에도 불구하고 총리령으로 정하는 바에 따라 자가품질검사를 면제할 수 있다(법 제31조의2).

① 제48조제3항에 따른 식품안전관리인증기준적용업소가 제31조제1항에 따른 검사가 포함된 식품안전관리인증기준을 지키는 경우

② 제48조제8항에 따른 조사·평가 결과 그 결과가 우수하다고 총리령으로 정하는 바에 따라 식품의약품안전처장이 인정하는 경우. 법 제31조의2제2호에 따라 식품안전관리인증기준적용업소의 자가품질검사 의무를 면제하는 경우는 해당 식품안전관리인증기준적용업소에 대하여 제66조제1항에 따른 조사·평가를 한 결과가 만점의 95퍼센트 이상인 경우로 한다(시행규칙 제31조의2).

Ⅳ. 자가품질검사의 위탁

식품 등을 제조·가공하는 영업자는 제1항에 따른 검사를 「식품·의약품분야 시험·검사 등에 관한 법률」 제6조제3항제2호에 따른 자가품질위탁 시험·검사기관에 위탁하여 실시할 수 있다(법 제31조제2항).

Ⅴ. 자가품질검사의 확인검사

제31조제2항에 따라 자가품질검사를 위탁하여 실시한 영업자가 「식품·의약품분야 시험·검사 등에 관한 법률」 제11조제3항에 따라 부적합으로 통보받은 검사 결과에 이의가 있으면 자가품질검사를 실시한 제품과 같은 제품(같은 날에 같은 영업시설에서 같은 제조 공정을 통하여 제조·생산된 제품에 한정한다)에 대한 확인검사를 2곳 이상의 다른 「식품·의약품분야 시험·검사 등에 관한 법률」 제6조제2항제1호에 따른 식품 등 시험·검사기관에 요청할 수 있다. 이 경우 영업자는 식품의약품안전처장, 시·도지사 또는 시장·군수·구청장에게 확인검사 요청 사실을 지체 없이 보고하여야 한다(법 제31조의3 제1항).

제1항에 따라 확인검사를 요청받은 식품 등 시험·검사기관은 자가품질검사를 실시한 제품과 같은 제품에 대하여 같은 검사 항목, 기준 및 방법에 따라 확인검사를 실시한 후 영업자에게 시험·검사성적서를 발급하여야 한다. 다만, 시간이 경과함에 따라 검사 결과

가 달라질 수 있는 검사항목 등 총리령으로 정하는 검사항목은 확인검사 대상에서 제외한다(법 제31조의3 제2항).

제2항에 따라 시험·검사성적서를 발급받은 영업자는 해당 시험·검사의 결과가 모두 적합인 경우에는 관할 지방식품의약품안전청장에게 그 시험·검사성적서를 첨부하여 최종 확인검사를 요청할 수 있다. 이 경우 확인검사에 드는 비용은 영업자가 부담한다(법 제31조의3 제3항).

제3항에 따라 최종 확인검사를 요청받은 지방식품의약품안전청장은 제2항에 따른 검사 항목, 기준 및 방법에 따라 검사를 실시하고 영업자에게 시험·검사성적서를 발급하여야 한다(법 제31조의3 제4항).

식품의약품안전처장, 시·도지사 또는 시장·군수·구청장은 제1항에 따른 확인검사를 요청한 영업자가 제4항에 따른 검사 결과 적합으로 판정된 시험·검사성적서를 제출하는 경우에는 제45조에 따른 회수조치, 제73조제1항에 따른 공표 명령을 철회하는 등 지체없이 필요한 조치를 하여야 한다(법 제31조의3 제5항).

제2절 위해평가

Ⅰ. 의의

위해평가란 국내·외에서 유해물질이 함유된 것으로 알려지는 등 위해의 우려가 제기되는 식품 등이 제4조 또는 제8조에 따른 식품 등에 해당한다고 의심되는 경우에 식품의약품안전처장이 그 식품 등의 위해요소를 신속히 평가하여 그것이 위해식품 등인지를 결정하는 것을 말한다(법 제15조제1항).

Ⅱ. 위해평가의 대상

1. 평가대상인 식품 등

법 제15조제1항에 따른 식품, 식품첨가물, 기구 또는 용기·포장(이하 "식품 등"이라 한다)의 위해평가 대상은 다음 각 호로 한다(시행령 제4조제1항).

① 국제식품규격위원회 등 국제기구 또는 외국 정부가 인체의 건강을 해칠 우려가 있

다고 인정하여 판매하거나 판매할 목적으로 채취·제조·수입·가공·사용·조리·저장·소분(小分: 완제품을 나누어 유통을 목적으로 재포장하는 것을 말한다. 이하 같다)·운반 또는 진열을 금지하거나 제한한 식품 등

② 국내외의 연구·검사기관에서 인체의 건강을 해칠 우려가 있는 원료 또는 성분 등이 검출된 식품 등

③ 소비자기본법 제29조에 따라 등록한 소비자단체 또는 식품 관련 학회가 위해평가를 요청한 식품 등으로서 법 제57조에 따른 식품위생심의위원회(이하 "심의위원회"라 한다)가 인체의 건강을 해할 우려가 있다고 인정한 식품 등

④ 새로운 원료·성분 또는 기술을 사용하여 생산·제조·조합되거나 안전성에 대한 기준 및 규격이 정하여지지 아니하여 인체의 건강을 해칠 우려가 있는 식품 등

2. 평가대상인 위해요소

위해평가에서 평가하여야 할 위해요소는 다음 각 호의 요인으로 한다(시행령 제4조제2항).

① 잔류농약, 중금속, 식품첨가물, 잔류 동물용 의약품, 환경오염물질 및 제조·가공·조리과정에서 생성되는 물질 등 화학적 요인

② 식품 등의 형태 및 이물(異物) 등 물리적 요인

③ 식중독 유발 세균 등 미생물적 요인

Ⅲ. 위해평가의 방법 및 절차

1. 방법

위해평가는 ① 위해요소의 인체 내 독성을 확인하는 위험성 확인과정 → ② 위해요소의 인체노출 허용량을 산출하는 위험성 결정과정 → ③ 위해요소가 인체에 노출된 양을 산출하는 노출평가과정 → ④ 위험성 확인과정, 위험성 결정과정 및 노출평가과정의 결과를 종합하여 해당 식품 등이 건강에 미치는 영향을 판단하는 위해도(危害度) 결정과정을 순차적으로 거친다. 다만, 식품의약품안전처장이 현재의 기술수준이나 위해요소의 특성에 따라 따로 방법을 정한 경우에는 그에 따를 수 있다(시행령 제4조제3항).

2. 심의·의결

심의위원회는 제3항 각 호에 따른 각 과정별 결과 등에 대하여 심의·의결하여야 한

다. 다만, 해당 식품 등에 대하여 국제식품규격위원회 등 국제기구 또는 국내외의 연구·검사기관에서 이미 위해평가를 실시하였거나 위해요소에 대한 과학적 시험·분석 자료가 있는 경우에는 심의·의결을 한 것으로 본다(시행령 제4조제4항).

Ⅳ. 일시적 금지조치

식품의약품안전처장은 제1항에 따른 위해평가가 끝나기 전까지 국민건강을 위하여 예방조치가 필요한 식품 등에 대하여는 판매하거나 판매할 목적으로 채취·제조·수입·가공·사용·조리·저장·소분·운반 또는 진열하는 것을 일시적으로 금지할 수 있다(법 제15조제2항본문). 이는 위해가능성이 있는 식품 등의 경우 그에 대한 과학적 평가가 끝나기 전에도 신속히 예방조치를 하기 위하여 둔 규정이다.

식품의약품안전처장이 일시적 금지조치를 하려면 미리 심의위원회의 심의·의결을 거쳐야 한다. 다만, 국민건강을 급박하게 위해할 우려가 있어서 신속히 금지조치를 하여야 할 필요가 있는 경우에는 먼저 일시적 금지조치를 한 뒤 지체 없이 심의위원회의 심의·의결을 거칠 수 있다(법 제15조제3항). 심의위원회는 이 경우 일시적 금지조치로 인하여 영업상의 불이익을 받았거나 받게 되는 영업자의 의견을 들어야 한다(법 제15조제4항, 시행령 제5조).

식품의약품안전처장은 제1항에 따른 위해평가나 제3항 단서에 따른 사후 심의위원회의 심의·의결에서 위해가 없다고 인정된 식품 등에 대하여는 지체 없이 제2항에 따른 일시적 금지조치를 해제하여야 한다(법 제15조제5항).

Ⅴ. 위해평가 결과 등에 대한 공표

식품의약품안전처장은 제15조에 따른 위해평가 결과에 관한 사항을 공표할 수 있다(법 제15조의2 제1항). 식품의약품안전처장은 법 제15조의2제1항에 따라 위해평가의 결과를 인터넷 홈페이지, 신문, 방송 등을 통하여 공표할 수 있다(시행령 제5조의2 제1항)

중앙행정기관의 장, 특별시장·광역시장·특별자치시장·도지사·특별자치도지사(이하 "시·도지사"라 한다), 시장·군수·구청장(자치구의 구청장을 말한다) 또는 대통령령으로 정하는 공공기관의 장은 식품의 위해 여부가 의심되는 경우나 위해와 관련된 사실을 공표하려는 경우로서 제15조에 따른 위해평가가 필요한 경우에는 반드시 식품의약품안전처장에게 그 사실을 미리 알리고 협의하여야 한다(법 제15조의2 제2항).

Ⅵ. 위해식품 등에 대한 긴급대응

1. 의의

현대 사회에서는 식품의 대량생산과 광범위한 유통이 이루어지는 것이 보통이므로 일단 식중독 등의 식품사고가 발생하면 그 피해가 광범위하고 다수의 피해자가 발생할 우려가 있다. 이러한 사태가 벌어지는 것을 방지하기 위하여 마련된 제도가 위해식품 등에 대한 긴급대응방안이라고 할 수 있다.

2. 긴급대응이 필요한 상황

식품의약품안전처장은 판매하거나 판매할 목적으로 채취·제조·수입·가공·조리·저장·소분 또는 운반(이하 이 조에서 "제조·판매 등"이라 한다)되고 있는 식품 등이 다음 각 호의 어느 하나에 해당하는 경우에는 긴급대응방안을 마련하고 필요한 조치를 하여야 한다(법 제17조제1항).

① 국내외에서 식품 등 위해발생 우려가 총리령으로 정하는 과학적 근거에 따라 제기되었거나 제기된 경우.

② 그 밖에 식품 등으로 인하여 국민건강에 중대한 위해가 발생하거나 발생할 우려가 있는 경우로서 대통령령으로 정하는 경우

법 제17조제1항제1호에 따른 "국내외에서 식품 등 위해발생 우려가 총리령으로 정하는 과학적 근거에 따라 제기되었거나 제기된 경우"란 식품위생심의위원회가 과학적 시험 및 분석자료 등을 바탕으로 조사·심의하여 인체의 건강을 해칠 우려가 있다고 인정한 경우를 말한다(시행규칙 제10조).

법 제17조제1항제2호에서 "대통령령으로 정하는 경우"란 다음 각 호의 어느 하나에 해당하는 경우를 말한다(시행령 제7조제1항).

① 국내외에서 위해식품 등의 섭취로 인하여 사상자가 발생한 경우

② 국내외의 연구·검사기관에서 인체의 건강을 해칠 심각한 우려가 있는 원료 또는 성분이 식품 등에서 검출된 경우

③ 법 제93조제1항에 따른 질병에 걸린 동물을 사용하였거나 같은 조 제2항에 따른 원료 또는 성분 등을 사용하여 제조·가공 또는 조리한 식품 등이 발견된 경우

3. 긴급대응방안의 내용

제1항에 따른 긴급대응방안에는 다음 각 호의 사항이 포함되어야 한다(법 제17조제2항).

① 해당 식품 등의 종류
② 해당 식품 등으로 인하여 인체에 미치는 위해의 종류 및 정도
③ 제3항에 따른 제조·판매 등의 금지가 필요한 경우 이에 관한 사항
④ 소비자에 대한 긴급대응요령 등의 교육·홍보에 관한 사항
⑤ 그 밖에 식품 등의 위해 방지 및 확산을 막기 위하여 필요한 사항

4. 필요한 조치

가. 제조·판매 등의 금지

식품의약품안전처장은 제1항에 따른 긴급대응이 필요하다고 판단되는 식품 등에 대하여는 그 위해 여부가 확인되기 전까지 해당 식품 등의 제조·판매 등을 금지하여야 한다(법 제17조제3항). 식품의약품안전처장은 제3항에 따라 제조·판매 등을 금지하려면 미리 대통령령으로 정하는 이해관계인의 의견을 들어야 한다(법 제17조제5항). 여기서 "대통령령으로 정하는 이해관계인"이란 법 제17조제3항에 따른 금지조치로 인하여 영업상의 불이익을 받거나 받게 되는 영업자를 말한다(시행령 제7조제2항).

나. 위해식품 긴급정보 발송

식품의약품안전처장은 국민건강에 급박한 위해가 발생하거나 발생할 우려가 있다고 인정되는 위해식품에 관한 정보를 국민에게 긴급하게 전달하여야 하는 경우로서 대통령령으로 정하는 요건에 해당하는 경우에는 「방송법」제2조제3호에 따른 방송사업자 중 대통령령으로 정하는 방송사업자에 대하여 이를 신속하게 방송하도록 요청하거나 「전기통신사업법」제5조에 따른 기간통신사업자 중 대통령령으로 정하는 기간통신사업자에 대하여 이를 신속하게 문자 또는 음성으로 송신하도록 요청할 수 있다(법 제17조제8항).

제8항에 따라 요청을 받은 방송사업자 및 기간통신사업자는 특별한 사유가 없는 한 이에 응하여야 한다(법 제17조제9항).

다. 영업자의 의무

영업자는 제3항에 따른 식품 등에 대하여는 제조·판매 등을 하여서는 아니 된다(법 제17조제4항). 영업자는 제3항에 따른 금지조치에 대하여 이의가 있는 경우에는 대통령령으로 정하는 바에 따라 식품의약품안전처장에게 해당 금지의 전부 또는 일부의 해제를 요청할 수 있다(법 제17조제6항). 해당 금지의 전부 또는 일부의 해제를 요청하려는 영업자는 총리령으로 정하는 해제 요청서를 식품의약품안전처장에게 제출하여야 한다(시행령

제7조제3항).

라. 금지의 해제

식품의약품안전처장은 식품 등으로 인하여 국민건강에 위해가 발생하지 아니하였거나 발생할 우려가 없어졌다고 인정하는 경우에는 제3항에 따른 금지의 전부 또는 일부를 해제하여야 한다(법 제17조제7항).

제3절 수입식품 등의 검사 등

Ⅰ. 수입식품 관련 영업의 종류와 시설기준

다음 각 호의 영업을 하려는 자는 총리령으로 정하는 시설기준에 맞는 시설을 갖추어야 한다(수입식품안전관리 특별법 제14조제1항).

① 수입식품 등 수입·판매업(수입식품 등을 수입하여 판매하는 영업을 말한다)

② 수입식품 등 신고 대행업

③ 수입식품 등 인터넷 구매 대행업

④ 수입식품 등 보관업

제1항 각 호에 따른 영업의 범위는 대통령령으로 정한다(수입식품안전관리 특별법 제14조제2항). 이에 따라 영업의 종류와 범위는 시행령에서, 그리고 영업의 종류별 시설기준은 시행규칙에서 자세히 규정하고 있다.

1. 영업의 종류와 범위

법 제14조제1항 각 호에 따른 영업의 종류와 그 범위는 다음 각 호의 구분과 같다(수입식품안전관리 특별법 시행령 제2조).

① 수입식품 등 수입·판매업: 수입식품 등을 수입하여 판매하는 영업. 다만, 법 제2조제1호에 따른 식품 등의 채취·제조 또는 가공에 사용되는 기계를 수입하는 경우는 제외한다.

② 수입식품 등 신고 대행업: 제1호에 따른 수입식품 등 수입·판매업자(법 제15조제6항에 따라 등록한 것으로 보는 영업자를 포함한다)를 위하여 법 제20조제1항에 따른 수입신고를 대행하는 영업

③ 수입식품 등 인터넷 구매 대행업: 국내 소비자의 요청에 따라 해외 판매자의 사이버몰(컴퓨터 등과 정보통신설비를 이용하여 재화 등을 거래할 수 있도록 설정된 가상의 영업장을 말한다) 등으로부터 수입식품 등의 구매를 대행하여 수입하는 영업

④ 수입식품 등 보관업: 법 제20조제1항에 따른 수입신고의 대상이 되는 수입식품 등을 총리령으로 정하는 시설 또는 장소에 보관하는 영업

2. 영업의 종류별 시설기준

법 제14조제1항에 따른 영업의 종류별 시설기준은 다음과 같다(수입식품안전관리 특별법 시행규칙 제15조제1항).

가. 수입식품 등 수입·판매업, 수입식품 등 신고 대행업 및 수입식품 등 인터넷 구매 대행업의 경우

① 영업활동을 위한 독립된 사무소가 있어야 한다. 다만, 영업활동에 지장이 없는 경우에는 다른 사무소를 함께 사용할 수 있으며, 수입식품 등 수입·판매업 또는 수입식품 등 인터넷 구매대행업으로서 「전자상거래 등에서의 소비자보호에 관한 법률」 제2조제1호·제2호에 따른 전자상거래·통신판매 형태의 영업을 하여 구매자가 직접 사무소를 방문하지 않는 경우에는 「건축법」에 따른 주택 용도의 건축물을 사무소로 사용할 수 있다.

② 수입식품 등을 위생적으로 보관할 수 있는 창고를 갖추어야 한다(수입식품 등 수입·판매업만 해당한다). 이 경우 보관창고는 영업등록을 한 소재지와 다른 곳에 설치하거나 임차하여 사용할 수 있다.

③ 위의 규정에도 불구하고 수입식품 등을 직접 소비자에게 판매하지 아니하는 경우에는 별도의 보관창고를 설치하지 아니할 수 있다.

나. 수입식품 등 보관업의 경우

(1) 보관시설 등이 설비된 건축물(이하 "건물"이라 한다)의 위치 등

① 건물의 위치는 축산폐수·화학물질, 그 밖에 오염물질의 발생시설로부터 수입식품 등에 영향을 주지 아니하는 거리를 두어야 한다.

② 건물의 구조는 보관하려는 수입식품 등의 특성에 따라 적정한 온도가 유지될 수 있고, 환기가 잘 될 수 있어야 한다.

③ 건물의 자재는 수입식품 등에 나쁜 영향을 주지 아니하고 수입식품 등을 오염시키지 아니하는 것이어야 한다.

(2) 보관시설

① 보관시설은 독립된 건물이거나 식품류 외의 제품을 보관하는 시설과 분리(별도의 방을 분리함에 있어 벽이나 층 등으로 구분하는 경우를 말한다. 이하 이 표에서 같다) 또는 구획(칸막이·커튼 등으로 구분하는 경우를 말한다. 이하 이 표에서 같다)되어야 한다. 다만, 보관시설의 특수성으로 분리 또는 구획이 어려운 경우에는 구분(선·줄 등으로 구분하는 경우를 말한다. 이하 이 표에서 같다)되어야 한다.

② 보관시설 내부의 바닥은 콘크리트 등으로 내수처리를 하여야 하고, 물이 고이거나 습기가 차지 않도록 하여야 한다. 다만, 활어 수조 등 물을 사용하는 시설은 그러하지 아니하다.

③ 보관시설의 내부 구조물, 벽, 바닥, 천장, 출입문, 창문 등은 내구성, 내부식성 등을 가지고, 청소가 용이하여야 한다.

④ 보관시설은 외부의 오염물질이나 조류, 해충, 설치류, 빗물 등의 유입을 차단할 수 있는 구조이어야 하며, 내부에는 쥐·바퀴 등 해충의 침입 방지를 위한 방충망, 쥐트랩 등 방충·방서 시설을 갖추어야 한다. 다만, 방충·방서는 전문 방충·방서업소와 계약을 체결하여 주기적으로 관리할 수 있다.

⑤ 보관시설 내부에서 발생하는 악취·유해가스, 먼지, 매연, 증기 등을 배출시키는 환기시설을 갖추어야 한다. 다만, 냉동· 냉장시설 등 보관시설의 특성상 환기시설을 갖출 수 없는 경우에는 그러하지 아니하다.

⑥ 보관시설은 폐기물·폐수 처리시설과 격리된 장소에 설치하여야 한다.

⑦ 냉동보관을 하는 경우에는 영하 18℃ 이하, 냉장보관을 하는 경우에는 영상 10℃ 이하의 온도 및 습도 유지를 위한 시설을 갖추어야 하고, 각각의 시설은 분리 또는 구획되어야 하며, 중앙제어실 또는 외부에서도 온도변화를 관찰할 수 있도록 온도계를 보기 쉬운 곳에 설치하여야 한다.

⑧ 상호 오염원이 될 수 있는 수입식품 등을 보관하는 경우에는 서로 분리하여 구별할 수 있도록 한다.

⑨ 보관시설 바닥에는 양탄자를 설치하여서는 아니 된다.

⑩ 보관시설에 영향을 미치지 아니하는 정화조를 갖춘 수세식 화장실을 설치하고, 손 씻는 시설을 설치하여야 한다. 다만, 상·하수도가 설치되지 아니한 지역에서는 수세식이 아닌 화장실을 설치할 수 있으며 이 경우 변기의 뚜껑과 환기시설을 갖추어야 한다.

Ⅱ. 영업의 등록

1. 의의

제14조제1항 각 호에 따른 영업을 하려는 자는 식품의약품안전처장에게 영업등록을 하여야 한다. 등록한 사항 중 대통령령으로 정하는 중요한 사항을 변경할 때에도 또한 같다(수입식품안전관리 특별법 제15조제1항). 여기서 “대통령령으로 정하는 중요한 사항”이란 영업소의 소재지를 말한다(수입식품안전관리 특별법 시행령 제3조).

위 영업의 등록은 그 성질상 수리를 요하는 신고에 해당된다고 보아야 한다.

2. 등록의 절차

가. 구비서류

법 제15조제1항 본문에 따라 영업등록을 하려는 자는 영업에 필요한 시설을 갖춘 후 별지 제17호서식의 영업등록신청서(전자문서로 된 신청서를 포함한다)에 다음 각 호의 서류(전자문서를 포함한다)를 첨부하여 지방식품의약품안전청장에게 제출하여야 한다. 이 경우 지방식품의약품안전청장은 「전자정부법」 제36조제1항에 따른 행정정보의 공동이용을 통하여 토지이용계획확인서, 건축물대장 및 법인 등기사항증명서(법인인 경우만 해당한다)을 확인하여야 한다(수입식품안전관리 특별법 시행규칙 제16조제1항).

① 교육이수증(법 제17조제2항 본문에 따라 미리 교육을 받은 경우만 해당한다)

② 보관시설 임차계약서(보관시설을 임차한 경우만 해당한다)

③ 영업장의 시설내역 및 배치도(수입식품 등 보관업만 해당한다)

④ 제15조제2항에 따른 보세창고·보관시설에 대한 「관세법」·「자유무역지역의 지정 및 운영에 관한 법률」에 따른 특허·신고·계약에 관한 서류(수입식품 등 보관업만 해당한다)

⑤ 「국유재산법 시행규칙」 제14조제3항에 따른 국유재산 사용허가서(국유철도의 정거장시설에서 수입식품 등 수입·판매업을 하려는 경우만 해당한다)

⑥ 「도시철도법」에 따른 도시철도운영자와 체결한 도시철도시설 사용계약에 관한 서류(도시철도의 정거장시설에서 수입식품 등 수입·판매업을 하려는 경우만 해당한다)

나. 영업등록증의 발급

지방식품의약품안전청장은 제1항에 따른 등록신청을 받았을 때에는 신청 서류 등을 검토한 후 별지 제18호서식의 영업등록증을 발급하여야 한다. 이 경우 수입식품 등 보관업의 등록신청에 대해서는 등록 전에 해당 영업소의 시설을 확인하여야 한다(수입식품안전관리 특별법 시행규칙 제16조제3항).

Ⅲ. 수입신고

1. 수입신고의 의미

영업자가 판매를 목적으로 하거나 영업상 사용할 목적으로 수입식품 등을 수입(수입신고 대행을 포함한다)하려면 해당 수입식품 등을 총리령으로 정하는 바에 따라 식품의약품안전처장에게 수입신고를 하여야 한다(수입식품안전관리 특별법 제20조제1항).

여기서 "수입식품 등"이란 해외에서 국내로 수입되는 「식품위생법」 제2조에 따른 식품, 식품첨가물, 기구, 용기·포장(이하 "식품 등"이라 한다), 「건강기능식품에 관한 법률」 제3조에 따른 건강기능식품(이하 "건강기능식품"이라 한다) 및 「축산물 위생관리법」 제2조에 따른 축산물(이하 "축산물"이라 한다)을 말한다(수입식품안전관리 특별법 제2조제1호).

다음으로 수입신고의 의미에 대하여 살펴본다. 원래 신고란 자기완결적 신고(수리를 요하지 않는 신고)와 행정요건적 신고(수리를 요하는 신고)로 구분하는 것이 일반적이다. 그런데 위 수입신고에서의 신고란 일정한 사항에 관한 사실을 보고하는 것으로서 행정청이 그 신고를 수리하여야 법률이 정한 일정한 효과가 발생한다는 점에서 행정요건적 신고(수리를 요하는 신고)라고 보아야 할 것이다.

수입식품 등의 경우 위와 같은 신고절차를 구비하였음을 증명하지 못하는 경우 관세법상의 통관절차에 있어서 통관이 보류 또는 거부되는 불이익을 받게 된다(관세법 제237조).

수입식품안전관리 특별법 제20조제1항을 위반하여 수입신고를 하지 아니한 자, 또는 제20조제2항 각 호의 어느 하나에 해당하는 위반행위를 한 자에 대하여는 5년 이하의 징역 또는 5천만원 이하의 벌금에 처하거나 이를 병과할 수 있다(수입식품안전관리 특별법 제42조, 제20조제1항). 아울러 위와 같은 행정형벌 외에도 대통령령으로 정하는 바에 따라 영업의 등록취소 또는 6개월 이내의 기간의 범 위내에서 영업정지의 대상이 될 수 있다(수입식품안전관리 특별법 제29조, 제20조제1항·제2항).

2. 수입신고의 대상

신고의 대상이 되는 수입식품 등은 판매를 목적으로 하거나 영업상 사용할 목적인 식품, 식품첨가물, 기구, 용기·포장, 건강기능식품 및 축산물이다. 이 경우 판매목적 또는 영업상 사용의 여부에 관한 판단은 그 식품 등의 형태·표시 기타 관계 서류 등을 종합적으로 고려하여 이루어진다.

그러나 다음의 수입식품 등은 수입신고를 하지 아니하여도 무방하다(수입식품안전관리 특별법 시행규칙 제30조 관련 [별표 9]).

① 우리나라에 있는 외국의 대사관·공사관·영사관 그 밖의 이에 준하는 기관에서 수입하는 공용의 수입식품 등 또는 그 기관에 소속된 공무원 및 그 가족이 수입하는 자가소비용 수입식품 등

② 여행자가 휴대한 것 또는 국제우편물·국제특송화물(수입식품 등 인터넷 구매 대행업의 영업등록을 한 자에게 요청하여 수입하는 경우는 제외한다) 등으로서 자가소비용으로 인정할 수 있는 수입식품 등

③ 무상으로 반입하는 상품의 견본 또는 광고물품으로서 그 표시가 명확한 식품 등

④ 외국의 경제수역에서 당해 국가 선박과의 공동어업으로 포획·채취하여 우리나라 선박에서 냉동 또는 가공된 수산물

⑤ 식품 등의 채취·제조 또는 가공에 사용하는 기계류와 그 부속품

⑥ 식품첨가물을 제조하는데 사용하는 비식용 원료

⑦ 정부 또는 지방자치단체가 직접 사용하는 수입식품 등

⑧「관세법」 제239조제1호에 따라 선용품·기용품 또는 차량용품을 운송수단 안에서 그 용도에 따라 소비 또는 사용하는 경우로서 관세청장이 수입으로 보지 아니하는 수입식품 등

⑨ 무상으로 반입하는 선천성대사이상질환자용 식품

⑩ 기구 또는 용기·포장을 제조하는데 사용하는 원료

⑪ 그 밖에 식품의약품안전처장이 위생상 위해발생의 우려가 없다고 인정하는 수입식품 등

대법원 2010. 2. 11. 선고 2009도2338 판결【식품위생법위반·사료관리법위반】

[2] '사료'로서 수입신고를 마친 후 '식품'으로 판매 등을 하는 경우, 구 식품위생법 제4조 제7호 위반죄가 성립하는지 여부(적극): 비록 사료로서 수입신고를 마쳤다고 하더라도 이를 식품으로 판매 등을 하는 경우에는 '구 식품위생법(2009. 2. 6. 법률 제9432호로 전부 개정되기 전의 것) 제16조 제1항의 규정에 의하여 수입신고를 하여야 함에도 신고하지 아니한 것'에 해당하여 구 식품위생법 제4조 제7호 위반죄가 성립한다(대법원 2010.2.11. 선고 2009도2338 판결).

[3] 구 식품위생법 제4조 제7호 위반죄가 성립하기 위한 '수입신고를 하여야 하는 경우에 신고하지 아니하고 수입한 것' 및 구 사료관리법 제7조 위반죄의 '수입한 사료'에 대한 인식 정도: 구 식품위생법

(2009. 2. 6. 법률 제9432호로 전부 개정되기 전의 것) 제4조 제7호 위반죄의 '수입신고를 하여야 하는 경우에 신고하지 아니하고 수입한 것'이라는 인식 및 구 사료관리법(2008. 2. 29. 법률 제8852호로 개정되기 전의 것) 제7조 위반죄의 '수입한 사료'라는 인식은 범죄구성요건의 주관적 요소로서 이는 미필적인 것으로도 충분하다.

[4] '낚시떡밥'은 동물·어류 등에 영양이 되거나 그 건강유지 또는 성장을 위하여 필요한 것이라고 할 수 없어, 구 사료관리법(2008. 2. 29. 법률 제8852호로 개정되기 전의 것) 제2조 제1호의 '사료'에 해당하지 아니한다.

대법원 2022. 4. 14. 선고 2021도2046 판결 【수입식품안전관리특별법위반】

수입식품 등 인터넷 구매 대행업 영업등록을 하고 대행업을 영위하는 경우, 구 수입식품안전관리 특별법 제20조 제1항에 따라 수입신고를 하여야 하는지 여부(적극) 및 이때 해외 판매자로부터 국내 소비자에게 직접 배송되었거나 수입 통관절차에 국내 소비자의 '개인통관고유부호'가 사용되었더라도 위 대행업에 해당하는 이상 수입신고가 필요한지 여부(적극): 2015. 2. 3. 법률 제13201호로 제정된 구 수입식품안전관리 특별법(2019. 12. 3. 법률 제16716호로 개정되기 전의 것, 이하 '구 수입식품법'이라고 한다)은 수입식품 증가에 따른 수입식품 안전 확보를 위해서 영업자 구분관리, 해외제조업소 등록 및 현지실사 등을 규정함으로써 수입 품목에 대한 관리뿐만 아니라 수입자 및 해외제조업소를 관리하여 안전한 식품이 수입될 수 있는 환경을 마련하는 데에 입법 목적이 있고, 수입식품 등에 관하여는 다른 법률보다 우선하여 적용된다(제4조). 구 수입식품법은 '수입식품 등 인터넷 구매 대행업'을 하려는 자를 식품의약품안전처장에게 영업등록을 하여야 하는 '영업자'로 규정하고 있고(제2조 제5호, 제14조, 제15조), 구 수입식품법 제14조 제2항의 위임에 따라 '영업자'의 영업 범위를 정하고 있는 구 수입식품안전관리 특별법 시행령(2019. 5. 14. 대통령령 제29763호로 개정되기 전의 것) 제2조 제3호는 '수입식품 등 인터넷 구매 대행업'을 '국내 소비자의 요청에 따라 해외 판매자의 사이버몰(컴퓨터 등과 정보통신설비를 이용하여 재화 등을 거래할 수 있도록 설정된 가상의 영업장을 말한다) 등으로부터 수입식품 등의 구매를 대행하여 수입하는 영업'이라고 규정하고 있다. 구 수입식품법상 '영업자'가 판매를 목적으로 하거나 영업상 사용할 목적으로 수입식품 등을 수입(수입신고 대행을 포함한다)하려면 총리령으로 정하는 바에 따라 식품의약품안전처장에게 수입신고를 하여야 하고(제20조 제1항), 그 위임에 따라 구 수입식품안전관리 특별법 시행규칙(2019. 6. 19. 총리령 제1546호로 개정되기 전의 것) 제27조 제2항은 수입식품 등 인터넷 구매 대행업자가 수입신고를 하려는 경우에는 '인터넷 구매대행 수입식품 등의 수입신고서'를 수입통관이 이루어지기 전에 관할 지방식품의약품안전청장에게 제출하도록 규정하고 있다.

위와 같은 법령의 내용과 취지 등을 종합하면, 수입식품 등 인터넷 구매 대행업 영업등록을 하고 대행업을 영위하는 이상 구 수입식품법 제20조 제1항에 따라 수입신고를 하여야 하고, 해외 판매자로부터 국내 소비자에게 직접 배송되었거나 수입 통관절차에 국내 소비자의 '개인통관고유부호'가 사용되었더라도 위 대행업에 해당하는 이상 수입신고가 필요하다.

3. 수입신고의 절차 등

가. 구비서류

(1) 원칙

법 제20조제1항에 따라 수입신고를 하려는 자(수입식품 등 인터넷 구매 대행업자는 제외한다)는 별지 제25호서식의 수입식품 등의 수입신고서에 다음 각 호의 서류를 첨부하여 수입식품 등의 통관장소를 관할하는 지방식품의약품안전청장에게 제출해야 한다. 이 경우 수입식품 등의 도착 예정일 5일 전부터 미리 신고할 수 있으며, 미리 신고한 도착항, 도착 예정일, 반입 장소 및 반입 예정일 등 주요 사항이 변경되는 경우에는 즉시 그 내용을 문서로 신고해야 한다(수입식품안전관리 특별법 시행규칙 제27조제1항).

① 한글표시가 된 포장지(한글표시가 인쇄된 스티커를 붙인 포장지를 포함한다) 또는 한글표시 내용이 적힌 서류

② 수입식품 등의 사진. 다만, 다음 각 목의 어느 하나에 해당하는 수입식품 등은 제외한다.

가. 별표 9 제2호가목1)부터 3)까지의 어느 하나에 해당하는 수입식품 등

나. 그 밖에 식품의약품안전처장이 정하여 식품의약품안전처의 인터넷 홈페이지에 게시하는 수입식품 등

③ 「식품·의약품분야 시험·검사 등에 관한 법률」 제8조에 따른 국외시험·검사기관이 정밀검사를 하여 발행한 시험·검사성적서(별표 9 제2호다목에 따른 정밀검사 대상 수입식품 등만 해당한다)

④ 다음 각 목의 어느 하나에 해당하는 서류[유전자변형식품 등(「식품위생법」 제12조의2제1항 각 호의 어느 하나에 해당하는 생명공학기술을 활용하여 재배·육성된 농·축·수산물 등으로서 안전성 심사를 받은 식품, 이를 원재료로 제조·가공한 식품 또는 식품첨가물을 말한다) 표시대상에 해당하는 식품으로서 유전자변형식품 등임을 표시하지 아니한 경우만 해당한다]

가. 구분유통증명서(종자구입·생산·제조·보관·선별·운반·선적 등 취급과정에서 유전자변형식품 등과 구분하여 관리하였음을 증명하는 서류를 말한다. 이하 같다)

나. 구분유통증명서와 동등한 효력이 있음을 생산국의 정부가 인정하는 증명서

다. 「식품·의약품분야 시험·검사 등에 관한 법률」 제6조 및 제8조에 따라 지정되었거나 지정된 것으로 보는 시험·검사기관에서 발행한 유전자변형식품 등 표시대상이 아님을 입증하는 시험·검사성적서

⑤ 법 제20조제9항에 따른 소비기한 설정사유서 또는 제29조에 따른 소비기한 연장사유서(법 제18조제2항에 따른 주문자상표부착수입식품 등만 해당한다)

⑥ 수출계획서(국내 반입 후 계획이 구체적으로 적혀 있어야 하며,「대외무역법」에 따라 외화획득용으로 수입하는 경우만 해당한다)

⑦ 영업허가 등 인허가 서류 사본 또는 품목제조보고서 사본(「대외무역법」에 따라 외화획득용으로 수입하는 원료나 자사제품 제조용 원료로 수입하는 경우만 해당하며, 전산상으로 확인되는 경우는 제외한다)

⑧ 위생증명서 또는 검사증명서(법 제37조 또는「농수산물품질관리법」 제88조제1항제2호 등에 따라 수출국 정부와 증명서 첨부에 관하여 협약 등을 체결한 국가로부터 수입하는 수산물의 경우만 해당하며, 식품의약품안전처장이 인정하는 통신망을 통하여 수출국 정부기관에서 발급한 증명서를 확인할 수 있는 경우는 제외한다)

⑨ 법 제11조제5항에 따른 수출 위생증명서(축산물의 경우만 해당하며, 식품의약품안전처장이 인정하는 통신망을 통하여 수출국 정부기관에서 발급한 증명서를 확인할 수 있는 경우는 제외한다)

⑩ 제1호부터 제8호까지의 서류 외에 수입식품 등의 안전을 확보하기 위하여 식품의약품안전처장이 필요하다고 인정하는 다음 각 목의 서류

가. 소해면상뇌증에 감염되지 아니한 건강한 반추동물의 원료를 사용하였다는 생산국 정부증명서

나. 다이옥신 잔류량 검사성적서(열처리된 소금을 수입하는 경우만 해당한다)

다. 그 밖에 수출국 정부가 발행하는 서류 등 위해정보에 따라 식품의약품안전처장이 식품의약품안전처의 인터넷 홈페이지에 게재하는 서류

(2) 특칙(인터넷 구매 대행업자의 경우)

수입식품 등 인터넷 구매 대행업자가 법 제20조제1항에 따라 수입신고를 하려는 경우에는 별지 제26호서식의 인터넷 구매대행 수입식품 등의 수입신고서(전자문서로 된 신고서를 포함한다)를 수입식품 등의 통관장소를 관할하는 지방식품의약품안전청장에게 제출하여야 한다. 이 경우 수입신고는 수입 통관이 이루어지기 전에 하여야 한다(수입식품안전관리 특별법 시행규칙 제27조제2항).

나. 신고시의 준수사항

제1항에 따라 수입신고를 하려는 자 또는 수입신고를 한 자는 수입식품 등의 안전과

품질에 대하여 책임을 지며, 다음 각 호에 해당하는 행위를 하여서는 아니 된다(수입식품안전관리 특별법 제20조제2항).

① 거짓이나 그 밖의 부정한 방법으로 수입신고하는 행위

② 제1항에 따른 신고내용과 다른 용도로 수입식품 등을 사용하거나 판매하는 행위. 다만, 「식품위생법」 제37조에 따른 식품제조·가공업 또는 식품첨가물제조업 등록을 하거나 용기·포장류제조업 신고를 한 자 또는 「축산물 위생관리법」 제22조에 따른 축산물가공업 및 식육포장처리업 영업허가를 받은 자가 수입식품 등을 자사제품의 제조용 원료로 수입신고한 후 총리령으로 정하는 바에 따라 용도변경 승인을 받은 경우는 제외한다.

③ 제21조제1항에 따른 검사 결과 부적합 처분을 받아 수출국으로 반송되거나 다른 나라로 반출된 수입식품 등을 재수입하는 행위

④ 제21조제1항 후단에 따른 수입신고 조건을 위반하는 행위

⑤「식품위생법」 제7조, 「건강기능식품에 관한 법률」 제14조 및 「축산물 위생관리법」 제4조에 따른 기준 및 규격에 위반되는 수입식품 등을 수입신고하는 행위

다. 관할청의 조치

식품의약품안전처장은 제1항에 따른 수입신고를 받은 경우에는 그 내용을 검토하여 이 법에 적합하면 신고를 수리하여야 하고, 필요한 경우에는 조건을 붙일 수 있다(수입식품안전관리 특별법 제20조제3항).

식품의약품안전처장은 제3항에 따른 검토 과정에서 제1항에 따라 수입신고된 수입식품 등이 다음 각 호의 어느 하나에 해당하는 경우에는 해당 수입신고의 수리를 보류(이하 "신고수리보류조치"라 한다)할 수 있다(수입식품안전관리 특별법 제20조제4항).

① 테러의 수단으로 사용될 우려가 있는 경우

②「감염병의 예방 및 관리에 관한 법률」 제2조제1호에 따른 감염병의 병원체에 오염되었거나 오염되었을 우려가 있는 경우

③ 인체에 위해한 물질에 오염되었을 것으로 판단되나 오염여부를 확인하기 위한 검사항목을 특정하기 어렵거나 정해진 시험방법이 없는 경우

④ 국내에 신고·등록 등을 하지 아니하거나 허가·승인 등을 받지 아니한 농약, 동물용 의약품, 유전자변형식품 등의 물질이 사용된 것으로 판단되는 경우로서 해당 원료 또는 성분에 관하여 정해진 시험방법이 없는 경우

⑤ 그 밖에 해당 수입식품 등으로 인하여 국민건강에 중대한 위해가 발생하였거나 발생할 우려가 있어 신속한 조치가 필요한 경우

Ⅳ. 검사

1. 검사의 시기

식품의약품안전처장은 제20조제1항에 따라 수입신고된 수입식품 등에 대하여 통관절차가 끝나기 전에 관계 공무원 또는 「축산물 위생관리법」 제13조의 검사관(이하 "관계공무원등"이라 한다)이나 검사기관으로 하여금 필요한 검사를 하게 하여야 한다. 이 경우 검사결과의 확인 전이나 위반사항에 대한 보완 전에 사용 또는 판매를 금지하는 등의 조건을 붙여 신고를 수리할 수 있다(수입식품안전관리 특별법 제21조제1항).

2. 검사의 종류 및 대상

가. 서류검사 및 그 대상

서류검사란 신고서류 등을 검토하여 그 적합 여부를 판단하는 검사를 말하며, 다음의 수입식품 등을 대상으로 한다. 다만, 법 제7조에 따른 우수수입업소로 등록한 자가 최근 3년간 연평균 5회 이상(매년 수입실적이 있는 경우로 한정한다) 수입신고한 품목으로서 최근 3년간 법 제21조 또는 법 제25조에 따른 검사 결과 부적합 이력이 없는 경우에는 식품의약품안전처장이 정하여 고시하는 절차에 따라 서류검사를 생략할 수 있다(수입식품안전관리 특별법 시행규칙 제30조제1항 관련 [별표 9]).

① 「대외무역법 시행령」 제26조에 따라 외화획득용으로 수입하는 수입식품등. 다만, 같은 조 제1항제3호에 따라 관광용으로 수입하는 수입식품등은 제외한다.

② 자사제품 제조용 원료(자사의 제품을 생산하기 위하여 직접 또는 위탁하여 수입하는 수입식품등 또는 식품 등을 직접 제조·가공하지 아니하고 다른 사람에게 의뢰하여 제조·가공된 식품 등을 자신의 상표로 유통·판매하는 영업을 하는 자가 자신이 제조·가공을 의뢰한 제품의 원료를 말한다. 이하 같다)로 수입하는 다음의 어느 하나에 해당하는 수입식품등

가) 「식품위생법」 제37조제5항에 따른 식품제조·가공업, 식품첨가물제조업의 영업 등록을 한 자, 같은 조 제4항에 따른 용기·포장류제조업의 영업신고를 한 자, 「건강기능식품에 관한 법률」 제5조제1항에 따른 건강기능식품제조업의 영업허가를 받은 자 또는 「축산물 위생관리법」 제22조제1항에 따른 축산물가공업의 영업허가를 받은 자가 수입하는 식품등

나) 「건강기능식품에 관한 법률」 제5조제1항에 따른 건강기능식품제조업의 영업

허가를 받은 자가 수입하는 건강기능식품

다) 「축산물 위생관리법」 제22조제1항에 따른 축산물가공업, 식육포장처리업의 영업허가를 받은 자 또는 「식품위생법」 제37조제5항에 따른 식품제조·가공업, 식품첨가물제조업의 영업등록을 한 자, 「건강기능식품에 관한 법률」 제5조제1항에 따른 건강기능식품제조업의 영업허가를 받은 자가 수입하는 축산물

라) 식품·식품첨가물·건강기능식품·축산물을 직접 제조·가공하지 아니하고 다른 사람에게 의뢰하여 제조·가공된 식품·식품첨가물·건강기능식품·축산물을 자신의 상표로 유통·판매하는 영업을 하는 자가 수입하는 수입식품등

③ 연구·조사에 사용하는 수입식품등(「건강기능식품에 관한 법률」 제14조 제2항 및 법 제15조제2항의 규정에 따라 건강기능식품이나 원료 또는 성분으로 인정받기 위하여 수입하는 일정량의 연구·조사용 제품을 포함한다)

④ 정부·지방자치단체 또는 그 대행기관에서 수입하는 수입식품등(「식품·의약품분야 시험·검사 등에 관한 법률」 제6조에 따라 식품의약품안전처장이 지정한 축산물 시험·검사기관, 식품전문 시험·검사기관, 같은 조 제4항 단서에 따라 총리령으로 정하는 시험·검사기관 또는 같은 법 제8조에 따른 국외시험·검사기관에서 발행한 시험·검사성적서를 제출하는 경우만 해당한다)

⑤ 식용향료(조합향료 및 단일성분의 착향료를 포함한다)

⑥ 식품 또는 식품첨가물에 접촉되는 재질이 돌 또는 착색되지 아니한 유리제(가열조리용 유리제 및 납 함유 크리스털 유리제는 제외한다), 그 밖에 천연의 원재료로 만들어져 위해 우려가 없는 기구 및 용기·포장

⑦ 다목에 따른 정밀검사(이하 이 표에서 "정밀검사"라 한다)를 받은 것 중 별표 10 제4호의 동일사 동일수입식품등의 조건을 충족하는 것으로서 다시 수입하는 수입식품등. 다만, 다목2)·3)에 해당하는 수입식품등으로서 정밀검사를 받아야 하는 횟수 또는 기간이 남은 수입식품등(다목 2)나)(1)에 따라 정밀검사하는 경우 대상으로 정하지 않은 수입식품등은 포함하지 않는다)은 제외한다.

⑧ 외화획득을 위한 박람회·전시회 등에 전시(소비자·관람자 등에게 제공·판매하는 것은 포함하지 않는다)하기 위하여 수입하는 수입식품등

⑨ 판매를 목적으로 하는 선천성대사이상질환자용 식품

⑩ 정제·가공을 거쳐야만 하는 식품, 식품첨가물 또는 축산물의 원료

⑪ 재가공하여 사용하는 기구 또는 용기·포장

⑫ 외국으로부터 반송된 수입식품등 중 다음의 어느 하나에 해당하는 수입식품등

가) 국내에서 재가공하여 수출하려는 수입식품등

나) 국내에 유통 중인 제품과 동일한 제품으로서 그 반송사유가 수입식품등의 변질이나 위생상 위해가 아닌 수입식품등

⑬ 정밀검사 결과 부적합판정을 받은 이력이 없는 수입식품등 중 안전성이 확보되었다고 식품의약품안전처장이 인정하는 수입식품등

⑭ 농산물·임산물·수산물(식품의 원료로 사용되는 경우만 해당한다. 이하 이 표에서 같다) 중 정밀검사를 받아 수입된 후 「남북교류협력에 관한 법률」에 따라 군사분계선 이북지역으로 반출하여 단순 가공하고 같은 법에 따라 통일부장관의 승인을 받아 군사분계선 이남지역에 반입하려는 식품

⑮ 구매대행 수입식품등

나. 현장검사 및 그 대상

현장검사란 제품의 성질·상태·맛·냄새·색깔·표시·포장상태 및 정밀검사 이력 등을 종합하여 그 적합 여부를 판단하는 검사로서, 식품의약품안전처장이 별도로 정하는 기준과 방법에 따라 실시하는 관능검사[인간의 오감(五感)에 의하여 평가하는 제품검사]를 포함하며 다음의 수입식품 등을 대상으로 한다. 다만, 법 제7조에 따른 우수수입업소로 등록한 자가 최근 3년간 연평균 5회 이상(매년 수입실적이 있는 경우로 한정한다) 수입신고한 품목으로서 최근 3년간 법 제21조 또는 법 제25조에 따른 검사 결과 부적합 이력이 없는 경우에는 식품의약품안전처장이 정하여 고시하는 절차에 따라 현장검사를 생략할 수 있다(수입식품안전관리 특별법 시행규칙 제30조제1항 관련 [별표 9]).

① 농산물·임산물·수산물·축산물로서 식품의 기준 및 규격이 설정되지 아니한 것(식품첨가물이나 다른 원료를 사용하지 아니하고 원형을 알아볼 수 있는 정도로 단순히 자르거나 껍질을 벗기거나 말리거나 소금에 절이거나 숙성하거나 가열하거나 냉동하는 등 가공과정을 거쳐도 식품의 상태를 오감으로 확인할 수 있도록 처리한 것을 포함한다)

② 서류검사의 대상 중 지방식품의약품안전청장이 현장검사가 필요하다고 인정하는 수입식품 등

③ 「관세법」 등 다른 법률에 따라 보세구역 안에서 압류·몰수하여 검사 요구한 것으로서 그 물량이 별표 12에서 정한 수거량의 10배 이하인 수입식품 등(건강기능식품은 제외한다)

다. 정밀검사 및 그 대상

정밀검사란 물리적·화학적 또는 미생물학적 방법에 따라 실시하는 검사로서 서류검

사 및 현장검사를 포함하며, 다음의 수입식품 등을 대상으로 한다(수입식품안전관리 특별법 시행규칙 제30조제1항 관련 [별표 9]).

① 별표 10에 따른 1등급 수입식품등

② 별표 10에 따른 2등급 수입식품등

가) 별표 10 제2호가목에 해당하는 경우에는 식품의약품안전처장이 별도로 검사 횟수 또는 기간을 정하여 실시한다.

나) 별표 10 제2호나목에 해당하는 경우에는 다음의 기준에 따라 합산하여 5회까지 실시한다.

(1) 부적합 처분을 받은 날부터 1년 이내에 재수입되는 수입식품등: 임의로 정밀검사 대상을 정하여 실시할 수 있다.

(2) 부적합 처분을 받은 날부터 1년을 초과하여 재수입되는 수입식품등: 수입신고 횟수를 기준으로 실시한다.

③ 별표 10에 따른 3등급 수입식품등

가) 제26조제1항제3호가목 및 나목에 해당하는 자가 수입하는 수입식품등의 경우에는 그 수입자가 제26조제1항제3호가목 및 나목에 해당하는 기간 동안 실시한다.

나) 제26조제1항제3호다목에 해당하는 자가 수입하는 수입식품등의 경우에는 제품별 수입신고 횟수를 기준으로 연속하여 10회 실시한다.

다) 별표 10 제3호나목에 해당하는 수입식품등의 경우에는 부적합 처분을 받은 날부터 2년 동안 실시한다.

④ 구매대행 수입식품등으로서 「식품위생법」 제4조부터 제6조까지 및 같은 법 제8조, 「건강기능식품에 관한 법률」 제23조 및 제24조, 「축산물 위생관리법」 제15조의 2에 따른 위해식품 등에 해당한다고 의심되는 수입식품등. 이 경우 구매대행을 요청한 자의 동의를 미리 받아야 한다.

⑤ 수입신고 위반사항에 대한 보완 지시를 이행하지 아니하고 다시 수입신고하였거나 수입신고가 반려된 횟수를 합산하여 3회 이상인 자가 수입하는 수입식품등

라. 무작위표본검사 및 그 대상

무작위표본검사란 식품의약품안전처장의 표본추출계획에 따라 물리적·화학적 또는 미생물학적 방법으로 실시하는 검사로서 서류검사 및 현장검사를 포함하며, 다음의 수입식품 등을 대상으로 한다. 다만, 법 제7조 따른 우수수입업소에서 등록한 수입식품 등 또는 법 제8조에 따른 해외우수제조업소에서 등록한 수입식품 등은 제외할 수 있다(수입식

품안전관리 특별법 시행규칙 제30조제1항 관련 [별표 9]).

① 정밀검사를 받은 수입식품 등이나 서류검사 또는 현장검사 대상인 수입식품 등 중 수입식품 등의 종류별 위해도 등을 고려하여 표본추출계획에 따라 검사가 필요하다고 인정하는 수입식품 등

② 수입식품 안전관리에 필요한 정보를 수집하기 위하여 검사가 필요하다고 인정하는 수입식품 등

3. 검사의 방법 등

수입식품 등 검사기관 등, 검체의 채취 및 취급방법 등, 검체의 정밀검사방법 및 그 결과의 통보, 국외시험·검사기관의 시험·검사성적서 인정, 표시기준·허위표시 등의 확인 등은 수입식품안전관리 특별법 시행규칙 제30조제1항 관련 [별표 9]의 기재내용에 따른다.

4. 검사의 생략

식품의약품안전처장은 신고된 수입식품 등이 다음 각 호의 어느 하나에 해당하는 경우에는 제1항에도 불구하고 수입식품 등의 검사 전부 또는 일부를 생략할 수 있다(수입식품안전관리 특별법 제21조제3항).

① 제7조에 따라 우수수입업소로 등록된 자가 수입하는 수입식품 등

② 영업자가 신고한 해당 수입식품 등에 대하여 「식품·의약품분야 시험·검사 등에 관한 법률」에서 정한 검사기관에서 검사를 받아 그 검사성적서 또는 검사증명서 등을 제출하는 경우

③ 그 밖에 정밀검사 결과 부적합 이력이 없는 등 식품의약품안전처장이 안전성에 문제가 없다고 인정하는 수입식품 등

Ⅴ. 검사결과의 처리

1. 적합식품 등의 경우

지방식품의약품안전청장은 제27조제1항에 따라 수입신고를 받은 경우에는 별표 9의 검사방법에 따라 해당 수입식품 등에 대한 검사를 하고, 그 결과가 적합하다고 인정되는 경우에는 수입신고를 한 자(이하 "수입신고인"이라 한다)에게 별지 제28호서식의 수입식품 등의 수입신고확인증(전자문서를 포함한다)을 발급하여야 한다(수입식품안전관리 특

별법 시행규칙 제30조제1항).

지방식품의약품안전청장은 제27조제2항에 따라 수입신고를 받은 경우에는 별표 9의 검사방법에 따라 해당 수입식품 등에 대한 검사를 하고, 그 결과가 적합하다고 인정되는 경우에는 수입신고를 한 자(이하 "구매대행 수입신고인"이라 한다)에게 별지 제29호서식의 인터넷 구매대행 수입식품 등의 수입신고확인증(전자문서를 포함한다)을 발급하여야 한다(수입식품안전관리 특별법 시행규칙 제30조제2항).

2. 조건부 처리

가. 의의

법 제21조제1항 후단에 따라 다음 각 호의 어느 하나에 해당하는 수입식품 등(건강기능식품은 제외한다)에 대하여 필요한 조건을 붙여 수입식품 등의 수입신고확인증을 발급할 수 있다(수입식품안전관리 특별법 시행규칙 제31조제1항) 이는 장기간 보관하기 곤란한 식품 등의 신선도 유지, 수급정책상의 긴급한 필요, 경미한 위반사항 등의 경우를 대비하기 위한 것이다.

① 신선한 식품류

i) 살아있거나 신선하거나 냉장한 수산물

ii) 신선하거나 냉장한 농·임산물(썩었거나 상한 것이 조금 있는 경우로서 이를 선별할 수 있는 경우를 포함한다)

② 원료의 수급 또는 물가조절을 위하여 긴급히 수입하는 식품 등

③「식품 등의 표시·광고에 관한 법률」제4조에 따른 표시의 기준을 위반한 정도가 식품의약품안전처장이 인정하는 경미한 경우로서 통관 후 시중에 유통·판매하기 전에 그 위반사항을 보완할 수 있는 수입식품 등

④ 별표 9 제2호라목에 따른 무작위표본검사 대상에 해당하는 수입식품 등

나. 수입신고인의 제출서류

제1항에 따라 조건부로 수입신고확인증을 발급받으려는 수입신고인은 해당 조건의 이행과 관련된 다음 각 호의 내용이 포함된 서류를 지방식품의약품안전청장에게 제출하여야 하며, 검사결과를 통보받거나 보완사항의 이행 여부를 확인받기 전까지 해당 수입식품 등을 유통·판매해서는 아니 된다(수입식품안전관리 특별법 시행규칙 제31조제2항).

① 보세창고에서의 출고예정일

② 조건을 이행하기 위한 작업장소 또는 보관창고에 관한 다음 각 목(i) 입고 예정

일, ii) 소재지, iii) 보관책임자)의 사항

다. 사후관리의 요청

제2항에 따라 서류를 제출받은 지방식품의약품안전청장은 해당 수입신고인에게 조건부 수입신고확인증을 발급한 경우에 지체 없이 제2항제2호에 따른 작업장소 또는 보관창고의 소재지를 관할하는 지방식품의약품안전청장, 특별시장·광역시장·특별자치시장·도지사·특별자치도지사 또는 시장·군수·구청장(자치구의 구청장을 말한다)에게 그 서류를 보내 사후관리를 요청해야 한다(수입식품안전관리 특별법 시행규칙 제31조제4항).

라. 수입신고확인증의 발급

지방식품의약품안전청장은 제1항에 따른 조건부 신고대상 수입식품 등으로서 다음 각 호의 어느 하나에 해당하는 수입식품 등에 대해서는 제30조제1항에 따라 검사를 하고, 그 결과 적합한 경우에는 별지 제28호서식의 수입식품 등의 수입신고확인증을 발급하여야 한다(수입식품안전관리 특별법 시행규칙 제31조제5항).

① 수입신고의 조건을 위반한 사실이 있는 영업자가 수입하는 수입식품 등

② 최근 2년 이내에 제34조제1항에 따라 부적합 통보를 받은 사실이 있는 수입식품 등(해당 부적합 통보를 받은 수입식품 등의 제조·가공 등이 이루어진 국가에서 수입되는 경우로 한정한다)

③ 위해식품에 관한 정보 등이 확인되어 따로 검사 중인 수입식품 등

④ 그 밖에 위해발생 우려가 있어 조건부 수입신고확인증을 발급하기에 적합하지 아니하다고 식품의약품안전처장이 정하여 고시하는 수입식품 등

3. 부적합식품 등의 경우

지방식품의약품안전청장은 제30조제1항 및 제2항에 따른 검사결과 부적합한 수입식품 등에 대하여 별지 제30호서식 및 별지 제31호서식의 부적합통보서(전자문서를 포함한다)를 해당 수입신고인(수입신고인이 수입식품 등 신고 대행업자인 경우 그 대행을 의뢰한 수입식품 등 수입·판매업자 등을 말한다) 또는 구매대행 수입신고인에게 각각 발급하고, 수입식품 등 보관업자 및 관할 세관장에게 그 사실을 지체 없이 알려야 한다. 이 경우 부적합 통보를 받은 수입신고인 또는 구매대행 수입신고인은 해당 통보를 받은 날부터 1년 이내에 다음 각 호의 어느 하나에 해당하는 조치를 하여야 한다(수입식품안전관리 특별법 시행규칙 제34조제1항).

① 수출국으로의 반송 또는 다른 나라로의 반출

② 농림축산식품부장관의 승인을 받은 후 사료로의 용도 전환(「식품위생법」 제7조의 식품 등의 기준 및 규격에 따른 곡류·서류·두류 등 식물성 원료와 이를 가공한 식품(동물성 원료를 포함한 경우는 제외한다)으로서 「사료관리법」에 따라 사료로 사용이 가능한 경우로 한정한다)

③ 중앙행정기관 또는 지방자치단체가 식용 외의 공적 목적으로 사용할 수 있도록 제공

④ 폐기

한편 위와 같이 지방식품의약품안전청장이 식품 등에 대하여 검사를 하여 본 결과 그것이 부적합한 식품이라고 판명되어 이를 통보한 경우에 수입신고인은 그것을 다툴 수 있는가? 이는 단지 관념의 통지에 불과하므로 그 처분성을 인정할 수 없다는 견해가 있을 수 있다. 그러나 위와 같은 부적합통보로 인하여 수입신고인은 관세법 제226조에서 정하는 증명을 할 수 없게 되고 그 결과 수입통관이 보류될 수 있을 뿐 아니라(관세법 제237조), 위에서 본 바와 같이 식품 등을 폐기처분 하여야 하는 등의 법적 불이익이 발생하므로 이는 취소소송의 대상이 되는 행정처분이라고 보아야 할 것이다[1].

제4절 출입·검사·수거 등

Ⅰ. 관련규정

식품의약품안전처장(대통령령으로 정하는 그 소속 기관의 장을 포함한다), 시·도지사 또는 시장·군수·구청장은 식품 등의 위해방지·위생관리와 영업질서의 유지를 위하여 필요하면 다음 각 호의 구분에 따른 조치를 할 수 있다(법 제22조제1항).

① 영업자나 그 밖의 관계인에게 필요한 서류나 그 밖의 자료의 제출 요구

② 관계 공무원으로 하여금 다음 각 목에 해당하는 출입·검사·수거 등의 조치

i) 영업소(사무소, 창고, 제조소, 저장소, 판매소, 그 밖에 이와 유사한 장소를 포함한다)에 출입하여 판매를 목적으로 하거나 영업에 사용하는 식품 등 또는 영업

---

1) 橋本 博之, “1. 食品衛生法(平成15年法律第55号による改正前のもの)16条所定の届出があった場合における厚生労働大臣の応答 2. 食品衛生法(平成15年法律第55号による改正前のもの)16条に基づき検疫所長が食品等の輸入の届出をした者に対して行う当該食品等が同法に違反する旨の通知と抗告訴訟の対象”, 判例時報 第1882號(2005.4.1), 169-172頁.

시설 등에 대하여 하는 검사

ii) 가목에 따른 검사에 필요한 최소량의 식품 등의 무상 수거

iii) 영업에 관계되는 장부 또는 서류의 열람

Ⅱ. 출입·검사·수거의 횟수

법 제22조에 따른 출입·검사·수거 등은 국민의 보건위생을 위하여 필요하다고 판단되는 경우에는 수시로 실시한다(시행규칙 제19조제1항). 과거에 출입·검사 등은 연 1회 이상 의무적으로 실시하도록 하였으나 이로 인한 영업자의 불편을 해소하기 위하여 동 출입·검사 의무규정을 삭제하고 국민의 보건위생을 위하여 필요하다고 판단되는 경우에 한하여 수시로 이를 실시할 수 있도록 하였다.

제1항에도 불구하고 제89조에 따라 행정처분을 받은 업소에 대한 출입·검사·수거 등은 그 처분일부터 6개월 이내에 1회 이상 실시하여야 한다. 다만, 행정처분을 받은 영업자가 그 처분의 이행 결과를 보고하는 경우에는 그러하지 아니하다(시행규칙 제19조제2항).

Ⅲ. 식품 등의 수거대상 및 수거량

1. 수거대상 식품 등

식품위생법 제22조제1항제2호나목에 따라 무상으로 수거할 수 있는 대상식품은 "시행규칙 제19조제1항에 따라 검사에 필요한 식품 등을 수거할 경우"로 한정된다(시행규칙 제20조 관련 [별표 8]). 따라서 그 외의 식품 등은 유상으로 수거하는 것이 원칙이다.

2. 수거량

식품위생법 제22조제1항제2호나목에 따라 식품 등을 수거하고자 할 경우의 수거량은 다음의 기준에 따른다(시행규칙 제20조 관련 [별표 8]).

가. 식품

식품의 종류	수거량	비고
1) 가공식품	600g (ml) (다만, 캡슐류는	1. 수거량은 검체의 개수별 무게 또는 용량을 모두 합한 것으로 말하며, 검사에 필요한 시험재료 1건 당 수거양의 범위 안에서 수거하여야 한다. 다만, 검체채취로 인한 오염 등 소분·채취하

식품의 종류	수거량	비고
	200g)	기 어려운 경우에는 수거량을 초과하더라도 최소포장단위 그대로 채취할 수 있다. 2. 가공식품에 잔류농약검사, 방사능검사, 이물검사 등이 추가될 경우에는 각각 1kg을 추가로 수거하여야 한다(다만, 잔류농약검사 중 건조채소 및 침출차는 0.3kg). 3. 방사선 조사 검사가 추가될 경우에는 0.2kg을 추가로 수거하여야 한다. 다만, 소스류 및 식품 등의 기준 및 규격에 따른 방사선 조사 검사 대상 원료가 2종 이상이 혼합된 식품은 0.6kg을 추가로 수거하고, 밤·생버섯·곡류 및 두류는 1kg을 추가로 수거하여야 한다. 4. 세균발육검사항목이 있는 경우 및 통조림식품은 6개(세균발육검사용 5개, 그 밖에 이화학검사용 1개)를 수거하여야 한다. 5. 2개 이상을 수거하는 경우에는 그 용기 또는 포장과 제조연월일이 같은 것이어야 한다. 6. 용량검사를 하여야 하는 경우에는 수거량을 초과하더라도 식품 등의 기준 및 규격에서 정한 용량검사에 필요한 양을 추가하여 수거할 수 있다. 7. 분석 중 최종 확인 등을 위하여 추가로 검체가 필요한 경우에는 추가로 검체를 수거할 수 있다. 8. 식품위생감시원이 의심물질이 있다고 판단되어 검사항목을 추가하는 경우 또는 「식품·의약품분야 시험·검사 등에 관한 법률」 제16조에 따른 식품 등 시험·검사기관 또는 같은 조 제4항 단서에 따라 총리령으로 정하는 시험·검사기관(이하 이 표에서 "시험·검사기관"이라 한다)이 두 곳 이상인 경우에는 수거량을 초과하여 수거할 수 있다.
2) 유탕처리식품	추가1kg	
3) 자연산물 ○ 곡류·두류 및 기타 자연산물 ○ 채소류 ○ 과실류 ○ 수산물	 1∼3kg 1∼3kg 3∼5kg 0.3∼4kg	

나. 식품첨가물

시험항목별	수거량
식품 등의 기준 및 규격의 적부에 관한시험	고체: 200g 액체: 500g(ml) 기체: 1kg
비소·중금속 함유량시험	50g(ml)
비 고	
1. 분석 중 최종 확인 등을 위하여 추가로 검체가 필요한 경우에는 추가로 검체를 수거할 수 있다. 2. 식품위생감시원이 의심물질이 있다고 판단되어 검사항목을 추가하는 경우 또는 시험·검사기관이 두 곳 이상인 경우에는 수거량을 초과하여 수거할 수 있다.	

다. 기구 또는 용기·포장

시험항목별	수거량
재질·용출시험	기구 또는 용기·포장에 대한 식품 등의 기준 및 규격검사에 필요한 양
비 고	
1. 분석 중 최종 확인 등을 위하여 추가로 검체가 필요한 경우에는 추가로 검체를 수거할 수 있다. 2. 식품위생감시원이 의심물질이 있다고 판단되어 검사항목을 추가하는 경우 또는 시험·검사기관이 두 곳 이상인 경우에는 수거량을 초과하여 수거할 수 있다.	

Ⅳ. 출입·검사·수거의 절차

제1항 및 제2항의 경우에 출입·검사·수거 또는 열람하려는 공무원은 그 권한을 표시하는 증표 및 조사기간, 조사범위, 조사담당자, 관계 법령 등 대통령령으로 정하는 사항이 기재된 서류를 지니고 이를 관계인에게 내보여야 한다(법 제22조제2항).

관계 공무원이 식품 등을 수거한 경우에는 별지 제16호서식의 수거증(전자문서를 포함한다)을 발급하여야 한다(시행규칙 제20조제2항).

식품 등을 수거한 관계공무원은 그 수거한 식품 등을 수거한 장소에서 봉함하고 관계공무원 및 피수거자의 인장 등으로 봉인하여야 한다(시행규칙 제20조제3항).

식품의약품안전처장, 시·도지사 또는 시장·군수·구청장은 제1항에 따라 수거한 식품 등에 대해서는 지체 없이 「식품·의약품분야 시험·검사 등에 관한 법률」 제6조제3항제1호에 따라 식품의약품안전처장이 지정한 식품전문 시험·검사기관 또는 같은 조 제4항 단서에 따라 총리령으로 정하는 시험·검사기관에 검사를 의뢰하여야 한다(시행규칙 제20조제4항).

식품의약품안전처장, 시·도지사 또는 시장·군수·구청장은 법 제22조제1항에 따라 관계 공무원으로 하여금 출입·검사·수거를 하게 한 경우에는 별지 제17호서식의 수거검사 처리대장(전자문서를 포함한다)에 그 내용을 기록하고 이를 갖춰 두어야 한다(시행규칙 제20조제5항).

Ⅴ. 행정응원

식품의약품안전처장은 시·도지사 또는 시장·군수·구청장이 제1항에 따른 출입·검사·수거 등의 업무를 수행하면서 식품 등으로 인하여 발생하는 위생 관련 위해방지 업무를 효율적으로 하기 위하여 필요한 경우에는 관계 행정기관의 장, 다른 시·도지사 또는 시장·군수·구청장에게 행정응원(行政應援)을 하도록 요청할 수 있다. 이 경우 행정응원을 요청받은 관계 행정기관의 장, 시·도지사 또는 시장·군수·구청장은 특별한 사유가 없으면 이에 따라야 한다(법 제22조제2항).

법 제22조제2항에 따라 식품의약품안전처장(지방식품의약품안전청장을 포함한다)이 관계 행정기관의 장, 다른 관할구역의 시·도지사 또는 시장·군수·구청장에게 행정응원을 요청할 때에는 응원이 필요한 지역, 업무 수행의 내용, 위생점검반의 편성 및 운영에 관한 계획을 수립하여 통보하여야 한다(시행령 제13조제1항).

제1항에 따른 행정응원 업무를 수행하는 공무원은 식품의약품안전처장의 지휘·감독을 받는다(시행령 제13조제2항).

제1항에 따른 행정응원에 드는 비용은 식품의약품안전처장이 부담한다(시행령 제13조제3항).

제5절 식품 등의 재검사

Ⅰ. 의의

식품 등의 재검사란 수입 신고된 식품 등 또는 유통·판매 중인 식품 등에 대한 수거·검사결과 당해 식품 등이 식품위생법 제7조 또는 제9조에 따른 식품 등의 기준 및 규격에 적합하지 아니한 경우에 그 검사결과를 토대로 직접 행정처분을 하기 전에 영업자에게 그 검사결과를 미리 알려주고, 위 검사결과를 통보받은 영업자가 그 검사결과에 대하여 이의가 있는 경우 일정한 요건하에 다시 검사를 실시하는 제도이다. 이는 식품 등의 검사결과를 토대로 행정처분 등을 하기 전에 위 검사결과에 이의가 있는 영업자에게 이에 대한 재검사를 요청할 수 있는 기회를 부여함으로써 위 영업자의 이익이 부당하게 침해되는 것을 사전에 방지하기 위한 제도라고 할 수 있다.

Ⅱ. 재검사의 요건 및 절차

1. 검사결과의 통보

식품의약품안전처장(대통령령으로 정하는 그 소속 기관의 장을 포함한다), 시·도지사 또는 시장·군수·구청장은 제22조, 「수입식품안전관리 특별법」 제21조 또는 제25조에 따라 식품 등을 검사한 결과 해당 식품 등이 제7조 또는 제9조에 따른 식품 등의 기준이나 규격에 맞지 아니하면 대통령령으로 정하는 바에 따라 해당 영업자에게 그 검사 결과를 통보하여야 한다(법 제23조제1항).

식품의약품안전처장(지방식품의약품안전청장을 포함한다), 시·도지사 또는 시장·군수·구청장은 해당 영업자에게 해당 검사에 적용한 검사방법, 검체의 채취·취급방법 및 검사 결과를 해당 검사성적서 또는 검사증명서가 작성된 날부터 7일 이내에 통보하여야 한다(시행령 제14조제2항).

2. 재검사의 요청

검사결과를 통보받은 영업자가 그 검사결과에 대하여 이의가 있으면 검사한 제품과 같은 제품(같은 날에 같은 영업시설에서 같은 제조 공정을 통하여 제조·생산된 제품에 한정한다)을 식품의약품안전처장이 인정하는 국내외 검사기관 2곳 이상에서 같은 검사 항목에 대하여 검사를 받아 그 결과가 제1항에 따라 통보받은 검사 결과와 다를 때에는 그 검사기관의 검사성적서 또는 검사증명서를 첨부하여 식품의약품안전처장, 시·도지사 또는 시장·군수·구청장에게 재검사를 요청할 수 있다. 다만, 시간이 경과함에 따라 검사 결과가 달라질 수 있는 검사항목 등 총리령으로 정하는 검사항목은 재검사 대상에서 제외한다.(법 제23조제2항).

법 제23조제2항 본문에 따라 식품 등의 재검사를 요청하려는 영업자는 법 제23조제1항에 따른 검사 결과를 통보받은 날부터 60일 이내에 별지 제17호의2서식의 식품 등 재검사 신청서(전자문서로 된 신청서를 포함한다)에 다음 각 호의 서류를 첨부하여 식품의약품안전처장(지방식품의약품안전청장을 포함한다), 시·도지사 또는 시장·군수·구청장에게 제출해야 한다(시행규칙 제20조의2 제1항).

① 법 제23조제1항에 따른 검사 결과에 관한 서류

② 법 제23조제2항 본문에 따른 검사성적서 또는 검사증명서

③ 제2호에 따른 검사 제품이 제1호에 따른 검사 제품과 같은 제품(같은 날에 같은 영업시설에서 같은 제조 공정을 통해 제조·생산된 제품에 한정한다)임을 증명하는 자료

3. 재검사의 실시 및 통보

제2항에 따른 재검사 요청을 받은 식품의약품안전처장, 시·도지사 또는 시장·군수·구청장은 영업자가 제출한 검사 결과가 제1항에 따른 검사 결과와 다르다고 확인되거나 같

은 항의 검사에 따른 검체(檢體)의 채취·취급방법, 검사방법·검사과정 등이 제7조제1항 또는 제9조제1항에 따른 식품 등의 기준 및 규격에 위반된다고 인정되는 때에는 지체 없이 재검사하고 해당 영업자에게 재검사 결과를 통보하여야 한다(법 제23조제3항).

법 제23조제3항에 따른 식품 등의 재검사는 법 제23조제1항에 따른 검사를 하고 남아 있는 제품을 대상으로 실시한다. 다만, 남아 있는 제품이 없는 경우에는 법 제23조제1항에 따라 검사한 제품과 같은 제품(같은 날에 같은 영업시설에서 같은 제조 공정을 통해 제조·생산된 제품에 한정한다)을 대상으로 실시한다(시행규칙 제20조의2 제3항).

식품의약품안전처장, 시·도지사 또는 시장·군수·구청장은 법 제23조제3항에 따라 재검사를 완료한 경우에는 별지 제17호의3서식에 따라 그 결과를 신청인에게 알려야 한다. 이 경우 그 통보기간은 제1항에 따라 재검사를 요청받은 날부터 20일로 한다(시행규칙 제20조의2 제4항).

제6절 검사명령

Ⅰ. 의의

식품의약품안전처장은 다음 각 호(① 국내외에서 유해물질이 검출된 식품 등, ② 그 밖에 국내외에서 위해발생의 우려가 제기되었거나 제기된 식품 등)의 어느 하나에 해당하는 식품 등을 채취·제조·가공·사용·조리·저장·소분·운반 또는 진열하는 영업자에 대하여 「식품·의약품분야 시험·검사 등에 관한 법률」 제6조제3항제1호에 따른 식품전문 시험·검사기관 또는 같은 법 제8조에 따른 국외시험·검사기관에서 검사를 받을 것을 명할 수 있다(법 제19조의4 제1항). 이를 검사명령이라고 한다.

Ⅱ. 대상식품

「식품위생법」 제19조의4제3항에 따른 검사명령 대상 식품 등 및 「건강기능식품에 관한 법률」 제21조의3제3항에 따른 검사명령 대상 건강기능식품의 범위는 다음 각 호와 같다(법 제19조의4 제1항, 검사명령 대상 식품 등에 대한 규정 제2조).

① 「식품의 기준 및 규격」 제2. 식품일반에 대한 공통기준 및 규격, 3. 식품일반의 기

준 및 규격의 8) (1) ① 식품 중 검출되어서는 아니 되는 물질과 10) (1) 발기부전치료제, 비만치료제, 당뇨병치료제 등 의약품성분과 그 유사물질이 검출되었거나 검출될 우려가 있는 식품 및 건강기능식품

② 「식품첨가물의 기준 및 규격」에 고시되지 아니한 화학적 합성품인 첨가물이 검출되었거나 검출될 우려가 있는 식품 등 및 건강기능식품

③ 그 밖에 국내외에서 위해발생의 우려가 제기되었거나 제기된 식품 등 중 식품의약품안전처장이 검사명령 대상으로 지정하는 식품 등 및 건강기능식품

Ⅲ. 절차와 방법

1. 검사절차

식품의약품안전처장이 「식품위생법」 제19조의4제1항 및 「건강기능식품에 관한 법률」 제21조의3제1항에 따라 검사명령을 하는 경우 검사명령 대상 식품 등 및 건강기능식품, 대상 영업자, 검사항목, 기간, 시험법 등이 포함된 별지 제1호서식의 검사명령서를 해당 영업자에게 송달(전자문서를 포함한다)한다(법 제19조의4 제3항, 검사명령 대상 식품 등에 대한 규정 제3조제2항). 검사명령을 받은 영업자는 20일 이내에 검사를 받거나 관련 자료 등을 제출하여야 한다(법 제19조의4 제2항, 시행규칙 제15조의8).

2. 검사방법

식품의약품안전처장은 영업자에게 「식품위생법」 제7조에 따른 식품 또는 식품첨가물에 관한 기준 및 규격, 같은 법 제9조에 따른 기구 및 용기·포장에 관한 기준 및 규격, 「건강기능식품에 관한 법률」 제14조에 따른 기준 및 규격 또는 「축산물 위생관리법」 제4조에 따른 축산물의 기준 및 규격에서 정하고 있는 시험법 또는 식품의약품안전처장이 별도로 정한 시험법에 따라 검사 하도록 할 수 있다(법 제19조의4 제3항, 검사명령 대상 식품 등에 대한 규정 제3조제3항).

3. 부적합 제품에 대한 보고

제3조제1항에 따른 시험·검사기관(단, 국외시험·검사기관 제외)은 검사명령 대상 식품 등을 검사한 결과, 부적합으로 판정된 경우에는 지체 없이 다음 각 호[① 영업자, ② 제품명, ③ 제조일자, 소비기한(품질유지기한 또는 포장일자를 포함한다), ④ 부적합내역]

의 사항을 포함하여 식품의약품안전처장에게 보고하여야 한다. 이 경우 그 사실을 지체 없이 해당 영업자에게도 통보하여야 한다(법 제19조의4 제3항, 검사명령 대상 식품 등에 대한 규정 제3조의2).

Ⅳ. 검사결과 등의 제출

검사명령을 받은 영업자는 다음 각 호에서 정한 자료 중 어느 하나를 제3조제1항에 따라 검사명령을 받은 날부터 20일 이내에 식품의약품안전처장에게 제출하여야 한다(법 제19조의4 제3항, 검사명령 대상 식품 등에 대한 규정 제4조).

① 시험·검사기관에서 발행한 시험·검사성적서

②「식품위생법」 제19조의4제1항 단서 또는「건강기능식품에 관한 법률」 제21조의3 제1항 단서에 해당되는 경우에는 안전성을 입증할 수 있는 관련자료

검사명령을 받은 영업자가 다음 각 호의 어느 하나에 해당하는 경우 제1항에 따른 검사명령 이행기한 이전에 그 사유를 식품의약품안전처장에게 서면으로 제출하여야 하며, 식품의약품안전처장은 그 사유가 타당하다고 인정될 경우 이행기한을 연장하거나 검사명령을 취소할 수 있다.

① 검사장비 부족 등 시험·검사기관의 사정으로 이행기한을 준수하지 못하는 경우

② 생산중단 등 불가피한 사정이 있는 경우

제7절 식품위생감시원 등

Ⅰ. 식품위생감시원

1. 의의

식품위생법 제22조제1항에 따른 관계 공무원의 직무와 그 밖에 식품위생에 관한 지도 등을 하기 위하여 식품의약품안전처(대통령령으로 정하는 그 소속 기관을 포함한다), 특별시·광역시·특별자치시·도·특별자치도(이하 “시·도”라 한다) 또는 시·군·구(자치구를 말한다)에 두는 사람을 말한다(법 제32조제1항).

2. 식품위생감시원의 자격 및 임명

식품위생감시원은 식품의약품안전처장(지방식품의약품안전청장을 포함한다), 시·도지사 또는 시장·군수·구청장이 다음 각 호의 어느 하나에 해당하는 소속 공무원 중에서 임명한다(시행령 제16조제2항).

① 위생사, 식품제조기사(식품기술사·식품기사·식품산업기사·수산제조기술사·수산제조기사 및 수산제조산업기사를 말한다) 또는 영양사

②「고등교육법」 제2조제1호 및 제4호에 따른 대학 또는 전문대학에서 의학·한의학·약학·한약학·수의학·축산학·축산가공학·수산제조학·농산제조학·농화학·화학·화학공학·식품가공학·식품화학·식품제조학·식품공학·식품과학·식품영양학·위생학·발효공학·미생물학·조리학·생물학 분야의 학과 또는 학부를 졸업한 사람 또는 이와 같은 수준 이상의 자격이 있는 사람

③ 외국에서 위생사 또는 식품제조기사의 면허를 받거나 제2호와 같은 과정을 졸업한 것으로 식품의약품안전처장이 인정하는 사람

④ 1년 이상 식품위생행정에 관한 사무에 종사한 경험이 있는 사람

식품의약품안전처장(지방식품의약품안전청장을 포함한다), 시·도지사 또는 시장·군수·구청장은 제2항 각 호의 요건에 해당하는 사람만으로는 식품위생감시원의 인력 확보가 곤란하다고 인정될 경우에는 식품위생행정에 종사하는 사람 중 소정의 교육을 2주 이상 받은 사람에 대하여 그 식품위생행정에 종사하는 기간 동안 식품위생감시원의 자격을 인정할 수 있다(시행령 제15조제3항).

위와 같이 임명된 식품위생감시원만이 식품위생법에 따른 출입·검사·수거 등의 업무를 할 수 있고, 그러한 임명을 받지 아니한 사람은 출입·검사·수거 등의 조치를 할 수 없다.

3. 식품위생감시원의 직무

식품위생감시원의 직무는 다음과 같다(시행령 제17조)

① 식품 등의 위생적 취급에 관한 기준의 이행지도

② 수입·판매 또는 사용 등이 금지된 식품 등의 취급여부에 관한 단속

③「식품 등의 표시·광고에 관한 법률」 제4조부터 제8조까지의 규정에 따른 표시 또는 광고기준의 위반 여부에 관한 단속

④ 출입·검사 및 검사에 필요한 식품 등의 수거

⑤ 시설기준의 적합여부의 확인·검사

⑥ 영업자 및 종업원의 건강진단 및 위생교육의 이행여부의 확인·지도

⑦ 조리사 및 영양사의 법령 준수사항 이행 여부의 확인·지도

⑧ 행정처분의 이행여부 확인

⑨ 식품 등의 압류·폐기 등

⑩ 영업소의 폐쇄를 위한 간판제거 등의 조치

⑪ 그 밖에 영업자의 법령이행여부에 관한 확인·지도

식품위생감시원 활동의 지역적 범위는 그 소속기관의 관할지역으로 제한된다. 다만 식품의약품안전처장이 관계 행정기관의 장, 다른 시·도지사 또는 시장·군수·구청장에게 행정응원을 요청한 경우와 같은 특별한 사유가 있는 경우에는 소속기관 관할지역 외의 영업소에서도 출입·수거·검사 등의 업무가 가능하다고 보아야 한다.

Ⅱ. 소비자식품위생감시원

1. 자격 및 위촉

소비자식품위생감시원으로 위촉될 수 있는 자는 다음 각 호의 어느 하나에 해당하는 자로 한다(시행령 제18조제2항).

① 식품의약품안전청장이 정하여 고시하는 교육과정을 마친 자

② 시행령 제16조제2항 각 호의 어느 하나에 해당하는 자

식품의약품안전처장(대통령령으로 정하는 그 소속 기관의 장을 포함한다), 시·도지사 또는 시장·군수·구청장은 식품위생관리를 위하여 「소비자기본법」 제29조에 따라 등록한 소비자단체의 임직원 중 해당 단체의 장이 추천한 자나 식품위생에 관한 지식이 있는 자를 소비자식품위생감시원으로 위촉할 수 있다(법 제33조제1항).

2. 교육

제1항에 따라 소비자식품위생감시원을 위촉한 식품의약품안전처장, 시·도지사 또는 시장·군수·구청장은 소비자식품위생감시원에게 직무 수행에 필요한 교육을 하여야 한다(법 제33조제4항). 그러한 교육내용, 교육시간 등은 식품의약품안전처장이 정하여 고시한다(시행령 제18조제2항제1호; 소비자식품위생감시원 운영 규정 [식품의약품안전처고시 제2016-108호]).

3. 소비자식품위생감시원의 직무

가. 직무의 범위

소비자식품위생감시원의 직무는 다음 각 호와 같다(법 제33조제2항).

① 제36조제1항제3호에 따른 식품접객업을 하는 자(이하 "식품접객영업자"라 한다)에 대한 위생관리 상태 점검

② 유통 중인 식품 등이 「식품 등의 표시·광고에 관한 법률」 제4조부터 제7조까지에 따른 표시·광고의 기준에 맞지 아니하거나 같은 법 제8조에 따른 부당한 표시 또는 광고행위의 금지 규정을 위반한 경우 관할 행정관청에 신고하거나 그에 관한 자료 제공

③ 제32조에 따른 식품위생감시원이 하는 식품 등에 대한 수거 및 검사 지원

④ 그 밖에 식품위생에 관한 사항으로서 대통령령으로 정하는 사항

나. 직무수행방법

소비자식품위생감시원은 제2항 각 호의 직무를 수행하는 경우 그 권한을 남용하여서는 아니 된다(법 제33조제3항).

소비자식품위생감시원이 제2항제1호의 직무를 수행하기 위하여 식품접객영업자의 영업소에 단독으로 출입하려면 미리 식품의약품안전처장, 시·도지사 또는 시장·군수·구청장의 승인을 받아야 한다(법 제33조제6항).

소비자식품위생감시원이 제6항에 따른 승인을 받아 식품접객영업자의 영업소에 단독으로 출입하는 경우에는 승인서와 신분을 표시하는 증표 및 조사기간, 조사범위, 조사담당자, 관계 법령 등 대통령령으로 정하는 사항이 기재된 서류를 지니고 이를 관계인에게 내보여야 한다(법 제33조제7항).

4. 해촉

식품의약품안전처장, 시·도지사 또는 시장·군수·구청장은 소비자식품위생감시원이 다음 각 호의 어느 하나에 해당하면 그 소비자식품위생감시원을 해촉하여야 한다(법 제33조제5항).

① 추천한 소비자단체에서 퇴직하거나 해임된 경우

② 제2항 각 호의 직무와 관련하여 부정한 행위를 하거나 권한을 남용한 경우

③ 질병·부상 등의 사유로 직무수행이 어렵게 된 경우

Ⅲ. 소비자 위생점검 참여

1. 의의

대통령령으로 정하는 영업자는 식품위생에 관한 전문적인 지식이 있는 자 또는 「소비자기본법」 제29조에 따라 등록한 소비자단체의 장이 추천한 자로서 식품의약품안전처장이 정하는 자에게 위생관리 상태를 점검받을 수 있다(법 제35조제1항). 이를 소비자 위생점검 참여제도라고 한다.

2. 신청인

소비자 위생점검 참여를 신청할 수 있는 영업자, 즉 법 제35조제1항에서 "대통령령으로 정하는 영업자"는 다음 각 호의 영업자를 말한다(시행령 제20조제1항).

① 제21조제1호의 식품제조·가공업자

② 제21조제3호의 식품첨가물제조업자

③ 제21조제5호나목6)의 기타 식품판매업자

④ 제21조제8호의 식품접객업자 중 법 제47조제1항에 따라 모범업소로 지정받은 영업자

3. 절차

가. 참여신청

법 제35조제1항에 따른 위생관리 상태의 점검을 신청하려는 영업자는 별지 제28호서식의 소비자 위생점검 참여신청서(전자문서로 된 신청서를 포함한다)에 다음 각 호의 구분에 따른 서류(전자문서를 포함한다)를 첨부하여 식품의약품안전처장에게 제출하여야 한다(시행령 제35조제1항).

① 시행령 제21조제1호의 식품제조·가공업자 및 시행령 제21조제3호의 식품첨가물제조업자의 경우: 제품명, 사용한 원재료명 및 성분배합 비율, 제조·가공의 방법, 사용한 식품첨가물의 명칭·사용량 등에 관한 서류

② 시행령 제21조제5호나목6)의 기타 식품판매업자의 경우: 제품의 안전성 및 위생적 관리, 보존 및 보관에 관한 서류

③ 시행령 제21조제8호의 식품접객업자 중 법 제47조제1항에 따라 모범업소로 지정받은 영업자의 경우: 취수원, 배수시설 등 건물의 구조 및 환경, 주방시설 및 기구, 원재료

의 보관 및 운반시설, 종업원의 서비스, 제공반찬과 가격 표시, 남은 음식을 처리할 수 있는 시설 및 설비에 관한 서류

나. 위생점검의 실시

식품의약품안전처장은 제1항에 따라 신청을 받은 경우에는 신청 받은 날부터 1개월 이내에 식품위생에 관한 전문적인 지식이 있는 사람 또는 소비자단체의 장이 추천한 사람 중에서 해당 영업소의 업종 등을 고려하여 적합한 전문가들로 점검단을 구성하여 위생점검을 실시하게 하여야 한다(시행령 제35조제2항).

4. 참여의 효과

식품의약품안전처장은 제2항에 따른 위생점검 결과 합격한 영업자에게는 별지 제29호서식의 위생점검 합격증서를 발급하고, 그 영업자는 그 합격사실을 별표 13에 따라 표시하거나 광고할 수 있다. 이 경우 그 표시사항은 제품·포장·용기 및 주변의 도안 등을 고려하여 소비자가 알아보기 쉽게 표시하여야 한다(시행령 제35조제3항).

법 제35조제3항에 따라 식품의약품안전처장, 시·도지사 또는 시장·군수·구청장은 우수 등급의 영업소에 대하여는 우수 등급이 확정된 날부터 2년 동안 법 제22조에 따른 출입·검사·수거 등을 하지 아니할 수 있다(시행령 제35조제4항).

제9장
조리사 및 영양사

제1절 조리사

제2절 영양사

제3절 집단급식소

제9장 조리사 및 영양사

제1절 조리사

Ⅰ. 조리사를 두어야 할 영업

집단급식소 운영자와 대통령령으로 정하는 식품접객업자는 조리사(調理士)를 두어야 한다. 다만, 다음 각 호의 어느 하나에 해당하는 경우에는 조리사를 두지 아니하여도 된다(법 제51조제1항).

① 집단급식소 운영자 또는 식품접객영업자 자신이 조리사로서 직접 음식물을 조리하는 경우

② 1회 급식인원 100명 미만의 산업체인 경우

③ 제52조제1항에 따른 영양사가 조리사의 면허를 받은 경우

법 제51조제1항 각 호 외의 부분 본문에서 "대통령령으로 정하는 식품접객업자"란 제21조제8호의 식품접객업 중 복어독 제거가 필요한 복어를 조리·판매하는 영업을 하는 자를 말한다. 이 경우 해당 식품접객업자는 「국가기술자격법」에 따른 복어 조리 자격을 취득한 조리사를 두어야 한다(시행령 제35조).

Ⅱ. 조리사의 면허

1. 발급신청

조리사가 되려는 자는 「국가기술자격법」에 따라 해당 기능분야의 자격을 얻은 후 특별자치시장·특별자치도지사·시장·군수·구청장의 면허를 받아야 한다(법 제53조제1항).

조리사의 면허를 받으려는 자는 별지 제60호서식의 조리사 면허증 발급·재발급 신청서에 다음 각 호의 서류를 첨부하여 특별자치시장·특별자치도지사·시장·군수·구청장에게 제출해야 한다. 이 경우 특별자치시장·특별자치도지사·시장·군수·구청장은 「전자정부법」 제36조제1항에 따른 행정정보의 공동이용을 통하여 조리사 국가기술자격증을 확인해야 하며, 신청인이 그 확인에 동의하지 않는 경우에는 국가기술자격증 사본을 첨부하도록

해야 한다(시행규칙 제80조제1항).

① 사진(최근 6개월 이내에 모자를 쓰지 않고 정면 상반신을 찍은 가로 3센티미터, 세로 4센티미터의 사진을 말하며, 전자적 파일 형태의 사진을 포함한다. 이하 제81조제1항에서 같다) 1장

② 법 제54조제1호 본문에 해당하는 사람이 아님을 증명하는 최근 6개월 이내의 의사의 진단서 또는 법 제54조제1호 단서에 해당하는 사람임을 증명하는 최근 6개월 이내의 전문의의 진단서

③ 법 제54조제2호 및 제3호에 해당하는 사람이 아님을 증명하는 최근 6개월 이내의 의사의 진단서

2. 면허증의 발급

특별자치시장·특별자치도지사·시장·군수·구청장은 조리사의 면허를 한 때에는 별지 제61호서식의 조리사명부에 기록하고 별지 제62호서식의 조리사 면허증을 발급하여야 한다(시행규칙 제80조제2항).

조리사는 면허증을 잃어버렸거나 헐어 못 쓰게 된 경우에는 별지 제60호서식의 조리사 면허증 발급·재발급 신청서에 사진 1장과 면허증(헐어 못 쓰게 된 경우만 해당한다)을 첨부하여 특별자치시장·특별자치도지사·시장·군수·구청장에게 제출해야 한다(시행규칙 제81조제1항).

조리사는 면허증의 기재사항에 변경이 있는 경우 별지 제63호서식의 조리사 면허증 기재사항 변경신청서에 면허증과 그 변경을 증명하는 서류를 첨부하여 특별자치시장·특별자치도지사·시장·군수·구청장에게 제출하여야 한다(시행규칙 제81조제1항).

3. 면허증의 반납

조리사가 법 제80조에 따라 그 면허의 취소처분을 받은 경우에는 지체 없이 면허증을 특별자치시장·특별자치도지사·시장·군수·구청장에게 반납하여야 한다(시행규칙 제82조).

Ⅲ. 결격사유

조리사는 음식물을 조리하여 손님에게 제공하는 자로서 음식물의 조리·가열·보관 및 취급에 있어서 위생상 상당한 주의를 기울여야 한다. 이러한 점에 비추어 조리사가 될 수 있는 자격을 일부 제한하고 있는바, 다음 각 호의 어느 하나에 해당하는 자는 조리사 면

허를 받을 수 없다(법 제54조).

① 「정신건강증진 및 정신질환자 복지서비스 지원에 관한 법률」 제3조제1호에 따른 정신질환자. 다만, 전문의가 조리사로서 적합하다고 인정하는 자는 그러하지 아니하다.

② 「감염병의 예방 및 관리에 관한 법률」 제2조제13호에 따른 감염병환자. 다만, 같은 조 제4호나목에 따른 B형간염환자는 제외한다.

③ 「마약류관리에 관한 법률」 제2조제2호에 따른 마약이나 그 밖의 약물 중독자

④ 조리사 면허의 취소처분을 받고 그 취소된 날부터 1년이 지나지 아니한 자

Ⅳ. 면허의 취소 등

식품의약품안전처장 또는 특별자치시장·특별자치도지사·시장·군수·구청장은 조리사가 다음 각 호의 어느 하나에 해당하면 그 면허를 취소하거나 6개월 이내의 기간을 정하여 업무정지를 명할 수 있다. 다만, 조리사가 제1호 또는 제5호에 해당할 경우 면허를 취소하여야 한다(법 제80조제1항).

① 제54조 각 호의 어느 하나에 해당하게 된 경우

② 제56조에 따른 교육을 받지 아니한 경우

③ 식중독이나 그 밖에 위생과 관련한 중대한 사고 발생에 직무상의 책임이 있는 경우

④ 면허를 타인에게 대여하여 사용하게 한 경우

⑤ 업무정지기간 중에 조리사의 업무를 하는 경우

Ⅴ. 명칭사용의 금지

조리사가 아니면 조리사라는 명칭을 사용하지 못한다(법 제55조). 이를 위반하여 자격이 없는 자가 조리사의 명칭을 사용하는 경우에는 3년 이하의 징역 또는 3천만원 이하의 벌금에 처하게 된다(법 제97조제1호, 제55조).

Ⅵ. 교육

식품의약품안전처장은 식품위생 수준 및 자질의 향상을 위하여 필요한 경우 조리사와 영양사에게 교육을 받을 것을 명할 수 있다. 다만, 집단급식소에 종사하는 조리사와 영양사는 1년마다 교육을 받아야 한다(법 제56조제1항).

제1항에 따른 교육의 대상자·실시기관·내용 및 방법 등에 관하여 필요한 사항은 총리령으로 정한다(법 제56조제2항). 식품의약품안전처장은 법 제56조제2항에 따라 식품으로 인하여 「감염병의 예방 및 관리에 관한 법률」 제2조에 따른 감염병이 유행하거나 집단식중독의 발생 및 확산 등으로 국민건강을 해칠 우려가 있다고 인정되는 경우 또는 시·도지사가 국제적 행사나 대규모 특별행사 등으로 식품위생 수준의 향상이 필요하여 식품위생에 관한 교육의 실시를 요청하는 경우에는 다음 각 호의 어느 하나에 해당하는 조리사 및 영양사에게 식품의약품안전처장이 정하는 시간에 해당하는 교육을 받을 것을 명할 수 있다. 이 경우 교육실시기관은 제84조제1항에 따라 식품의약품안전처장이 지정한 기관으로 한다(시행규칙 제83조제1항).

① 법 제51조제1항에 따라 조리사를 두어야 하는 식품접객업소 또는 집단급식소에 종사하는 조리사

② 법 제52조제1항에 따라 영양사를 두어야 하는 집단급식소에 종사하는 영양사

제2절 영양사

Ⅰ. 영양사를 두어야 할 집단급식소

집단급식소 운영자는 영양사(營養士)를 두어야 한다. 다만, 다음 각 호의 어느 하나에 해당하는 경우에는 영양사를 두지 아니하여도 된다(법 제52조제1항).

① 집단급식소 운영자 자신이 영양사로서 직접 영양 지도를 하는 경우

② 1회 급식인원 100명 미만의 산업체인 경우

③ 제51조제1항에 따른 조리사가 영양사의 면허를 받은 경우

Ⅱ. 영양사의 면허

1. 국가시험의 실시 및 면허의 부여

영양사가 되고자 하는 사람은 다음 각 호의 어느 하나에 해당하는 사람으로서 영양사 국가시험에 합격한 후 보건복지부장관의 면허를 받아야 한다(국민영양관리법 제15조제1항).

① 「고등교육법」에 따른 대학, 산업대학, 전문대학 또는 방송통신대학에서 식품학 또

는 영양학을 전공한 자로서 교과목 및 학점이수 등에 관하여 보건복지부령으로 정하는 요건을 갖춘 사람

② 외국에서 영양사면허(보건복지부장관이 정하여 고시하는 인정기준에 해당하는 면허를 말한다)를 받은 사람

③ 외국의 영양사 양성학교(보건복지부장관이 정하여 고시하는 인정기준에 해당하는 학교를 말한다)를 졸업한 사람

영양사 면허와 국가시험 등에 필요한 사항은 보건복지부령으로 정한다(국민영양관리법 제15조제2항).

2. 면허의 등록

보건복지부장관은 영양사의 면허를 부여할 때에는 영양사 면허대장에 그 면허에 관한 사항을 등록하고 면허증을 교부하여야 한다. 다만, 면허증 교부 신청일 기준으로 제16조에 따른 결격사유에 해당하는 자에게는 면허 등록 및 면허증 교부를 하여서는 아니 된다(국민영양관리법 제18조제1항).

Ⅲ. 결격사유

다음 각 호의 어느 하나에 해당하는 사람은 영양사의 면허를 받을 수 없다(국민영양관리법 제16조).

①「정신건강증진 및 정신질환자 복지서비스 지원에 관한 법률」제3조제1호에 따른 정신질환자. 다만, 전문의가 영양사로서 적합하다고 인정하는 사람은 그러하지 아니하다.

②「감염병의 예방 및 관리에 관한 법률」제2조제13호에 따른 감염병환자 중 보건복지부령으로 정하는 사람

③ 마약·대마 또는 향정신성의약품 중독자

④ 영양사 면허의 취소처분을 받고 그 취소된 날부터 1년이 지나지 아니한 사람

Ⅳ. 영양사의 업무

영양사는 다음 각 호의 업무를 수행한다(국민영양관리법 제17조).

① 건강증진 및 환자를 위한 영양·식생활 교육 및 상담

② 식품영양정보의 제공

③ 식단작성, 검식(檢食) 및 배식관리
④ 구매식품의 검수 및 관리
⑤ 급식시설의 위생적 관리
⑥ 집단급식소의 운영일지 작성
⑦ 종업원에 대한 영양지도 및 위생교육

Ⅴ. 영양사의 준수사항

1. 면허대여의 금지

영영사 면허증을 교부받은 사람은 다른 사람에게 그 면허증을 빌려주어서는 아니 되고, 누구든지 그 면허증을 빌려서는 아니 된다(국민영양관리법 제18조제2항). 이를 위반한 자는 1년 이하의 징역 또는 1천만원 이하의 벌금에 처한다(국민영양관리법 제28조제1항, 제18조제2항).

2. 명칭사용의 금지

영양사 면허를 받지 아니한 사람은 영양사 명칭을 사용할 수 없다(국민영양관리법 제19조). 이를 위반하여 영양사 면허를 받지 아니하고 영양사라는 명칭을 사용한 사람은 300만원 이하의 벌금에 처한다(국민영양관리법 제28조제2항, 제19조).

3. 실태 등의 신고

영양사는 대통령령으로 정하는 바에 따라 최초로 면허를 받은 후부터 3년마다 그 실태와 취업상황 등을 보건복지부장관에게 신고하여야 한다(국민영양관리법 제20조의2 제1항).

보건복지부장관은 제20조제1항의 보수교육을 이수하지 아니한 영양사에 대하여 제1항에 따른 신고를 반려할 수 있다(국민영양관리법 제29조의2 제2항).

Ⅵ. 면허의 취소 등

1. 면허의 취소

보건복지부장관은 영양사가 다음 각 호의 어느 하나에 해당하는 경우 그 면허를 취소할 수 있다. 다만, 제1호에 해당하는 경우 면허를 취소하여야 한다(국민영양관리법 제21조제1항).

① 제16조제1호부터 제3호까지의 어느 하나에 해당하는 경우

② 제2항에 따른 면허정지처분 기간 중에 영양사의 업무를 하는 경우

③ 제2항에 따라 3회 이상 면허정지처분을 받은 경우

2. 면허의 정지

보건복지부장관은 영양사가 다음 각 호의 어느 하나에 해당하는 경우 6개월 이내의 기간을 정하여 그 면허의 정지를 명할 수 있다(국민영양관리법 제21조제2항).

① 영양사가 그 업무를 행함에 있어서 식중독이나 그 밖에 위생과 관련한 중대한 사고 발생에 직무상의 책임이 있는 경우

② 면허를 타인에게 대여하여 이를 사용하게 한 경우

보건복지부장관은 영양사가 제20조의2에 따른 신고를 하지 아니한 경우에는 신고할 때까지 면허의 효력을 정지할 수 있다(국민영양관리법 제21조제5항).

3. 세부적인 기준 및 절차

제1항, 제2항 및 제5항에 따른 행정처분의 세부적인 기준은 그 위반행위의 유형과 위반의 정도 등을 참작하여 대통령령으로 정한다(국민영양관리법 제21조제3항).

보건복지부장관은 제1항의 면허취소처분 또는 제2항의 면허정지처분을 하고자 하는 경우에는 청문을 실시하여야 한다(국민영양관리법 제21조제4항).

Ⅶ. 교육

보건기관·의료기관·집단급식소 등에서 각각 그 업무에 종사하는 영양사는 영양관리 수준 및 자질 향상을 위하여 보수교육을 받아야 한다(국민영양관리법 제20조제1항).

제1항에 따른 보수교육의 시기·대상·비용 및 방법 등에 관하여 필요한 사항은 보건복지부령으로 정한다(국민영양관리법 제20조제2항).

위 보수교육은 법 제22조에 따른 영양사협회(이하 "협회"라 한다)에 위탁한다(국민영양관리법 시행규칙 제18조제1항).

협회의 장은 다음 각 호의 사항에 관한 보수교육을 2년마다 6시간 이상 실시해야 한다(국민영양관리법 시행규칙 제18조제2항).

① 직업윤리에 관한 사항
② 업무 전문성 향상 및 업무 개선에 관한 사항
③ 국민영양 관계 법령의 준수에 관한 사항
④ 선진 영양관리 동향 및 추세에 관한 사항
⑤ 그 밖에 보건복지부장관이 영양사의 전문성 향상에 필요하다고 인정하는 사항

제3절 집단급식소

Ⅰ. 의의

"집단급식소"란 영리를 목적으로 하지 아니하면서 특정 다수인에게 계속하여 음식물을 공급하는 다음 각 목의 어느 하나에 해당하는 곳의 급식시설로서 대통령령으로 정하는 시설을 말한다(법 제2조제12호).

① 기숙사
② 학교, 유치원, 어린이집
③ 병원
④「사회복지사업법」 제2조제4호의 사회복지시설
⑤ 산업체
⑥ 국가, 지방자치단체 및「공공기관의 운영에 관한 법률」 제4조제1항에 따른 공공기관
⑦ 그 밖의 후생기관 등

「식품위생법」제2조제12호에 따른 집단급식소는 1회 50명 이상에게 식사를 제공하는 급식소를 말한다(시행령 제2조). 여기에서 1회 50명 이상이라 함은 매일 1회(점심)만이라도 50명 이상에게 음식물을 제공하는 경우를 의미한다. 한편 1회 급식인원이 50명 미만인 경우 '집단급식소 설치·운영 신고대상' 및 '조리사·영양사 의무고용대상'에 해당하지 않으나, 일단 집단급식소 설치·운영 신고를 한 경우라면 조리사·영영사를 의무적으로 고용할 의무가 부과된다[1].

---

1) 이주형, 식품위생법 이론과 실무(하), 2022, 80면.

대법원 2000. 11. 28. 선고 2000도2123 판결【식품위생법위반】

노인복지시설의 경우, 식품위생법상의 집단급식소에 관한 규정이 적용되는지 여부(적극): 식품위생법은 식품으로 인한 위생상의 위해를 방지하고 식품영양의 질적 향상을 도모함으로써 국민보건의 증진에 이바지함을 목적으로 하고 있고, 구 노인복지법(1997. 8. 22. 법률 제5359호로 전문 개정되기 전의 것)은 노인의 심신의 건강유지 및 생활안정을 위하여 필요한 조치를 강구함으로써 노인의 복지증진에 기여함을 목적으로 하고 있으므로 서로 그 입법 취지를 달리한다고 할 것인바, 식품위생법 제2조, 같은법시행령 제2조에 의하면 노인복지시설은 식품위생법상의 집단급식소에 해당함이 분명하고, 구 노인복지법시행규칙(1998. 9. 4. 보건복지부령 제74호로 전문 개정되기 전의 것) 제12조 [별표 1] 중 '2. 시설별 기준'의 '3. 직원의 배치기준'은 노인복지시설에 관한 사업의 정지, 폐지 또는 허가취소의 사유가 되는 시설기준을 정한 것에 불과하므로 이를 근거로 노인복지시설의 경우 식품위생법상의 집단급식소에 관한 규정의 적용이 배제된다고 볼 수 없다.

Ⅱ. 설치·운영의 절차

1. 신고

집단급식소를 설치·운영하려는 자는 시행규칙 제96조에 따른 시설을 갖춘 후 별지 제68호서식의 집단급식소 설치·운영신고서(전자문서로 된 신고서를 포함한다)에 제42조제1항제1호 및 제4호의 서류(전자문서를 포함한다)를 첨부하여 신고관청에 제출하여야 한다(시행규칙 제94조제1항).

2. 신고관청의 처리

가. 신고관청의 확인서류

신고를 받은 신고관청은 「전자정부법」 제36조제1항에 따른 행정정보의 공동이용을 통하여 액화석유가스 사용시설완성검사증명서(「액화석유가스의 안전관리 및 사업법」 제44조제2항에 따라 액화석유가스 사용시설의 완성검사를 받아야 하는 경우만 해당한다) 및 건강진단결과서(제49조에 따른 건강진단 대상자의 경우만 해당한다)를 확인하여야 하며, 신청인이 확인에 동의하지 아니하는 경우에는 그 사본을 첨부하도록 하여야 한다(시행규칙 제94조제3항.

나. 신고증의 교부

집단급식소의 설치·운영 신고를 받은 신고관청은 지체없이 별지 제69호서식의 집단급식소 설치·운영신고증을 내어주고, 15일 이내에 신고받은 사항을 확인하여야 한다(시행규칙 제94조제4항).

신고증을 받은 집단급식소의 설치·운영자가 해당 신고증을 잃어버렸거나 헐어 못 쓰게 되어 신고증을 다시 받으려는 경우에는 별지 제35호서식의 재발급신청서(전자문서로 된 신청서를 포함한다)에 헐어 못 쓰게 된 신고증(헐어 못 쓰게 된 경우만 해당한다)을 첨부하여 신고관청에 제출하여야 한다(시행규칙 제94조제6항).

다. 신고대장의 작성·보관

신고증을 내어준 신고관청은 별지 제70호서식의 집단급식소의 설치·운영신고대장에 기록·보관하거나 같은 서식에 따른 전산망에 입력하여 관리하여야 한다(시행규칙 제94조제5항).

3. 신고사항의 변경

집단급식소의 설치·운영자가 신고사항 중 다음 각 호의 구분에 따른 사항을 변경하는 경우에는 별지 제71호서식의 신고사항 변경신고서(전자문서로 된 신청서를 포함한다)에 집단급식소 설치·운영신고증을 첨부하여 신고관청에 제출하여야 한다. 이 경우 집단급식소의 소재지를 변경하는 경우에는 제42조제1항제1호 및 제4호의 서류(전자문서를 포함한다)를 추가로 첨부하여야 한다(시행규칙 제94조제7항).

① 집단급식소의 설치·운영자가 법인인 경우: 그 대표자, 그 대표자의 성명, 소재지 또는 위탁급식영업자

② 집단급식소의 설치·운영자가 법인이 아닌 경우: 설치·운영자의 성명, 소재지 또는 위탁급식영업자

4. 운영의 중단

집단급식소의 설치·운영자가 그 운영을 그만하려는 경우에는 별지 제72호서식의 집단급식소 설치·운영 종료신고서(전자문서로 된 신고서를 포함한다)에 집단급식소 설치·운영신고증을 첨부하여 신고관청에 제출하여야 한다(시행규칙 제94조제9항).

Ⅲ. 집단급식소의 시설기준

집단급식소의 시설기준은 다음과 같다(시행규칙 제96조 관련 [별표 25]).

1. 조리장

① 조리장은 음식물을 먹는 객석에서 그 내부를 볼 수 있는 구조로 되어 있어야 한다. 다만, 병원·학교의 경우에는 그러하지 아니하다.

② 조리장 바닥은 배수구가 있는 경우에는 덮개를 설치하여야 한다.

③ 조리장 안에는 취급하는 음식을 위생적으로 조리하기 위하여 필요한 조리시설·세척시설·폐기물용기 및 손 씻는 시설을 각각 설치하여야 하고, 폐기물용기는 오물·악취 등이 누출되지 아니하도록 뚜껑이 있고 내수성 재질[스테인레스·알루미늄·강화플라스틱(FRP)·테프론 등 물을 흡수하지 아니하는 것을 말한다. 이하 같다]로 된 것이어야 한다.

④ 조리장에는 주방용 식기류를 소독하기 위한 자외선 또는 전기살균소독기를 설치하거나 열탕세척소독시설(식중독을 일으키는 병원성 미생물 등이 살균될 수 있는 시설이어야 한다. 이하 같다)을 갖추어야 한다.

⑤ 충분한 환기를 시킬 수 있는 시설을 갖추어야 한다. 다만, 자연적으로 통풍이 가능한 구조의 경우에는 그러하지 아니하다.

⑥ 식품 등의 기준 및 규격 중 식품별 보존 및 유통기준에 적합한 온도가 유지될 수 있는 냉장시설 또는 냉동시설을 갖추어야 한다.

⑦ 식품과 직접 접촉하는 부분은 위생적인 내수성 재질로서 씻기 쉬우며, 열탕·증기·살균제 등으로 소독·살균이 가능한 것이어야 한다.

⑧ 냉동·냉장시설 및 가열처리시설에는 온도계 또는 온도를 측정할 수 있는 계기를 설치하여야 하며, 적정온도가 유지되도록 관리하여야 한다.

⑨ 조리장에는 쥐·해충 등을 막을 수 있는 시설을 갖추어야 한다.

2. 급수시설

① 수돗물이나 「먹는물관리법」 제5조에 따른 먹는 물의 수질기준에 적합한 지하수 등을 공급할 수 있는 시설을 갖추어야 한다. 다만, 지하수를 사용하는 경우에는 용수저장탱크에 염소자동주입기 등 소독장치를 설치하여야 한다.

② 지하수를 사용하는 경우 취수원은 화장실·폐기물처리시설·동물사육장 그 밖에 지하수가 오염될 우려가 있는 장소로부터 영향을 받지 아니 하는 곳에 위치하여야 한다.

3. 창고 등 보관시설

① 식품 등을 위생적으로 보관할 수 있는 창고를 갖추어야 한다.

② 창고에는 식품 등을 법 제7조제1항에 따른 식품 등의 기준 및 규격에서 정하고 있는 보존 및 유통기준에 적합한 온도에서 보관할 수 있도록 냉장·냉동시설을 갖추어야 한다. 다만, 조리장에 갖춘 냉장시설 또는 냉동시설에 해당 급식소에서 조리·제공되는 식품을 충분히 보관할 수 있는 경우에는 창고에 냉장시설 및 냉동시설을 갖추지 아니하여도 된다.

4. 화장실

① 화장실은 조리장에 영향을 미치지 아니하는 장소에 설치하여야 한다. 다만, 집단급식소가 위치한 건축물 안에 나목부터 라목까지의 기준을 갖춘 공동화장실이 설치되어 있거나 인근에 사용하기 편리한 화장실이 있는 경우에는 따로 화장실을 설치하지 아니할 수 있다.

② 화장실은 정화조를 갖춘 수세식 화장실을 설치하여야 한다. 다만, 상·하수도가 설치되지 아니한 지역에서는 수세식이 아닌 화장실을 설치할 수 있다. 이 경우 변기의 뚜껑과 환기시설을 갖추어야 한다.

③ 화장실은 콘크리트 등으로 내수처리를 하여야 하고, 바닥과 내벽(바닥으로부터 1.5미터까지)에는 타일을 붙이거나 방수페인트로 색칠하여야 한다.

④ 화장실에는 손을 씻는 시설을 갖추어야 한다.

Ⅳ. 설치·운영자의 준수사항

1. 일반적 준수사항

집단급식소를 설치·운영하는 자는 집단급식소 시설의 유지·관리 등 급식의 위생적 관리를 위하여 다음 각 호의 사항을 지켜야 한다(법 제88조제2항).

① 식중독 환자가 발생하지 아니하도록 위생관리를 철저히 할 것

② 조리·제공한 식품의 매회 1인분 분량을 총리령으로 정하는 바에 따라 144시간 이상 보관할 것

③ 영양사를 두고 있는 경우 그 업무를 방해하지 아니할 것

④ 영양사를 두고 있는 경우 영양사가 집단급식소의 위생관리를 위하여 요청하는 사항에 대하여는 정당한 사유가 없으면 따를 것

⑤ 「축산물 위생관리법」 제12조에 따라 검사를 받지 아니한 축산물 또는 실험 등의

용도로 사용한 동물을 음식물의 조리에 사용하지 말 것

⑥ 「야생생물 보호 및 관리에 관한 법률」을 위반하여 포획·채취한 야생생물을 음식물의 조리에 사용하지 말 것

⑦ 소비기한이 경과한 원재료 또는 완제품을 조리할 목적으로 보관하거나 이를 음식물의 조리에 사용하지 말 것

⑧ 수돗물이 아닌 지하수 등을 먹는 물 또는 식품의 조리·세척 등에 사용하는 경우에는 「먹는물관리법」 제43조에 따른 먹는물 수질검사기관에서 총리령으로 정하는 바에 따라 검사를 받아 마시기에 적합하다고 인정된 물을 사용할 것. 다만, 둘 이상의 업소가 같은 건물에서 같은 수원(水源)을 사용하는 경우에는 하나의 업소에 대한 시험결과로 나머지 업소에 대한 검사를 갈음할 수 있다.

⑨ 제15조제2항에 따라 위해평가가 완료되기 전까지 일시적으로 금지된 식품 등을 사용·조리하지 말 것

⑩ 식중독 발생 시 보관 또는 사용 중인 식품은 역학조사가 완료될 때까지 폐기하거나 소독 등으로 현장을 훼손하여서는 아니 되고 원상태로 보존하여야 하며, 식중독 원인규명을 위한 행위를 방해하지 말 것

⑪ 그 밖에 식품 등의 위생적 관리를 위하여 필요하다고 총리령으로 정하는 사항을 지킬 것

2. 식품 등의 위생적 관리를 위하여 필요한 그 밖의 준수사항

식품 등의 위생적 관리를 위하여 필요한 그 밖의 준수사항은 다음과 같다(시행규칙 제95조제2항 관련 [별표 24]).

① 물수건, 숟가락, 젓가락, 식기, 찬기, 도마, 칼, 행주 및 그 밖의 주방용구는 기구 등의 살균·소독제, 열탕, 자외선살균 또는 전기살균의 방법으로 소독한 것을 사용하여야 한다.

② 배식하고 남은 음식물을 다시 사용·조리 또는 보관(폐기용이라는 표시를 명확하게 하여 보관하는 경우는 제외한다)해서는 안 된다.

③ 식재료의 검수 및 조리 등에 대해서는 식품의약품안전처장이 정하여 고시하는 위생관리 사항의 점검 결과를 기록해야 한다. 이 경우 그 기록에 관한 서류는 해당 기록을 한 날부터 3개월간 보관해야 한다.

④ 법 제88조제2항제8호에 따라 수돗물이 아닌 지하수 등을 먹는 물 또는 식품의 조리·세척 등에 사용하는 경우에는 「먹는물관리법」 제43조에 따른 먹는물 수질검사기관에서 다음의 구분에 따른 검사를 받아야 한다.

i) 일부 항목 검사: 1년마다(모든 항목 검사를 하는 연도의 경우를 제외한다) 「먹는물 수질기준 및 검사 등에 관한 규칙」 제4조제1항제2호에 따른 마을상수도의 검사기준에 따른 검사(잔류염소에 관한 검사를 제외한다). 다만, 시·도지사가 오염의 우려가 있다고 판단하여 지정한 지역에서는 같은 규칙 제2조에 따른 먹는물의 수질기준에 따른 검사를 해야 한다.

ii) 모든 항목 검사: 2년마다 「먹는물 수질기준 및 검사 등에 관한 규칙」 제2조에 따른 먹는물의 수질기준에 따른 검사

⑤ 동물의 내장을 조리한 경우에는 이에 사용한 기계·기구류 등을 세척하고 살균하여야 한다.

⑥ 법 제47조제1항에 따라 모범업소로 지정받은 자 외의 자는 모범업소임을 알리는 지정증, 표지판, 현판 등의 어떠한 표시도 해서는 안 된다.

제10장

식품위생법의 실효성 확보수단

제1절 서론

제2절 식품관련 범죄의 특성

제3절 행정상의 제재

제4절 행정벌

제5절 기타의 실효성 확보수단

제10장 식품위생법의 실효성 확보수단

제1절 서 론

식품위생법은 제11장에서 시정명령·허가취소 등 행정상의 제재 규정을 두고 있고, 제13장에서 벌칙 규정을 두고 있다. 식품위생법상의 일정한 의무를 위반하는 경우에는 위와 같은 행정상의 제재나 벌칙을 당하게 된다. 하지만 위와 같은 제재나 벌칙은 그 자체가 목적이 아니라 식품위생법상의 의무이행를 확보하기 위한 수단임을 명심할 필요가 있다. 즉 제재나 벌칙은 그 자체가 목적이 아니라 목적 달성을 위한 하나의 수단이라는 관점에 입각하여 관련 규정을 해석하는 것이 국민의 권익보호라는 법치주의의 대원칙에도 부합되는 것이다. 이하 그 구체적인 내용에 관하여 살펴보기로 한다.

제2절 식품관련 범죄의 특성

Ⅰ. 영업범의 의의

식품위생관련 범죄는 영업범으로서의 성질을 지니는 경우가 대부분이다. 영업범이란 범죄자가 그 행위의 반복으로 수입원을 삼는 경우라고 정의할 수 있다. 이러한 영업범은 실정법상의 개념이라기보다는 범죄의 행위 태양에 비추어 죄수를 결정하기 위하여 해석상 인정되는 개념이다. 영업범의 경우 영세업주 등이 생계의 수단으로 계속적으로 범하여지는 경우가 일반적이므로 쉽게 근절되지 아니하는 특성을 지니고 있다.

Ⅱ. 영업범의 죄수

영업범의 경우 그 범죄의 요소가 되는 영업성이 개별적인 행위를 하나의 행위로 통일하는 기능을 가진다는 이유로 각 행위가 포괄하여 1죄를 구성한다는 것이 일반적이다.

영업범이 일정한 기간동안 동일 장소에서 동일한 종류의 행위를 한 경우에는 침해법익과 범죄의사가 동일하므로 포괄하여 일죄가 된다고 보아야 한다. 그러나 영업범의 행위가 기간을 달리하거나, 장소를 달리하거나, 행위의 태양을 달리하는 경우에는 구체적 사정에 따라 포괄일죄로 볼 것인지 경합범으로 볼 것인지를 결정하여야 한다.

제3절 행정상의 제재

Ⅰ. 의의

행정상의 제재는 상대방에게 의무를 부과하거나 그 권익을 제한하는 것이므로 침해적 처분에 해당된다. 그리하여 그러한 처분을 함에 있어서는 법률유보의 원칙이나 그 밖의 행정법의 일반원칙에 의한 한계가 주어진다. 이하 식품위생법에서 규정하고 있는 행정상의 제재의 내용 및 절차 등에 관하여 살펴보기로 한다.

Ⅱ. 종류 및 내용

1. 시정명령

가. 의의

시정명령이란 행정상 의무의 위반 또는 위반의 우려가 있는 경우에 그 의무 위반상태를 제거하기 위하여 발하는 행정명령을 말한다. 또한, 시정명령을 불이행할 때에는 행정처분을 한다는 예고적 성격도 가지고 있다.

식품위생법은 식품의약품안전처장, 시·도지사 또는 시장·군수·구청장으로 하여금 식품위생법 제3조에 따른 식품 등의 위생적 취급에 관한 기준에 맞지 아니하게 영업하는 자와 이 법을 지키지 아니하는 자에 대하여 필요한 시정을 명하도록 의무를 지우고 있다(법 제71조제1항).

나. 요건

시정명령은 식품위생법 제3조에 따른 식품 등의 위생적 취급에 관한 기준에 적합하지 아니하게 영업을 하는 경우와 기타 영업자가 식품위생법을 지키지 아니하는 경우에 발령하여야 한다.

다. 대상

시정명령은 판매(판매 외의 불특정 다수인에 대한 제공을 포함한다)를 목적으로 하는 식품 또는 식품첨가물을 채취·제조·가공·사용·조리·저장·소분·운반 또는 진열함에 있어서 이를 깨끗하고 위생적으로 수행하지 않는 자, 영업에 사용하는 기구 및 용기·포장을 위생적으로 다루지 않는 자, 그 밖에 식품위생법을 지키지 아니하는 영업자를 그 대상으로 하고 있다.

라. 명령권자

시정명령의 처분권자는 식품의약품안전처장, 시·도지사 또는 시장·군수·구청장 등이다(법 제71조제1항).

마. 행정지원

시정명령을 발한 경우 동 명령을 한 처분권자는 그 영업을 관할하는 관서의 장에게 그 내용을 통보하여 시정명령이 이행되도록 협조를 요청할 수 있다(법 제71조제2항).

바. 위반시의 제재

시정명령을 받고도 동 명령을 이행하지 않은 영업자에 대하여는 식품위생법 제75조제1항제17호, 제71조제1항의 규정 및 시행규칙 제89조(행정처분의 기준) 관련 [별표 23]의 Ⅱ. 개별기준에 의거 영업정지 등의 행정처분을 하게 된다.

대법원 1990. 9. 25. 선고 89누8200 판결【부당표시등행위시정명령취소】

식품의 품질에 관한 허위표시나 과대광고에 대하여 식품위생법상의 시정 명령외에 독점규제 및 공정거래에 관한 법률상의 시정명령도 할 수 있는지 여부(적극): 식품위생법 제11조제1항이 금하는 식품의 품질에 관한 허위표시나 과대광고를 오인한 소비자의 위생상의 위해를 방지할 필요가 있을 때에는 같은 법 제55조에 의한 시정명령을 할 수 있고, 동시에 그 광고가 경쟁사업자간의 공정거래를 해하는 것일 때에는 사업자간의 자유로운 경쟁의 촉진을 위하여 독점규제및공정거래에관한법률 제16조에 의한 시정명령을 할 수 있는 것이다.

2. 허가의 취소 등

가. 처분권자

영업허가 또는 등록의 취소, 영업정지 및 영업소의 폐쇄는 식품의약품안전처장 또는 특별자치시장·특별자치도지사·시장·군수·구청장 등이 행한다(법 제75조제1항).

나. 처분사유

다음과 같은 사유가 있는 경우에는 영업허가의 취소, 영업정지 및 영업소의 폐쇄 등을 명할 수 있다(법 제75조제1항).

① 식품위생법 제4조부터 제6조까지, 제7조제4항, 제8조, 제9조제4항, 제9조의3 또는 제12조의2제2항을 위반한 경우

② 식품위생법 제17조제4항을 위반한 경우

③ 식품위생법 제22조제1항에 따른 출입·검사·수거를 거부·방해·기피한 경우

④ 식품위생법 제31조제1항 및 제3항을 위반한 경우

⑤ 식품위생법 제36조를 위반한 경우

⑥ 식품위생법 제37조제1항 후단, 제3항, 제4항 후단을 위반하거나 같은 조 제2항에 따른 조건을 위반한 경우

⑦ 식품위생법 제37조제5항에 따른 변경 등록을 하지 아니하거나 같은 항 단서를 위반한 경우

⑧ 식품위생법 제38조제1항제8호에 해당하는 경우

⑨ 식품위생법 제40조제3항을 위반한 경우

⑩ 식품위생법 제41조제5항을 위반한 경우

⑪ 식품위생법 제41조의2제1항을 위반한 경우

⑫ 식품위생법 제43조에 따른 영업 제한을 위반한 경우

⑬ 식품위생법 제44조제1항·제2항 및 제4항을 위반한 경우

⑭ 식품위생법 제45조제1항 전단에 따른 회수 조치를 하지 아니한 경우

⑮ 식품위생법 제45조제1항 후단에 따른 회수계획을 보고하지 아니하거나 거짓으로 보고한 경우

⑯ 식품위생법 제48조제2항에 따른 식품안전관리인증기준을 지키지 아니한 경우

⑰ 식품위생법 제49조제1항 단서에 따른 식품이력추적관리를 등록하지 아니 한 경우

⑱ 식품위생법 제51조제1항을 위반한 경우

⑲ 식품위생법 제71조제1항, 제72조제1항·제3항, 제73조제1항 또는 제74조제1항(제88조에 따라 준용되는 제71조제1항, 제72조제1항·제3항 또는 제74조제1항을 포함한다)에 따른 명령을 위반한 경우

⑳ 식품위생법 제72조제1항·제2항에 따른 압류·폐기를 거부·방해·기피한 경우

㉑ 「성매매알선 등 행위의 처벌에 관한 법률」 제4조에 따른 금지행위를 한 경우

다. 처분의 내용

위와 같은 사유가 있는 경우에 처분권자는 영업허가 또는 등록을 취소하거나 6개월 이내의 기간을 정하여 그 영업의 전부 또는 일부를 정지하거나 영업소 폐쇄(제37조제4항에 따라 신고한 영업만 해당한다)를 명할 수 있다(법 제75조제1항).

식품위생법상의 허가의 취소 등은 법령의 규정방식(…할 수 있다), 그 취지·목적, 행정행위의 성질, 기본권과의 관련성 등을 종합적으로 고려해 볼 때 재량행위로 보는 것이 타당하다. 따라서 재량권 일탈·남용 여부에 대한 심사의 대상이 된다.

라. 기타 규정

식품의약품안전처장 또는 특별자치시장·특별자치도지사·시장·군수·구청장은 영업자가 제1항에 따른 영업정지 명령을 위반하여 영업을 계속하면 영업허가 또는 등록을 취소하거나 영업소 폐쇄를 명할 수 있다(법 제75조제2항).

또한 식품의약품안전처장 또는 특별자치시장·특별자치도지사·시장·군수·구청장은 다음 각 호의 어느 하나에 해당하는 경우에는 영업허가 또는 등록을 취소하거나 영업소 폐쇄를 명할 수 있다.

① 영업자가 정당한 사유 없이 6개월 이상 계속 휴업하는 경우

② 영업자(제37조제1항에 따라 영업허가를 받은 자만 해당한다)가 사실상 폐업하여 「부가가치세법」 제8조에 따라 관할세무서장에게 폐업신고를 하거나 관할세무서장이 사업자등록을 말소한 경우

위의 영업정지, 허가 또는 등록취소 및 영업소의 폐쇄 등 행정처분의 세부적인 기준은 그 위반행위의 유형과 위반의 정도 등을 참작하여 시행규칙 제89조 관련 [별표 23]에서 구체적으로 정하고 있다. 이러한 행정처분의 기준은 형식상 총리령·부령으로 되어 있으나 성질상 행정기관내부의 사무처리준칙에 불과한 것으로서 관계행정기관 및 직원에 대하여 그 직무권한행사의 지침을 정해 주기 위하여 발한 행정명령의 성질을 가지는 것이지 법 제75조제1항에 의하여 보장된 재량권을 기속하는 것이라고 할 수 없고 대외적으로 국민이나 법원을 기속하는 힘이 있는 것도 아니다(대법원 1989. 4. 11. 선고 88누773 판결 등).

대법원 1997. 11. 28. 선고 97누12952 판결 【영업정지처분취소】

단란주점영업허가를 받은 자가 20세 미만의 유흥접객원을 두고 특수조명시설에 대한 시설개수명령에 불응하고 시간외 영업을 한 경우, 그에 대한 영업정지처분이 재량권의 범위를 일탈한 것이 아니라고 본 사례:
단란주점영업허가를 받은 자임에도 불구하고 당해 주점에 유흥주점영업허가를 받은 자만이

둘 수 있는 유흥접객원을 8명이나 두고 영업하여 왔을 뿐 아니라, 그 유흥접객원 중 2명은 식품위생법령상 유흥주점영업자도 유흥접객원으로 고용하여서는 아니 되도록 규정된 20세 미만의 자이었고, 단란주점영업자가 설치하여서는 아니 되는 특수조명시설(우주볼)을 설치한 것에 대하여 이미 지방자치단체장으로부터 2차에 걸쳐 시설개수명령을 받았음에도 위 명령에 응하지 않고 위 시설 중 일부를 철거하지 않은 채 영업하여 온데다가, 식품위생법령에 정해진 영업시간제한 규정에 위배하여 영업하였던 것이므로, 이와 같은 위반의 정도 및 그 내용, 위반 전력 등에 비추어 보면 지방자치단체장의 당해 영업정지처분이 재량권의 범위를 일탈하여 위법한 것이라고 보기 어렵다고 한 사례.

대법원 1991. 5. 14. 선고 90누8435 판결【대중음식점영업허가취소처분취소】

대중음식점 영업정지명령을 받은 자의 종업원들이 그 영업정지기간 중에 영업정지명령을 받은 음식점 건물과 같은 과수원 울타리 안의 불과 70여 미터 떨어진 곳에 농막과 평상 등을 설치하고 그 영업자의 집기와 시설을 이용하여 대중음식점 영업을 한 경우에 식품위생법 제58조 제2항 소정의 영업자가 영업정지명령을 위반하여 계속적으로 영업행위를 한 때에 해당한다고 본 사례.

대법원 1989. 4. 11. 선고 88누773 판결【대중음식점영업허가취소처분취소】

가. 식품위생법 제58조 제1항의 규정취지: 식품위생법 제58조 제1항의 규정취지는 처분권자에게 영업자가 법에 위반하는 종류와 정도의 경중에 따라 제반사정을 참작하여 같은 법조에 규정된 것 중 적절한 종류를 선택하여 합리적인 범위내의 행정처분을 할 수 있는 재량권을 부여한 것이다.

나. 같은법시행규칙 제53조 별표 12의 법규성 유무(소극): 식품위생법시행규칙 제53조 별표 12에서 전항의 행정처분의 기준을 정하고 있더라도 이는 형식상 부령으로 되어 있으나 성질상 행정기관내부의 사무처리준칙에 불과한 것으로서 보건사회부장관이 관계행정기관 및 직원에 대하여 그 직무권한행사의 지침을 정해 주기 위하여 발한 행정명령의 성질을 가지는 것이지 법 제58조 제1항에 의하여 보장된 재량권을 기속하는 것이라고 할 수 없고 대외적으로 국민이나 법원을 기속하는 힘이 있는 것도 아니다.

대법원 1984. 1. 31. 선고 83누427 판결【영업정지처분취소】

성년 친구 등과 동행한 미성년자에게 성년여부를 확인치 않고 주류를 제공한 영업주에 대한 영업정지처분의 당부: 미성년인 대학생(당시 19년 7개월 남짓)이 성년인 친구 및 친구누나와 함께 와서 식사하면서 생맥주 한잔을 주문하는 것을 그 주문자가 성년자인지 여부를 확인하지 않고 제공하였다 하여 그 영업주에 대하여 한 영업정지처분은 위반내용이 극히 경미한 점에 비추어 재량권 일탈에 해당한다.

3. 폐기처분 등

가. 의의

폐기처분이란 식품위생상 위해가 있는 식품 등을 압류, 폐기 기타 강제적인 방법으로 제거하는 사실행위로서 당해 식품 등의 소유자는 관계 공무원의 이러한 강제행위를 수인하여야 한다.

나. 대상

(1) 필요적 폐기

식품위생법 제4조(위해식품 등의 판매 등 금지), 제5조(병든 동물 고기 등의 판매 등 금지), 제6조(기준·규격이 정하여지지 아니한 화학적 합성품 등의 판매 등 금지), 제7조제4항(기준·규격에 맞지 아니하는 식품 또는 식품첨가물의 판매 등 금지), 제8조(유독기구 등의 판매·사용금지), 제9조제4항(기준·규격에 맞지 아니하는 기구 및 용기·포장의 판매 등 금지), 제9조의3(인정받지 않은 재생원료의 기구 및 용기·포장에의 사용 등 금지), 제12조의2제2항(표시없는 유전자변형식품 등의 판매 등 금지) 또는 제44조제1항제3호(소비기한이 경과된 제품·식품 또는 그 원재료의 판매 등 금지)를 위반한 식품 등은 압류 또는 폐기의 대상이 되거나 용도·처리방법을 정하여 위해를 없애는 조치(식용 외 용도전환 등)를 명할 수 있는 대상이 된다. 이 경우 반드시 관계 공무원으로 하여금 그 식품 등을 압류 또는 폐기하게 하거나 당해 영업자로 하여금 위해를 없애는 조치를 하도록 명령하여야 한다(법 제72조제1항).

(2) 임의적 폐기

식품위생법 제37조제1항, 제4항 또는 제5항을 위반하여 허가받지 아니하거나 신고 또는 등록하지 아니하고 제조·가공·조리한 식품 또는 식품첨가물이나 여기에 사용한 기구 또는 용기·포장 등은 압류 또는 폐기의 대상이 된다. 이 경우 관계공무원으로 하여금 압류 또는 폐기하게 할 수 있다(법 제72조제2항).

식품위생상의 위해가 발생하였거나 발생할 우려가 있는 경우에는 영업자에게 유통 중인 해당 식품 등을 회수·폐기하게 하거나 해당 식품 등의 원료, 제조 방법, 성분 또는 그 배합 비율을 변경할 것을 명할 수 있다(법 제72조제3항).

다. 명령권자

폐기처분의 명령권자는 식품의약품안전처장, 시·도지사 또는 시장·군수·구청장(법 제

72조제1항).

라. 절차

압류나 폐기를 하는 공무원은 그 권한을 표시하는 증표 및 조사기간, 조사범위, 조사 담당자, 관계 법령 등 대통령령으로 정하는 사항이 기재된 서류를 지니고 이를 관계인에게 내보여야 한다(법 제72조제4항).

관계 공무원이 법 제72조에 따라 식품 등을 압류한 경우에는 별지 제16호서식의 압류증을 발급하여야 한다(시행규칙 제87조제1항).

법 제72조제3항에 따라 식품 등의 회수명령을 받은 영업자는 지체 없이 회수대상 식품 등의 유통·판매를 중지하고, 회수계획을 작성하여 그 회수계획에 따라 회수해야 한다. 이 경우 회수계획, 회수절차 및 회수결과 보고 등에 관하여는 제59조제1항 및 제3항을 준용한다(시행규칙 제87조제2항).

마. 위반 시의 제재

폐기명령을 받고도 동 명령을 이행하지 않은 영업자는 식품위생법 제75조제1항제17호, 제72조제1항·제3항, 식품위생법 제75조제1항제18호, 제72조제1항·제2항의 규정 및 시행규칙 제89조(행정처분의 기준) 관련 [별표 23]의 Ⅱ. 개별기준에 의거 영업정지 등의 행정처분을 받게 되고, 식품위생법 제95조제4호, 제72조제1항·제3항, 식품위생법 제97조제2호, 제72조제1항·제3항에 의하여 형벌을 받을 수도 있다.

4. 시설의 개수명령

가. 의의

식품위생법상의 영업시설이 일정한 기준에 적합하지 아니한 경우 그 시설의 수리·보완을 명령하는 것을 말한다.

나. 대상

식품위생법 제37조제1항의 규정에 의하여 영업의 허가를 받은 자, 동조 제4항의 규정에 의하여 영업의 신고를 한 자 또는 동조 제5항의 규정에 의하여 영업의 등록을 한 자(영업자)에 대하여 시설개수명령을 발할 수 있다. 따라서 영업의 허가를 받지 않은 자 또는 영업의 신고·등록을 하지 않은 자에 대하여는 시설개수명령을 발할 수 없다.

시설개수명령은 건축물의 소유자와 영업자 등이 다른 경우에는 건물주에게도 협조의

무가 부과된다. 즉 건축물의 소유자와 영업자 등이 다른 경우 건축물의 소유자는 시설개수 명령에 따른 시설의 개수에 최대한 협조하여야 한다(법 제74조제2항).

다. 요건

허가(신고·등록)영업의 영업시설이 식품위생법 제36조에 따른 시설기준에 맞지 아니한 경우가 그 처분요건에 해당된다(법 제74조제1항).

라. 위반 시의 제재

시설의 개수명령을 받고도 동 명령을 이행하지 않은 영업자는 식품위생법 제75조제1항제17호, 제74조제1항의 규정 및 시행규칙 제89조(행정처분의 기준) 관련 [별표 23]의 Ⅱ. 개별기준에 의거 영업정지 등의 행정처분을 받게 되고, 식품위생법 제101조제1항제8호, 제74조제1항에 의하여 과태료 처분을 받게 된다.

대법원 1991. 7. 9. 선고 91누971 판결 【식품위생접객업소영업정지명령취소등】

무도유흥음식점영업장의 객석면적을 식품위생법상 시설기준의 최소면적 이상으로 무단확장하였음을 이유로 한 시설개수명령의 적부(소극): 식품위생법 제21조, 같은법시행규칙 제20조 별표 7이 규정하는 시설기준은 무도유흥음식점영업에 있어서 갖추어야 할 최소한의 시설기준을 정한 것이므로, 영업장의 객석면적을 위 시설기준의 최소면적 이상으로 무단확장하였다고 하여도 허가 없이 영업허가사항을 변경한 것을 이유로 영업허가를 취소 또는 정지함은 별론으로 하고 위 법 제57조의 규정에 의한 시설개수명령의 대상은 되지 않는다.

대법원 1985. 9. 24. 선고 85누106 판결 【행정처분취소】

건축물부설 주차장용 건물을 유흥음식점으로 사용함을 이유로 식품위생법 제25조 제1항에 의한 시설개수명령을 하고 그 명령위반을 이유로 한 영업허가취소처분의 적부(소극): 식품위생법 제25조 제1항이 시설개수명령의 기준으로 삼고 있는 동법 제22조, 동법시행령 제9조 제1항, 동법시행규칙 제24조 소정의 업종별 시설 기준의 내용을 살펴보아도 식품접객영업의 시설기준으로 영업장소인 건물의 용도가 유흥음식점용이어야 되는 여부를 규정한 바는 없으므로 설령 식품접객영업의 허가를 받은 장소인 건물의 일부의 건물용도가 유흥음식점용이 아닌 건축물 부설주차장용으로 되어 있다 하더라도 그 사유만으로는 식품위생법 제25조 제1항에 의한 시설개수명령의 대상이 되지 않는다 할 것이므로 그 명령위반을 이유로 동법 제26조 제1항 제3호에 의하여 그 영업허가를 취소한 처분은 위법하다.

대법원 1984. 3. 13. 선고 83누685 판결【대중음식점영업소폐쇄처분취소】

대중음식점의 건물중 일부가 무허가이고 가옥대장상 영업용이 아니란 이유로 한 시설개수명령의 적부: 원고가 대중음식점으로 사용한 건물중 일부가 무허가이고 그 나머지는 가옥대장상 주택 및 창고로 되어 있다고 하더라도 그 건물구조가 충분한 내구력이 없음을 이유로 하거나 또는 다른 용도의 시설과 구분되도록 완전히 구획되지 아니하였음을 이유로 식품위생법 제25조에 의한 시설개수명령을 함은 물론으로 하고 그 영업장소중 무허가건물이나 가옥대장상 영업용이 아닌 부분이 포함되어 있다 하더라도 이에 관한 시설개수명령을 내릴 수 없다.

대법원 1976. 5. 11. 선고 75누214 판결【영업허가취소】

작업장의 면적일부가 무허가건축이여서 이를 공제하면 그 면적이 소정 기준에 미달한다는 이유로 한 두부제조업영업허가취소처분이 취소권을 남용한 위법한 것인지의 여부: 작업장의 면적의 일부가 무허가건축이여서 동 부분을 공제하면 작업장의 면적이 소정 시설기준에 미달한 경우에는 작업장의 확장 등 시설개수를 명하거나 영업을 정지시키는 등 식품위생법 제26조 소정 사전절차를 취하여야 하고 위와 같은 절차를 거치지 않고 두부제조업 영업허가를 취소한 처분은 취소권을 남용한 위법한 것이라고 아니할 수 없다.

5. 품목의 제조정지

가. 명령권자

품목의 제조정지를 명할 수 있는 자는 식품의약품안전처장 또는 특별자치시장·특별자치도지사·시장·군수·구청장 등이다(법 제76조제1항).

나. 사유

다음과 같은 사유가 있는 경우에는 해당 품목 또는 품목류(제7조 또는 제9조에 따라 정하여진 식품 등의 기준 및 규격 중 동일한 기준 및 규격을 적용받아 제조·가공되는 모든 품목을 말한다)에 대하여 기간을 정하여 6개월 이내의 제조정지를 명할 수 있다(법 제75조제1항).

① 제7조제4항을 위반한 경우

② 제9조제4항을 위반한 경우

③ 제12조의2제2항을 위반한 경우

④ 제31조제1항을 위반한 경우

다. 세부기준

위의 품목 또는 품목류 제조정지의 행정처분의 세부적인 기준은 그 위반행위의 유형과 위반의 정도 등을 참작하여 시행규칙 제89조 관련 [별표 23]에서 구체적으로 정하고 있다.

대법원 1991. 7. 12. 선고 90누6606 판결【품목제조정지처분취소】

가. 과즙사과요구르트 과대광고에 대한 품목제조정지 3개월의 처분이 재량권을 남용한 위법한 처분이 된다고 본 사례: 과즙사과요구르트에 대한 과대광고의 경우 그 광고문안 자체에서 약으로 오인하지 말라는 점을 밝혔고 요구르트의 효능, 효과를 기재한 객관적인 학술서적을 인용하였을 뿐 아니라 위 요구르트가 그 자체로는 위해식품이 아닌데다가 원고 회사가 양질의 우유를 수집, 사용하고 살균방법을 달리함으로써 제품의 질적 향상을 도모하고 있다면, 위 과대광고에 대한 품목제조정지 3개월의 처분이 원고 회사에게 너무 가혹하여 재량권을 남용한 위법한 처분이 된다고 본 사례.

나. 구 식품위생법시행규칙(1989. 11. 30. 보사부령 제835호로 개정되기 전의 것) 제53조 별표 12의 법규성 유무(소극): 구 식품위생법시행규칙(1989.11.30. 보사부령 제835호로 개정되기 전의 것) 제53조에서 별표 12로 식품위생법 제59조 제1항에 따른 행정처분의 기준을 정하였다고 하더라도 이는 형식은 부령으로 되어 있으나, 그 성질은 행정기관 내부의 사무처리준칙을 정한 것으로서 행정명령의 성질을 가지는 것이고 대외적으로 국민이나 법원을 기속하는 힘이 있는 것은 아니다.

6. 영업소의 폐쇄조치 등

가. 폐쇄조치권자

폐쇄조치는 식품의약품안전처장, 시·도지사 또는 시장·군수·구청장 등이 행한다(법 제79조제1항).

나. 폐쇄조치의 사유

식품위생법 제37조제1항, 제4항 또는 제5항을 위반하여 허가받지 아니하거나 신고 또는 등록하지 아니하고 영업을 하는 경우 또는 제75조제1항 또는 제2항에 따라 허가 또는 등록이 취소되거나 영업소 폐쇄명령을 받은 후에도 계속하여 영업을 하는 경우에 해당 영업소를 폐쇄할 수 있다(법 제79조제1항).

다. 폐쇄조치의 내용

폐쇄조치의 내용은 다음과 같다(법 제79조제1항).

① 해당 영업소의 간판 등 영업 표지물의 제거나 삭제

② 해당 영업소가 적법한 영업소가 아님을 알리는 게시문 등의 부착

③ 해당 영업소의 시설물과 영업에 사용하는 기구 등을 사용할 수 없게 하는 봉인(封印)

라. 봉인의 해제

식품의약품안전처장, 시·도지사 또는 시장·군수·구청장은 제1항제3호에 따라 봉인한 후 봉인을 계속할 필요가 없거나 해당 영업을 하는 자 또는 그 대리인이 해당 영업소 폐쇄를 약속하거나 그 밖의 정당한 사유를 들어 봉인의 해제를 요청하는 경우에는 봉인을 해제할 수 있다. 제1항제2호에 따른 게시문 등의 경우에도 또한 같다(법 제79조제2항).

마. 폐쇄절차

(1) 고지

식품의약품안전처장, 시·도지사 또는 시장·군수·구청장은 제1항에 따른 조치를 하려면 해당 영업을 하는 자 또는 그 대리인에게 문서로 미리 알려야 한다. 다만, 급박한 사유가 있으면 그러하지 아니하다(법 제79조제3항).

(2) 절차의 최소화

폐쇄조치 등은 그 영업을 할 수 없게 하는 데에 필요한 최소한의 범위에 그쳐야 한다(법 제79조제4항). 폐쇄조치는 직접강제의 일종으로서 행정상 강제집행수단 중에서도 가장 강력한 수단이라고 볼 수 있다. 따라서 위 규정이 없더라도 비례의 원칙이 준수되어야 한다.

(3) 증표의 제시

폐쇄조치를 하는 경우에 관계 공무원은 그 권한을 표시하는 증표 및 조사기간, 조사범위, 조사담당자, 관계 법령 등 대통령령으로 정하는 사항이 기재된 서류를 지니고 이를 관계인에게 내보여야 한다(법 제79조제5항).

바. 위반시의 제재

식품위생법 제79조제1항에 따라 관계 공무원이 부착한 봉인 또는 게시문 등을 함부로 제거하거나 손상시킨 자는 3년 이하의 징역 또는 3천만원 이하의 벌금에 처하게 된다(법 제97조제9호, 제79조제1항).

대법원 1983. 12. 13. 선고 83누170 판결【영업허가취소처분취소】

영업장소 중 일부가 무허가 건물이란 이유만으로써 한 일부시설 폐쇄명령 및 동 명령위반을 이유로 한 영업허가취소 처분의 당부: 다방 영업허가를 받은 장소인 건물 12평 중에 7평의 무허가 건물이 포함되어 있다 하더라도 그 건물구조가 충분한 내구력이 없음을 이유로 식품위생법 제25조에 의한 시설개수 명령을 함은 별론으로 하고 그 건물 부분이 무허가라는 이유만으로 폐쇄명령을 내릴 수 없다 할 것이니 무허가 부분 7평을 폐쇄하라는 명령은 위법하고 동 명령위반을 이유로 한 영업허가 취소의 처분 역시 위법하다 할 것이다.

대법원 1983.6.14. 선고 83누14 판결【영업소폐쇄명령처분취소】

청문절차없이 한 영업소 폐쇄명령의 효력: 행정청이 영업허가취소 등의 처분을 하려면 반드시 사전에 청문절차를 거쳐야 하고 설사 식품위생법 제26조 제1항 소정의 사유가 분명히 존재하는 경우라 할지라도 당해 영업자가 청문을 포기한 경우가 아닌 한 청문절차를 거치지 않고 한 영업소 폐쇄명령은 위법하여 취소사유에 해당된다.

7. 과징금

가. 의의

과징금이란 행정법상의 의무위반자가 그로 인하여 경제상의 이익을 얻게 되는 경우에 그 이익을 박탈하기 위하여 그 이익액에 따라 부과하는 행정상의 제재금을 말한다. 이를 본래적 형태의 과징금이라고 한다. 식품위생법 제83조의 과징금이 이에 해당된다.

원래 과징금은 행정법상의 의무위반으로 인하여 발생한 부당한 이익을 박탈하기 위한 것이었으나 오늘날은 그 성격에도 변화가 일어났다. 그리하여 다수국민이 이용하는 사업이나 국가·사회에 중대한 영향을 미치는 사업을 시행하는 자가 행정법규를 위반한 경우, 위 위반자에 대하여 영업정지 등 처분을 하게 한다면 국민에게 생활상 불편을 주는 등의 공익상의 침해가 발생하므로 제재적 처분에 갈음하여 과하는 금전상의 제재로서 활용되는 경향이 있다. 이를 변형된 형태의 과징금이라고 부른다. 식품위생법 제82조의 과징금이 이에 해당된다.

나. 법적 성질

본래적 형태의 과징금의 경우 위반행위에 대하여 과징금을 부과할 것인지 여부와 과징금을 부과할 경우 관련 법령이 정하고 있는 일정한 범위 안에서 과징금의 액수를 구체적으로 얼마로 정할 것인지는 통상 재량행위로 규정되어 있다.

변형된 형태의 과징금의 경우에도 영업정지 대신에 과징금을 부과할 것인지 여부, 과징금을 부과키로 하였다면 그 금액은 얼마로 할 것인지 여부는 통상 행정청의 재량에 속하는 것이 보통이다. 그리하여 과징금부과처분을 받은 사업자가 납부기한까지 과징금을 납부하지 아니한 때에는 과징금부과처분을 취소하고, 과징금부과 대상영업에 대하여 사업정지처분을 하도록 규정하고 있는 경우가 보통이다(예: 석유 및 석유대체연료 사업법 제35조제5항, 식품위생법 제82조제4항 등).

다. 부과권자

과징금은 식품의약품안전처장, 시·도지사 또는 시장·군수·구청장이 부과·징수한다(법 제82조제1항, 시행령 제53조, 식품위생법 제83조제1항).

라. 부과대상 및 그 제외

(1) 본래적 형태의 과징금

위해식품 등의 판매 등 금지에 관한 식품위생법 제4조부터 제6조까지의 규정 또는 제8조를 위반한 경우 다음 각 호의 어느 하나에 해당하는 자에 대하여 그가 판매한 해당 식품 등의 판매금액을 과징금으로 부과한다(법 제83조제1항).

① 제4조제2호·제3호 및 제5호부터 제7호까지의 규정을 위반하여 제75조에 따라 영업정지 2개월 이상의 처분, 영업허가 및 등록의 취소 또는 영업소의 폐쇄명령을 받은 자

② 제5조, 제6조 또는 제8조를 위반하여 제75조에 따라 영업허가 및 등록의 취소 또는 영업소의 폐쇄명령을 받은 자

(2) 변형된 형태의 과징금

영업자가 식품위생법 제75조제1항 각 호 또는 제76조제1항 각 호의 어느 하나에 해당하는 경우에는 대통령령으로 정하는 바에 따라 영업정지, 품목 제조정지 또는 품목류 제조정지 처분을 갈음하여 10억원 이하의 과징금을 부과할 수 있다(법 제82조제1항전문).

다만, 식품위생법 제6조를 위반하여 제75조제1항에 해당하는 경우와 제4조, 제5조, 제7조, 제12조의2, 제37조, 제43조 및 제44조를 위반하여 제75조제1항 또는 제76조제1항에 해당하는 중대한 사항으로서 총리령으로 정하는 경우는 영업정지, 품목 제조정지 또는 품목류 제조정지 처분에 갈음하여 과징금을 부과할 수 없다(법 제82조제1항단서).

마. 과징금의 산정기준

(1) 본래적 형태의 과징금

법 제83조제1항에 따라 부과하는 과징금의 금액은 위해식품 등의 판매량에 판매가격

을 곱한 금액으로 한다(시행령 제57조제1항).

제1항에 따른 판매량은 위해식품 등을 최초로 판매한 시점부터 적발시점까지의 출하량에서 회수량 및 자연적 소모량을 제외한 수량으로 하고, 판매가격은 판매기간 중 가격이 변동된 경우에는 판매시기별로 가격을 산정한다(시행령 제57조제2항).

(2) 변형된 형태의 과징금

법 제82조제1항 본문에 따라 부과하는 과징금의 금액은 위반행위의 종류와 위반 정도 등을 고려하여 총리령으로 정하는 영업정지, 품목·품목류 제조정지 처분기준에 따라 [별표 1]의 기준을 적용하여 산정한다(시행령 제53조).

바. 부과 및 징수절차

(1) 본래적 형태의 과징금

부과된 과징금을 기한 내에 납부하지 아니하는 경우 또는 제37조제3항, 제4항 및 제5항에 따라 폐업한 경우에는 국세 체납처분의 예 또는 「지방행정제재·부과금의 징수 등에 관한 법률」에 따라 징수한다(법 제83조제3항).

과징금 및 체납 과징금의 징수를 위한 정보·자료의 제공 요청, 부과·징수한 과징금의 귀속 및 귀속 비율과 징수 절차 등에 관하여는 제82조제3항 및 제5항부터 제7항까지의 규정을 준용한다(법 제83조제4항).

(2) 변형된 형태의 과징금

(가) 서면에 의한 통지: 식품의약품안전처장, 시·도지사 또는 시장·군수·구청장은 법 제82조에 따라 과징금을 부과하려면 그 위반행위의 종류와 해당 과징금의 금액 등을 명시하여 납부할 것을 서면으로 알려야 한다(시행령 제54조).

(나) 과세정보제공의 요청: 식품의약품안전처장, 시·도지사 또는 시장·군수·구청장은 과징금을 징수하기 위하여 필요한 경우에는 다음 각 호의 사항을 적은 문서로 관할 세무관서의 장에게 과세 정보 제공을 요청할 수 있다(법 제82조제3항).

① 납세자의 인적사항

② 사용목적

③ 과징금 부과기준이 되는 매출금액

(다) 과징금 부과처분의 취소 또는 징수: 식품의약품안전처장, 시·도지사 또는 시장·군수·구청장은 제1항에 따른 과징금을 기한 내에 납부하지 아니하는 때에는 대통령령으로 정하는 바에 따라 제1항에 따른 과징금 부과처분을 취소하고 제75조제1항 또는 제76조제

1항에 따른 영업정지 또는 제조정지 처분을 하거나 국세 체납처분의 예 또는 「지방행정제재·부과금의 징수 등에 관한 법률」에 따라 징수한다. 다만, 제37조제3항, 제4항 및 제5항에 따른 폐업 등으로 제75조제1항 또는 제76조제1항에 따른 영업정지 또는 제조정지 처분을 할 수 없는 경우에는 국세 체납처분의 예 또는 「지방행정제재·부과금의 징수 등에 관한 법률」에 따라 징수한다(법 제82조제4항).

사. 과징금의 활용

징수한 과징금 중 식품의약품안전처장이 부과·징수한 과징금은 국가에 귀속되고, 시·도지사가 부과·징수한 과징금은 시·도의 식품진흥기금(제89조에 따른 식품진흥기금을 말한다)에 귀속되며, 시장·군수·구청장이 부과·징수한 과징금은 시·도와 시·군·구의 식품진흥기금에 귀속된다. 이 경우 시·도 및 시·군·구에 귀속시키는 방법 등은 대통령령으로 정한다(법 제82조제5항).

Ⅲ. 행정상 제재의 절차

식품위생법은 제81조에서 식품의약품안전처장, 시·도지사 또는 시장·군수·구청장이 ① 제48조제8항에 따른 식품안전관리인증기준적용업소의 인증취소, ② 식품위생법 제48조의5제1항에 따른 교육훈련기관의 지정취소, ③ 제75조제1항부터 제3항까지의 규정에 따른 영업허가 또는 등록의 취소나 영업소의 폐쇄명령, ④ 제80조제1항에 따른 면허의 취소에 해당하는 처분을 하고자 하는 경우에는 청문을 하여야 한다고 규정하고 있다.

그런데 위와 같이 식품위생법이 규정하고 있는 청문대상이 되는 처분 이외에도 모든 행정상의 제재는 당사자의 권리를 제한하거나 의무를 부과하는 침해적 처분이므로 다음과 같은 행정절차법상의 제한이 따르게 된다.

1. 처분의 사전통지

가. 사전통지의무가 있는 경우

행정청이 당사자에게 의무를 과하거나 권익을 제한하는 처분을 하는 경우에는 사전통지의무를 진다(행정절차법 제21조제1항)

다만, 다음의 1 에 해당하는 경우에는 제1항에 따른 통지를 아니 할 수 있다(행정절차법 제21조제4항).

① 공공의 안전 또는 복리를 위하여 긴급히 처분을 할 필요가 있는 경우

② 법령 등에서 요구된 자격이 없거나 없어지게 되면 반드시 일정한 처분을 하여야 하는 경우에 그 자격이 없거나 없어지게 된 사실이 법원의 재판 등에 의하여 객관적으로 증명된 때

③ 당해 처분의 성질상 의견청취가 현저히 곤란하거나 명백히 불필요하다고 인정될 만한 상당한 이유가 있는 경우

나. 사전통지사항

행정청은 사전통지의무가 있는 경우 미리 다음 각 호의 사항을 당사자 등에게 통지하여야 한다(행정절차법 제21조제1항): ① 처분의 제목, ② 당사자의 성명 또는 명칭과 주소, ③ 처분하고자 하는 원인이 되는 사실과 처분의 내용 및 법적 근거, ④ 제3호에 대하여 의견을 제출할 수 있다는 뜻과 의견을 제출하지 아니하는 경우의 처리방법, ⑤ 의견제출기관의 명칭과 주소, ⑥ 의견제출기한, ⑦ 기타 필요한 사항

청문의 경우에는 청문이 시작되는 날부터 10일전까지 다음 각 호의 사항을 당사자등에게 통지하여야 한다(행정절차법 제21조제2항): ① 처분의 제목, ② 당사자의 성명 또는 명칭과 주소, ③ 처분하고자 하는 원인이 되는 사실과 처분의 내용 및 법적 근거, ④ 청문 주재자의 소속·직위 및 성명, ⑤ 청문의 일시 및 장소, ⑥ 청문에 응하지 아니하는 경우의 처리방법 등 청문에 필요한 사항, ⑦ 기타 필요한 사항

다. 사전통지기간

행정청은 당사자 등이 의견진술을 준비할 수 있는 충분한 기간을 주어야 한다.

의견제출의 경우에 행정청은 의견제출에 필요한 기간을 10일 이상으로 고려하여 정하여야 한다(행정절차법 제21조제3항). 청문의 경우에는 청문이 시작되는 날부터 10일 전까지 청문통지사항을 당사자 등에게 통지하여야 한다(행정절차법 제21조제2항).

2. 의견진술기회의 부여

가. 의견제출

의견제출이라 함은 “행정청이 어떠한 행정작용을 하기에 앞서 당사자 등의 의견을 제시하는 절차로서 청문이나 공청회에 해당하지 아니하는 절차”를 말한다(행정절차법 제2조제7호). 즉 의견제출이라 함은 행정청이 어떠한 행정작용을 하기에 앞서 당사자 등이 단순하게 의견을 제시하는 절차를 말한다. 행정청이 당사자에게 의무를 부과하거나 권익을 제한하는 침익적 처분을 함에 있어서 청문이나 공청회를 실시하지 않는 경우에는 반

드시 의견제출절차를 거쳐야 한다(행정절차법 제22조제3항).

나. 청문

청문이라 함은 "행정청이 어떠한 처분을 하기에 앞서 당사자 등의 의견을 직접 듣고 증거를 조사하는 절차"를 말한다(행정절차법 제2조제5호). 즉 청문이란 당사자 등의 의견을 들을 뿐만 아니라 증거를 조사하는 등 재판에 준하는 절차를 거쳐 행하는 의견진술절차를 말한다.

청문은 ① 다른 법령 등에서 청문을 하도록 규정하고 있는 경우, ② 행정청이 필요하다고 인정하는 경우, ③ 인허가 등의 취소, ④ 신분·자격의 박탈, ⑤ 법인이나 조합 등의 설립허가의 취소의 경우에 한하여 예외적으로 인정된다(행정절차법 제22조제1항).

다. 공청회

공청회라 함은 "행정청이 공개적인 토론을 통하여 어떠한 행정작용에 대하여 당사자 등, 전문지식과 경험을 가진 자, 기타 일반행정인으로부터 의견을 널리 수렴하는 절차"를 말한다(행정절차법 제2조제6호). 공청회는 통상 행정작용과 관련이 있는 이해관계인이 다수인 경우에 행해지는 의견청취절차이다. 또한 공청회에는 의견제출절차나 청문절차와 달리 전문지식을 가진 사람 및 일반국민 등도 참여하는 경우가 많다.

이러한 공청회는 ① 다른 법령 등에서 공청회를 개최하도록 규정하고 있는 경우, ② 해당 처분의 영향이 광범위하여 널리 의견을 수렴할 필요가 있다고 행정청이 인정하는 경우, ③ 국민생활에 큰 영향을 미치는 처분으로서 대통령령으로 정하는 처분에 대하여 대통령령으로 정하는 수 이상의 당사자등이 공청회 개최를 요구하는 경우에 한하여 예외적으로 인정된다(행정절차법 제22조제2항).

3. 기타 모든 처분에 공통되는 행정절차

다음과 같은 행정절차법상의 제한은 당사자의 권리를 제한하거나 의무를 부과하는 침해적 처분뿐만 아니라 수익적 처분의 경우에도 공통적으로 적용된다.

가. 처분기준의 설정·공표

행정청은 필요한 처분기준을 당해 처분의 성질에 비추어 될 수 있는 한 구체적으로 정하여 공표하여야 한다. 처분기준을 변경하는 경우에도 또한 같다(행정절차법 제20조제1항).

위 규정에 의한 처분기준을 공표하는 것이 당해 처분의 성질상 현저히 곤란하거나 공공의 안전 또는 복리를 현저히 해하는 것으로 인정될만한 상당한 이유가 있는 경우에는 이를 공표하지 아니할 수 있다(행정절차법 제20조제2항).

나. 처분의 이유제시

행정청은 처분을 하는 때에는 다음 각 호의 어느 하나에 해당하는 경우를 제외하고는 당사자에게 그 근거와 이유를 제시하여야 한다(행정절차법 제23조제1항).

① 신청내용을 모두 그대로 인정하는 처분인 경우

② 단순·반복적인 처분 또는 경미한 처분으로서 당사자가 그 이유를 명백히 알 수 있는 경우

③ 긴급을 요하는 경우

그러나 행정청은 제1항 제2호 및 제3호의 경우에 처분 후 당사자가 요청하는 경우에는 그 근거와 이유를 제시하여야 한다(행정절차법 제23조제2항).

행정절차법은 원칙상 모든 행정처분에 있어서 처분의 근거와 이유를 제시하도록 하고 있지만, 위의 세 경우에 있어서의 예외를 인정하고 있으므로 이유제시 의무가 적용되는 처분은 주로 침익적 처분이다.

다. 처분의 방식(문서주의)

행정청이 처분을 하는 때에는 다른 법령 등에 특별한 규정이 있는 경우를 제외하고는 문서로 하여야 하며, 당사자등의 동의가 있는 경우 및 당사자가 전자문서로 처분을 신청한 경우에는 전자문서로 할 수 있다(행정절차법 제24조제1항).

다만, 공공의 안전 또는 복리를 위하여 긴급히 처분을 할 필요가 있거나 사안이 경미한 경우에는 말, 전화, 휴대전화를 이용한 문자 전송, 팩스 또는 전자우편 등 문서가 아닌 방법으로 처분을 할 수 있다. 이 경우 당사자가 요청하면 지체 없이 처분에 관한 문서를 주어야 한다(행정절차법 제24조제2항).

처분을 하는 문서에는 그 처분 행정청과 담당자의 소속·성명 및 연락처(전화번호, 팩스번호, 전자우편주소 등을 말한다)를 적어야 한다(행정절차법 제24조제3항).

대법원 2003. 2. 14. 선고 2001두7015 판결 【유흥주점영업자지위승계수리처분취소】

행정청이 구 식품위생법상의 영업자지위승계신고 수리처분을 하는 경우, 종전의 영업자가 행정절차법 제2조 제4호 소정의 '당사자'에 해당하는지 여부(적극) 및 수리처분시 종전의 영업자에게 행정절차법 소정의 행정절차를 실시하여야 하는지 여부(적극): 행정절차법 제21조 제1항, 제22조 제3항 및 제2조 제4호의 각 규정에 의하면, 행정청이 당사자에게 의무를 과하거나 권익을 제한하는 처분을 함에 있어서는 당사자 등에게 처분의 사전통지를 하고 의견제출의 기회를 주어야 하며, 여기서

당사자라 함은 행정청의 처분에 대하여 직접 그 상대가 되는 자를 의미한다 할 것이고, 한편 구 식품위생법(2002. 1. 26. 법률 제6627호로 개정되기 전의 것) 제25조 제2항, 제3항의 각 규정에 의하면, 지방세법에 의한 압류재산 매각절차에 따라 영업시설의 전부를 인수함으로써 그 영업자의 지위를 승계한 자가 관계 행정청에 이를 신고하여 행정청이 이를 수리하는 경우에는 종전의 영업자에 대한 영업허가 등은 그 효력을 잃는다 할 것인데, 위 규정들을 종합하면 위 행정청이 구 식품위생법 규정에 의하여 영업자지위승계신고를 수리하는 처분은 종전의 영업자의 권익을 제한하는 처분이라 할 것이고 따라서 종전의 영업자는 그 처분에 대하여 직접 그 상대가 되는 자에 해당한다고 봄이 상당하므로, 행정청으로서는 위 신고를 수리하는 처분을 함에 있어서 행정절차법 규정 소정의 당사자에 해당하는 종전의 영업자에 대하여 위 규정 소정의 행정절차를 실시하고 처분을 하여야 한다.

4. 행정절차의 흠결과 제재처분의 효력

가. 독자적 위법사유

행정처분에 절차상 위법이 있는 경우에 그것이 당해 행정처분의 독립된 취소사유가 되는가. 달리 말하면 법원은 취소소송의 대상이 된 처분이 절차상 위법한 경우 당해 처분의 실체법상의 위법 여부를 따지지 않고 또는 실체법상 적법함에도 불구하고 절차상의 위법만을 이유로 취소할 수 있는가에 대하여는 다음과 같이 학설이 대립된다.

(1) 소극설: 절차상 하자만을 이유로 하여서는 행정처분을 취소할 수 없다는 견해이다 그 논거는 다음과 같다. ① 절차규정이란 적정한 행정처분을 확보하기 위한 수단에 불과하다. ② 절차상 하자를 이유로 당해 행정처분이 취소되더라도 행정청은 절차의 하자를 치유하여 동일한 내용의 처분을 다시 할 수 있으므로 절차상의 하자를 독자적인 취소사유로 인정하는 것은 행정상 및 소송상 경제에 반한다.

(2) 적극설: 절차상 하자만을 이유로 행정처분을 취소할 수 있다는 견해이다 그 논거는 다음과 같다. ① 소극설을 취하는 경우에는 절차적 규정이 유명무실해질 우려가 있다. 행정절차의 실효성을 보장하기 위하여는 절차상의 하자를 독립된 취소사유로 보아야 한다. ② 적법한 절차를 거쳐 다시 처분을 하는 경우 반드시 동일한 내용의 처분을 반복한다고 말할 수 없다. 적법한 절차를 거치는 경우에 행정청은 보다 신중하고 합리적인 처분을 하게 되고 따라서 처분의 내용이 달라질 수 있다. ③ 행정의 법률적합성의 원칙은 행정행위가 내용상 뿐만 아니라 절차적으로도 적법할 것을 요구하며, 상대방의 절차적 권리는 당해 행정행위가 취소됨으로써 회복된다.

(3) 판례: 판례는 적극설의 입장을 취하고 있다(대법원 1983. 7. 26. 선고 82누420 판결; 대법원 1992. 2. 11. 선고 91누11575 판결 등).

대법원 1992. 2. 11. 선고 91누11575 판결 【대중음식점영업정지처분취소】

가. 식품위생법상의 청문서 도달기간 등의 청문절차를 엄격히 준수하지 아니한 영업정지처분의 적부(소극): 식품위생법 제64조, 같은법시행령 제37조 제1항의 규정에 의한 청문제도의 취지에 비추어 볼 때 행정청이 영업정지처분을 하려면 반드시 사전에 청문절차를 거쳐야 함은 물론 청문서 도달기간 등을 엄격히 지켜 영업자로 하여금 의견진술과 변명의 기회를 보장하여야 하는 것이고 가령 같은 법 제58조의 사유가 분명히 존재하는 경우라도 위와 같은 청문절차를 제대로 준수하지 아니하고 한 영업정지처분은 위법하다.

나. 행정청이 영업정지처분을 함에 있어 식품위생법시행령 제37조 제1항 소정의 7일을 준수하지 아니한 채 5일 전에야 청문서를 발송하고 취한 청문절차 및 그 청문절차를 거쳐 내린 영업정지처분은 위법하다고 한 사례: 행정청이 영업정지처분을 함에 있어 식품위생법시행령 제37조 제1항 소정의 청문서 도달기간인 7일을 준수하지 아니한 채 청문서를 청문일로부터 5일 전에야 발송하였다면 처분을 함에 있어서 취한 위 청문절차는 위법하며, 위법한 청문절차를 거쳐 내린 위 영업정지처분 역시 위법하다고 한 사례.

대법원 1992. 10. 23. 선고 92누2844 판결 【영업허가취소처분취소】

행정청이 식품위생법상의 청문절차를 이행함에 있어 청문서 도달기간을 다소 어겼지만 영업자가 이의하지 아니한 채 청문일에 출석하여 의견을 진술하고 변명하는 등 방어의 기회를 충분히 가진 경우 하자의 치유 여부(적극): 행정청이 식품위생법상의 청문절차를 이행함에 있어 소정의 청문서 도달기간을 지키지 아니하였다면 이는 청문의 절차적 요건을 준수하지 아니한 것이므로 이를 바탕으로 한 행정처분은 일단 위법하다고 보아야 할 것이지만 이러한 청문제도의 취지는 처분으로 말미암아 받게 될 영업자에게 미리 변명과 유리한 자료를 제출할 기회를 부여함으로써 부당한 권리침해를 예방하려는 데에 있는 것임을 고려하여 볼 때, 가령 행정청이 청문서 도달기간을 다소 어겼다하더라도 영업자가 이에 대하여 이의하지 아니한 채 스스로 청문일에 출석하여 그 의견을 진술하고 변명하는 등 방어의 기회를 충분히 가졌다면 청문서 도달기간을 준수하지 아니한 하자는 치유되었다고 봄이 상당하다.

나. 위법의 정도

행정절차에 하자가 있는 경우 그 위법성의 정도는 무엇인가. 이는 절차적 하자가 있는 경우에 행정처분이 무효인가 아니면 취소가 되는가의 구별문제이다.

통설은 중대·명백설에 따라 절차의 하자가 중대하고 동시에 하자의 존재가 외관상 명백한 경우에는 무효사유이고, 그렇지 아니한 경우에는 취소사유로 보아야 한다는 일반적 기준을 제시하고 있을 뿐이다. 그러나 구체적인 절차에 들어가 보면 견해가 갈린다. 예를 들면 법령이 규정한 청문절차를 거치지 않고 처분을 한 경우에 그 절차상의 하자가 무효사유인가 아니면 취소사유인가에 대하여는, 행정의 전단(專斷) 또는 경솔로부터 사인을 보호하고 처분내용의 정당성을 담보하기 위한 필수불가결한 절차로 보여지는 한 원칙적으로 무효사유로 보아야 한다는 무효설과, 행정절차는 어디까지나 실체법상의 목적을 합리적으로 달성시키고자 하는 수단적인 것에 불과한 점에 비추어 취소사유로 보아야 한다는 취소설이 대립하고 있다[1].

판례는 행정절차를 결여한 처분은 위법한 처분이라고 보고, 나아가 그러한 절차상의 하자는 취소사유에 해당한다고 보는 것이 일반적이지만(대법원 2001. 4. 13. 선고 2000두3337 판결 등), 절차의 내용에 따라서는 무효설의 입장을 취한 경우도 존재한다(대법원 2016. 12. 27. 선고 2016두49228 판결).

Ⅳ. 불복방법

위에서 본 바와 같은 각 행정상의 제재는 구체적 사실에 관한 법집행으로서의 공권력의 행사 또는 이에 준하는 행정작용이므로 행정처분에 해당된다. 따라서 이러한 처분을 당한 당사자는 행정심판법과 행정소송법에 따른 행정상의 쟁송을 제기할 수 있다.

Ⅴ. 제재사유 또는 제재처분 효과의 승계

1. 의의

식품위생법 제78조는 "영업자가 영업을 양도하거나 법인이 합병되는 경우에는 제75조제1항 각 호, 같은 조 제2항 또는 제76조제1항 각 호를 위반한 사유로 종전의 영업자에게 행한 행정 제재처분의 효과는 그 처분기간이 끝난 날부터 1년간 양수인이나 합병 후 존속하는 법인에 승계되며, 행정 제재처분 절차가 진행 중인 경우에는 양수인이나 합병 후 존속하는 법인에 대하여 행정 제재처분 절차를 계속할 수 있다. 다만, 양수인이나 합병 후 존속하는 법인이 양수하거나 합병할 때에 그 처분 또는 위반사실을 알지 못하였음을 증명하는 때에는 그러하지 아니하다"라고 규정하여 양수인 등이 행정상의 제재사유 또는

1) 김철용, 행정법 I (제13판), 2010, 421면

제재처분 효과를 승계하게 됨을 규정하고 있다.

2. 승계의 필요성

위와 같이 영업의 양도 등으로 양수인이 영업자의 지위를 승계할 경우 양도인에 대한 제재사유 또는 과거에 양도인에 대하여 행하여졌던 제재처분 효과를 양수인이 승계하도록 규정하고 있는 이유는 다음과 같다.

행정상의 법률관계에서는 개별 법령에서 법규위반자에 대한 제재수단으로 위반행위의 횟수에 따라 단계적으로 처분의 기준을 정하고 있는 경우가 대부분인데, 만일 허가(신고·등록) 영업의 양수인이 허가(신고·등록)와 관련된 권리의무를 승계하지 않는다고 한다면, 수차례의 법규위반을 이유로 사업면허를 취소당할 지위에 있는 자가 행정청의 취소처분이 있기 직전에 허가(신고·등록)를 타인에게 양도한 경우에는 양도인이나 양수인 누구에게도 위반행위에 대한 책임을 물을 수 없게 되고, 그 결과 행정법규위반자가 법망을 교묘히 피하여 응분의 제재처분을 받지 않게 됨으로써 행정법상의 여러 의무를 강제하기 위한 제재수단을 무력화시키는 불합리한 결과가 초래되기 때문이다. 또한 그 결과로 같은 행정법규 위반자라 할지라도 법규를 잘 아는 악의의 사업자는 재빨리 사업면허를 선의의 제3자에게 처분해 버림으로써 처분을 면하는 반면, 그렇지 못하고 우직하게 사업을 계속하는 사업자는 응분의 처분을 받음으로써 정의에 반하는 결과를 초래하게 될 것이기 때문이다.

따라서 양도인에 대한 제재사유 또는 과거에 양도인에 대하여 행하여졌던 제재처분 효과를 양수인이 승계하도록 하는 것은 행정목적의 달성을 위하여 필요한 것이므로 유효한 규정이다.

3. 선의의 양수인을 보호하는 방안

가. 명문의 규정이 존재하는 경우

위와 같이 제제처분의 효과 또는 제재사유를 양수인이 승계한다는 규정을 두는 경우에도 양수인이 선의인 경우에는 이를 보호할 필요성이 있다. 따라서 양도인에 대한 제제처분의 효과 또는 제재사유까지 양수인이 승계한다는 규정을 둘 때는 반드시 선의의 양수인을 보호하는 명시적 규정을 두는 것이 바람직하다. 앞서 본 바와 같이 식품위생법은 선의의 양수인을 보호하는 명시적 규정을 두고 있다.

양도인에게 제재사유 또는 제재처분 사실이 있었음을 양수인이 알지 못하였다는 사실, 즉 선의라는 입증책임은 양수인에게 있다. 다만 승계가 악용되는 것을 방지할 필요성을 고려해 보건대, 양수인의 선의를 인정함에 있어서는 신중할 필요가 있다(대법원 2017. 9. 7. 선고 2017두41085 판결). 현실적으로 선의의 입증은 양수인이 양도인을 사기 등의 혐의로 형사고소하고, 이후 그 수사서류를 증거로 제출하는 등의 방식으로 이루어지는 것이 일반적일 것이다.

나. 명문의 규정이 존재하지 않는 경우

선의의 양수인을 보호하는 명문의 규정이 없는 경우에도 선의의 양수인은 면책된다고 보아야 한다는 견해가 있으나[2], 무리한 해석이라고 생각된다. 생각건대, 이 경우에는 구체적 타당성 차원에서 위헌법령심사를 통한 권리구제를 모색할 수밖에 없을 것이다. 즉 양도인에 대한 제제처분의 효과 또는 제재사유를 양수인이 승계한다는 규정을 두면서도 선의의 양수인을 보호하는 명시적 규정을 두지 아니하는 경우 이는 헌법상의 비례원칙을 위반한 법령으로서 위헌무효라는 주장을 할 수 있을 것이다.

대법원 2014. 3. 13. 선고 2012두18882 판결【식품위생법위반업소행정처분취소】

영업장 면적 변경에 관한 신고의무가 이행되지 않은 일반음식점 영업을 양수한 자가 그 신고의무를 이행하지 않은 채 영업을 계속하는 경우, 영업허가 취소나 영업정지의 대상이 되는지 여부(적극): 구 식품위생법(2010. 1. 18. 법률 제9932호로 개정되기 전의 것, 이하 같다) 제37조 제4항, 구 식품위생법 시행령(2011. 3. 30. 대통령령 제22794호로 개정되기 전의 것) 제21조 제8호, 제26조 제4호에 의하면, 신고대상인 일반음식점 영업을 하고자 하는 때와 해당 영업의 영업장 면적 등 중요한 사항을 변경하고자 하는 때에는 이를 구청장 등에게 신고하여야 하고, 구 식품위생법 제75조 제1항 제7호에서는 영업자가 위와 같은 신고의무를 위반한 경우에는 영업허가를 취소하거나 6개월 이내의 기간을 정하여 그 영업의 전부 또는 일부를 정지할 수 있도록 규정하고 있으며, 구 식품위생법 제39조 제1항은 영업의 신고를 한 자가 그 영업을 양도한 때에는 양수인이 영업자의 지위를 승계하도록 규정하는바, 위 신고의무 조항 및 허가취소 등 조항의 취지는 신고대상인 영업을 신고 없이 하거나 해당 영업의 영업장 면적 등 중요한 사항을 변경하였음에도 그에 관한 신고 없이 영업을 계속하는 경우 이에 관하여 허가취소나 영업정지 등의 제재처분을 할 수 있도록 함으로써 그 신고를 강제하고 궁극적으로는 미신고 영업을 금지하려는 데 있는 것으로 보이는 점도 고려하면, 영업장 면적이 변경되었음에도 그에 관한 신고의무가 이행되지 않은 영업을 양수한 자 역시 그와 같은 신고의무를 이행하지 않은 채 영업을 계속한다면 허가취소나 영업정지의 대상이 될 수 있다고 보아야 한다(대법원 2010. 7. 15. 선고 2010도4869 판결 등 참조).

---

2) 박균성, 행정법론(하)(제15판), 박영사, 2017, 700면.

제4절 행정벌

Ⅰ. 행정형벌

1. 의의

행정형벌이란 행정법상의 의무위반에 대한 제재로서 형법상의 형벌을 가하는 것을 행정형벌이라고 한다. 이 경우 원칙적으로 형법총칙이 적용되며, 그 과벌절차도 형사소송법에 의한다. 이하 식품위생법에서 규정하고 있는 행정형벌에 대하여 살펴보기로 한다.

2. 대상 및 형량

가. 3년 이상의 징역 등

다음 각 호{① 소해면상뇌증(狂牛病), ② 탄저병, ③ 가금 인플루엔자}의 어느 하나에 해당하는 질병에 걸린 동물을 사용하여 판매할 목적으로 식품 또는 식품첨가물을 제조·가공·수입 또는 조리한 자는 3년 이상의 징역에 처한다(법 제93조제1항).

다음 각 호{① 마황(麻黃), ② 부자(附子), ③ 천오(川烏), ④ 초오(草烏), ⑤ 백부자(白附子), ⑥ 섬수(蟾수), ⑦ 백선피(白鮮皮), ⑧ 사리풀}의 어느 하나에 해당하는 원료 또는 성분 등을 사용하여 판매할 목적으로 식품 또는 식품첨가물을 제조·가공·수입 또는 조리한 자는 1년 이상의 징역에 처한다(법 제93조제2항).

제1항 및 제2항의 경우 제조·가공·수입·조리한 식품 또는 식품첨가물을 판매하였을 때에는 그 판매금액의 2배 이상 5배 이하에 해당하는 벌금을 병과(倂科)한다(법 제93조제3항).

제1항 또는 제2항의 죄로 형을 선고받고 그 형이 확정된 후 5년 이내에 다시 제1항 또는 제2항의 죄를 범한 자가 제3항에 해당하는 경우 제3항에서 정한 형의 2배까지 가중한다(법 제93조제4항).

나. 10년 이하의 징역 또는 1억원 이하의 벌금

다음 각 호의 어느 하나에 해당하는 자는 10년 이하의 징역 또는 1억원 이하의 벌금에 처하거나 이를 병과할 수 있다(법 제94조제1항).

① 제4조부터 제6조까지(제88조에서 준용하는 경우를 포함하고, 제93조제1항 및 제3항에 해당하는 경우는 제외한다)를 위반한 자

② 제8조(제88조에서 준용하는 경우를 포함한다)를 위반한 자

③ 제37조제1항을 위반한 자

제1항의 죄로 금고 이상의 형을 선고받고 그 형이 확정된 후 5년 이내에 다시 제1항의 죄를 범한 자는 1년 이상 10년 이하의 징역에 처한다(법 제94조제2항).

제2항의 경우 그 해당 식품 또는 식품첨가물을 판매한 때에는 그 판매금액의 4배 이상 10배 이하에 해당하는 벌금을 병과한다(법 제94조제3항).

대법원 2018. 11. 29. 선고 2016도6329 판결 【식품위생법위반·약사법위반·건강기능식품에관한 법률위반】

[1] 구 식품위생법 제94조 제3항이 같은 조 제1항의 죄로 형을 선고받고 그 형이 확정된 후 5년 이내에 다시 같은 죄를 범한 자가 그 식품 또는 식품첨가물의 판매행위에까지 가담한 경우 같은 조 제2항에 의하여 1년 이상 7년 이하의 징역에 처하고, 그 판매한 식품 또는 식품첨가물의 소매가격을 기준으로 하여 필요적으로 벌금을 병과하도록 하는 규정인지 여부(적극) / 구 식품위생법 제94조 제3항의 죄가 '판매한 때'를 추가적 구성요건으로 하고 있는지 여부(적극): 구 식품위생법(2016. 2. 3. 법률 제14022호로 개정되기 전의 것, 이하 '구 식품위생법'이라고 한다) 제13조 제1항 제1호는 식품 등의 표시에 관하여 "질병의 예방 및 치료에 효능·효과가 있거나 의약품 또는 건강기능식품으로 오인·혼동할 우려가 있는 내용의 표시·광고"를 금지하고 있고, 제94조 제1항 제2호의2는 위 규정을 위반한 자를 10년 이하의 징역 또는 1억 원 이하의 벌금에 처하도록 규정하고 있으며, 같은 조 제2항은 제94조 제1항의 죄로 형을 선고받고 그 형이 확정된 후 5년 이내에 다시 같은 죄를 범한 자를 1년 이상 7년 이하의 징역에 처하도록 가중 처벌하고 있고, 같은 조 제3항은 "제2항의 경우 그 해당 식품 또는 식품첨가물을 판매한 때에는 그 소매가격의 4배 이상 10배 이하에 해당하는 벌금을 병과한다."라고 규정하고 있다. 한편 구 식품위생법 제94조 제1항은 제13조 제1항 제1호를 위반한 자 외에도 제4조부터 제6조까지(제88조에서 준용하는 경우를 포함하고, 제93조 제1항 및 제3항에 해당하는 경우는 제외한다), 제8조(제88조에서 준용하는 경우를 포함한다) 및 제37조 제1항을 위반한 자를 처벌하는 조항인데, 그 구성요건상 '판매'를 요하는 행위와 그렇지 아니한 행위가 혼재되어 있다.

한편 식품위생법 제93조는 위 규정과 유사한 규정을 두고 있는데, 제1항은 "다음 각호의 어느 하나에 해당하는 질병에 걸린 동물을 사용하여 판매할 목적으로 식품 또는 식품첨가물을 제조·가공·수입 또는 조리한 자"에 대하여, 제2항은 "다음 각호의 어느 하나에 해당하는 원료 또는 성분 등을 사용하여 판매할 목적으로 식품 또는 식품첨가물을 제조·가공·수입 또는 조리한 자"에 대하여 각 징역형으로만 처벌하도록 규정하고 있고, 제3항은 "제1항 및 제2항의 경우 제조·가공·수입·조리한 식품 또는 식품첨가물을 판매하였을 때에는 그 소매가격의 2배 이상 5배 이하에 해당하는 벌금을 병과한다."라고 규정하고 있으며, 제4항에서는 "제1항 또는 제2항의 죄로 형을 선고받고 그 형이 확정된 후 5년 이내에 다시 제1항 또는 제2항

의 죄를 범한 자가 제3항에 해당하는 경우 제3항에서 정한 형의 2배까지 가중한다."라고 규정하고 있다.

위와 같은 구 식품위생법 제94조 및 같은 취지의 식품위생법 제93조의 규정 체계에다가 ① 구 식품위생법 제13조 제1항 제1호 위반으로 인한 제94조 제1항 제2호의2의 죄에서는 '판매'를 구성요건으로 규정하고 있지 아니한 점, ② 5년 이내의 동종의 죄를 범한 자가 다시 같은 죄를 범한 경우의 가중 처벌조항인 구 식품위생법 제94조 제2항에서도 '판매'를 구성요건으로 규정하고 있지 아니한 점, ③ 구 식품위생법 제94조 제3항에서는 별도로 '판매한 때'라는 문언을 추가하고 있고 그 규정의 취지가 고의적 식품위해사범에 대한 부당이득 환수에 목적이 있는 점 등을 고려하여 보면, 구 식품위생법 제94조 제3항은 제94조 제1항의 죄로 형을 선고받고 그 형이 확정된 후 5년 이내에 다시 같은 죄를 범한 자가 그 식품 또는 식품첨가물의 판매행위에까지 가담한 경우에는 제94조 제2항에 의하여 1년 이상 7년 이하의 징역에 처하고, 그 판매한 식품 또는 식품첨가물의 소매가격을 기준으로 하여 필요적으로 벌금을 병과하도록 하는 규정으로 해석하여야 한다. 따라서 구 식품위생법 제94조 제3항의 죄는 '판매한 때'를 추가적 구성요건으로 하고 있다고 보아야 한다.

[2] 여러 명이 공모하여 구 식품위생법(2016. 2. 3. 법률 제14022호로 개정되기 전의 것, 이하 '구 식품위생법'이라고 한다) 제13조 제1항 제1호 위반으로 인한 제94조 제1항의 죄를 범하고, 그중 일부에게만 동종의 죄를 범한 전력이 있어 그에게만 제94조 제2항이 적용되는 경우 그 동종의 죄를 범한 전력이 있는 자에게 제94조 제3항을 적용하여 벌금형을 필요적으로 병과하여야 하는지 여부는 그 동종의 죄를 범한 자가 판매하였는지 여부를 기준으로 판단하여야 한다. 그러나 그 동종의 죄를 범한 자가 판매하였는지 여부는 단순히 직접 판매행위를 담당하였는지 여부를 기준으로 판단할 것이 아니라 판매행위에 대한 본질적 기여를 통한 기능적 행위지배가 존재하여 범죄실행이라는 주관적·객관적 요건을 충족하였는지 여부를 기준으로 판단하여야 한다.

그리고 여러 명이 공모하여 식품위생법 위반죄를 범한 경우에는 그 식품 전체의 판매액을 구 식품위생법 제94조 제3항에서 정한 '식품을 판매한 때의 소매가격'에 해당한다고 보아야 하고, 공범들 사이에 판매대금 내지는 이익 배분이 있었다는 사정만으로 그 배분율에 상응하는 부분만 이에 해당한다고 볼 수 없다.

다. 5년 이하의 징역 또는 5천만원 이하의 벌금

다음 각 호의 어느 하나에 해당하는 자는 5년 이하의 징역 또는 5천만원 이하의 벌금에 처하거나 이를 병과할 수 있다(법 제95조).

① 제7조제4항(제88조에서 준용하는 경우를 포함한다), 제9조제4항(제88조에서 준용하는 경우를 포함한다) 또는 제9조의3(제88조에서 준용하는 경우를 포함한다)을 위반한 자

② 제37조제5항을 위반한 자

③ 제43조에 따른 영업 제한을 위반한 자

④ 제45조제1항 전단을 위반한 자

⑤ 제72조제1항·제3항(제88조에서 준용하는 경우를 포함한다) 또는 제73조제1항에 따른 명령을 위반한 자

⑥ 제75조제1항에 따른 영업정지 명령을 위반하여 영업을 계속한 자(제37조제1항에 따른 영업허가를 받은 자만 해당한다)

라. 3년 이하의 징역 또는 3천만원 이하의 벌금

식품위생법 제51조 또는 제52조를 위반한 자는 3년 이하의 징역 또는 3천만원 이하의 벌금에 처하거나 이를 병과할 수 있다(법 제96조).

다음 각 호의 어느 하나에 해당하는 자는 3년 이하의 징역 또는 3천만원 이하의 벌금에 처한다(법 제97조).

① 제12조의2제2항, 제17조제4항, 제31조제1항·제3항, 제37조제3항·제4항, 제39조제3항, 제48조제2항·제10항, 제49조제1항 단서 또는 제55조를 위반한 자

② 제22조제1항(제88조에서 준용하는 경우를 포함한다) 또는 제72조제1항·제2항(제88조에서 준용하는 경우를 포함한다)에 따른 검사·출입·수거·압류·폐기를 거부·방해 또는 기피한 자

③ 제36조에 따른 시설기준을 갖추지 못한 영업자

④ 제37조제2항에 따른 조건을 갖추지 못한 영업자

⑤ 제44조제1항에 따라 영업자가 지켜야 할 사항을 지키지 아니한 자. 다만, 총리령으로 정하는 경미한 사항을 위반한 자는 제외한다.

⑥ 제75조제1항에 따른 영업정지 명령을 위반하여 계속 영업한 자(제37조제4항 또는 제5항에 따라 영업신고 또는 등록을 한 자만 해당한다) 또는 같은 조 제1항 및 제2항에 따른 영업소 폐쇄명령을 위반하여 영업을 계속한 자

⑦ 제76조제1항에 따른 제조정지 명령을 위반한 자

⑧ 제79조제1항에 따라 관계 공무원이 부착한 봉인 또는 게시문 등을 함부로 제거하거나 손상시킨 자

⑨ 제86조제2항·제3항에 따른 식중독 원인조사를 거부·방해 또는 기피한 자

마. 1년 이하의 징역 또는 1천만원 이하의 벌금

다음 각 호의 어느 하나에 해당하는 자는 1년 이하의 징역 또는 1천만원 이하의 벌금

에 처한다(법 제98조).

① 제44조제3항을 위반하여 접객행위를 하거나 다른 사람에게 그 행위를 알선한 자

② 제46조제1항을 위반하여 소비자로부터 이물 발견의 신고를 접수하고 이를 거짓으로 보고한 자

③ 이물의 발견을 거짓으로 신고한 자

④ 제45조제1항 후단을 위반하여 보고를 하지 아니하거나 거짓으로 보고한 자

3. 양벌규정

가. 의의

범죄 행위자와 함께 행위자 이외의 자를 함께 처벌하는 규정을 양벌규정이라고 한다. 형사범의 경우 범죄 행위자만을 처벌하지만 행정범의 경우 범죄 행위자 이외의 자도 함께 처벌하는 것으로 규정하는 경우가 있다. 종업원의 위반행위에 대하여 사업주도 함께 처벌하는 것으로 규정하는 경우가 그 대표적인 경우이다.

나. 책임의 성질

위와 같이 행위자 이외의 자가 지는 책임의 성질은 감독의무를 태만히 한 책임, 즉 과실책임이라고 보는 견해와 입법정책적으로 정해진 무과실책임이라고 보는 견해가 대립하고 있다. 책임주의 원칙에 비추어 보건대 과실책임설이 타당하다. 판례도 과실책임설을 취하고 있다(대법원 2006. 2. 24. 선고 2005도7673 판결).

그런데 종전의 양벌규정은 문언상 사업주가 종업원 등에 대한 관리·감독상 주의의무를 다하였는지 여부에 관계없이 영업주를 처벌하도록 하고 있어 책임주의 원칙에 위배될 소지가 있었다. 그리하여 헌법재판소는 종업원의 범죄행위에 대하여 선임감독상의 과실이 없는 영업주도 처벌하도록 규정하고 있는 양벌규정은 형벌에 관한 책임주의 원칙에 반하므로 위헌이라고 보았다(헌법재판소 2010. 7. 29. 선고 2009헌가14 등 전원재판부 결정). 그리하여 최근에는 사업주 등이 관리·감독상의 주의의무를 다한 경우에는 그 처벌을 면제하는 내용의 명문규정을 두는 것이 일반적인 입법례이다[3]. 이로써 양벌규정에도 책임주의 원칙이 관철되었다.

---

3) 청소년보호법 제62조(양벌규정) …… 다만, 법인 또는 개인이 그 위반행위를 방지하기 위하여 해당 업무에 관하여 상당한 주의와 감독을 게을리하지 아니한 경우에는 그러하지 아니하다.
식품위생법 제100조(양벌규정) …… 다만, 법인 또는 개인이 그 위반행위를 방지하기 위하여 해당 업무에 관하여 상당한 주의와 감독을 게을리하지 아니한 경우에는 그러하지 아니하다.

4. 양벌규정이 입법방식 및 적용범위

현행 식품위생법은 다음과 같이 양벌규정을 두면서 아울러 사업주가 관리·감독상의 주의의무를 다한 경우에 그 처벌을 면제하는 규정을 두고 있다.

> **제100조(양벌규정)** 법인의 대표자나 법인 또는 개인의 대리인, 사용인, 그 밖의 종업원이 그 법인 또는 개인의 업무에 관하여 제93조제3항 또는 제94조부터 제97조까지의 어느 하나에 해당하는 위반행위를 하면 그 행위자를 벌하는 외에 그 법인 또는 개인에게도 해당 조문의 벌금형을 과(科)하고, ···· 다만, 법인 또는 개인이 그 위반행위를 방지하기 위하여 해당 업무에 관하여 상당한 주의와 감독을 게을리하지 아니한 경우에는 그러하지 아니하다.

한편 죄형법정주의의 원칙상 행위자의 처벌은 별도의 처벌규정(처벌 본조)에서 규정하고, 양벌규정은 통상 행위자 이외의 자의 처벌만을 규정한다. 그런데 판례는 처벌규정(처벌 본조)에서 그에 선행하는 의무규정 또는 금지규정과 별도로 처벌대상자의 범위에 관하여 규정하고 있지 아니한 경우, 양벌규정이 행위자 이외의 자의 처벌규정임과 동시에 양벌규정 중 '그 행위자를 벌하는 외에'라는 부분은 행위자의 처벌규정이 되는 것으로 보고 있다(대법원 1991. 11. 12. 선고 91도801 판결 등).

Ⅱ. 행정질서벌(과태료)

1. 의의

행정질서벌이라 함은 행정법규 위반에 대한 제재로서 형벌이 아닌 과태료가 과하여지는 행정벌이다. 행정형벌은 행정목적을 직접적으로 침해하는 행위에 대하여 과하여지고, 행정질서벌은 행정목적으로 간접적으로 침해하는 비교적 경미한 위반행위에 과하여지는 제재라는 점에서 차이가 있다.

2. 법적 성질

가. 과태료는 형벌이 아니다

행정질서벌인 과태료는 형벌이 아니므로 행정질서벌에는 형법총칙의 규정이 적용되지 않는다. 다만 질서위반행위규제법은 행정질서벌인 과태료를 행정형벌과 상당히 유사하게 규율하고 있다. 아울러 과태료의 과벌절차도 형사소송법에 의하지 아니하며, 각 개별법률 및 비송사건절차법 제247조 이하의 규정에 의한다.

한편 동일한 행위에 대하여 행정형벌과 행정질서벌을 동시에 부과하는 것이 가능한가에 대하여는 견해가 대립하고 있다. 행정형벌과 행정질서벌은 그 목적이나 성질이 다르다고 볼 것이므로 과태료 부과처분 후에 행정형벌을 과하여도 일사부재리의 원칙에 반하지 않는다고 보는 견해가 있고[4], 긍정설의 취지로 보이는 판례도 있다(대법원 1996. 4. 12. 선고 96도158 판결)

대법원 1996. 4. 12. 선고 96도158 판결 【자동차관리법위반】

임시운행허가기간을 벗어나 무등록차량을 운행한 자에 대한 과태료의 제재와 형사처벌이 일사부재리의 원칙에 반하는 것인지 여부(소극): 행정법상의 질서벌인 과태료의 부과처분과 형사처벌은 그 성질이나 목적을 달리하는 별개의 것이므로 행정법상의 질서벌인 과태료를 납부한 후에 형사처벌을 한다고 하여 이를 일사부재리의 원칙에 반하는 것이라고 할 수는 없다.

다만 이에 대하여 행정형벌과 행정질서벌은 다 함께 행정벌이므로 동일 법규 위반행위에 대하여 양자를 병과할 수 없다는 견해도 있다[5]. 판례의 주류적 태도는 이러한 부정설의 입장을 취하고 있는 것으로 보여진다(대법원 1983. 6. 14. 선고 82누439 판결; 헌법재판소 1994. 6. 30. 선고 92헌바38 전원재판부 등).

나. 과태료 부과처분은 행정처분인가

행정관청의 과태료 부과처분은 적어도 그 법률적 성질상으로는 강학상의 행정행위에 해당된다고 볼 수 있고 따라서 행정절차법이나 행정소송법상의 '처분'에도 포함된다.

다만 행정소송법이 아닌 다른 법률에 별도의 불복절차에 관한 규정이 있어 행정소송법에 의한 행정소송을 제기할 수 없는 것은 별개의 문제이다[6]. 즉 과태료 처분은 근거 법률이 행정소송 이외의 다른 절차에 의하여 불복할 것을 예정하고 있으므로 행정소송의 대상이 될 수 없을 뿐이다.

대법원 1993. 11. 23. 선고 93누16833 판결 【과태료부과처분취소】

옥외광고물등관리법 제20조 제1항에 의한 과태료부과처분이 행정소송의 대상이 되는 행정처분인지 여부: 옥외광고물등관리법 제20조 제1, 3, 4항 등의 규정에 의하면 옥외광고물등관리법에 의하여 부과된 과태료처분의 당부는 최종적으로 비송사건절차법에 의한 절차에 의하여만 판단되어

4) 홍정선, 행정법원론(상)(제19판), 2011, 599면; 류지태·박종수, 행정법신론(제15판), 2011, 398면.
5) 김남진·김연태, 행정법 I (제12판), 2008, 472면; 박균성, 행정법론(상)(제10판), 2011, 551면 등.
6) 이동신, "과태료 사건의 실체법 및 절차법상 제문제", 사법논집 제31집, 2000, 60면.

야 한다고 보아야 할 것이므로 위와 같은 과태료처분은 행정소송의 대상이 되는 행정처분이 라고 볼 수 없다(대법원 1993. 11. 23. 선고 93누16833 판결).

3. 부과대상

다음 각 호의 어느 하나에 해당하는 자에게는 1천만원 이하의 과태료를 부과한다(법 제101조제1항).

① 제86조제1항을 위반한 자

② 제88조제1항 전단을 위반하여 신고하지 아니하거나 허위의 신고를 한 자

③ 제88조제2항을 위반한 자. 다만, 총리령으로 정하는 경미한 사항을 위반한 자는 제외한다.

다음 각 호의 어느 하나에 해당하는 자에게는 500만원 이하의 과태료를 부과한다(법 제101조제2항).

① 제3조를 위반한 자

② 제19조의4제2항을 위반하여 검사기한 내에 검사를 받지 아니하거나 자료 등을 제출하지 아니한 영업자

③ 제37조제6항을 위반하여 보고를 하지 아니하거나 허위의 보고를 한 자

④ 제46조제1항을 위반하여 소비자로부터 이물 발견신고를 받고 보고하지 아니한 자

⑤ 제48조제9항(제88조에서 준용하는 경우를 포함한다)을 위반한 자

⑥ 제74조제1항(제88조에서 준용하는 경우를 포함한다)에 따른 명령에 위반한 자

다음 각 호의 어느 하나에 해당하는 자에게는 300만원 이하의 과태료를 부과한다(법 제101조제3항).

① 제40조제1항 및 제3항(제88조에서 준용하는 경우를 포함한다)을 위반한 자

② 제41조의2제3항을 위반하여 위생관리책임자의 업무를 방해한 자

③ 제41조의2제4항에 따른 위생관리책임자 선임·해임 신고를 하지 아니한 자

④ 제41조의2제7항을 위반하여 직무 수행내역 등을 기록·보관하지 아니하거나 거짓으로 기록·보관한 자

⑤ 제41조의2제8항에 따른 교육을 받지 아니한 자

⑥ 제44조의2제1항을 위반하여 책임보험에 가입하지 아니한 자

⑦ 제49조제3항을 위반하여 식품이력추적관리 등록사항이 변경된 경우 변경사유가 발생한 날부터 1개월 이내에 신고하지 아니한 자

⑧ 제49조의3제4항을 위반하여 식품이력추적관리정보를 목적 외에 사용한 자

⑨ 제88조제2항에 따라 집단급식소를 설치·운영하는 자가 지켜야 할 사항 중 총리령으로 정하는 경미한 사항을 지키지 아니한 자

다음 각 호의 어느 하나에 해당하는 자에게는 100만원 이하의 과태료를 부과한다(법 제101조제4항).

① 제41조제1항 및 제5항(제88조에서 준용하는 경우를 포함한다)을 위반한 자

② 제42조제2항을 위반하여 보고를 하지 아니하거나 허위의 보고를 한 자

③ 제44조제1항에 따라 영업자가 지켜야 할 사항 중 총리령으로 정하는 경미한 사항을 지키지 아니한 자

④ 제56조제1항을 위반하여 교육을 받지 아니한 자

4. 부과권자

과태료는 대통령령으로 정하는 바에 따라 식품의약품안전처장, 시·도지사 또는 시장·군수·구청장이 부과·징수한다(법 제101조제5항, 시행령 제67조).

5. 과태료 부과의 특례

식품위생법 제101조의 과태료에 관한 규정을 적용하는 경우 제82조에 따라 과징금을 부과한 행위에 대하여는 과태료를 부과할 수 없다. 다만, 제82조제4항본문에 따라 과징금 부과처분을 취소하고 영업정지 또는 제조정지 처분을 한 경우에는 그러하지 아니하다(법 제102조).

제5절 기타의 실효성 확보수단

Ⅰ. 공표

1. 의의

공표라 함은 행정법상의 의무위반 또는 의무불이행이 있는 경우에 위반자의 성명, 위반사실 등을 일반에게 공개하여 명예 또는 신용의 침해를 위협함으로써 심리적인 압박을 가하여 행정법상의 의무이행을 간접적으로 강제하는 수단을 말한다. 고액·상습체납자의 명단 공개(국세기본법 제85조의 5), 허위등록 사실의 공표(공직자윤리법 제8조의 2 제1항

제3호), 위반건축물표지의 설치(건축법 제79조제4항, 동법 시행규칙 제40조) 등이 그러한 예이다.

2. 법적 근거

행정법상의 의무위반 사실을 공표하기 위해서 법적 근거가 있어야 하는지가 문제된다. 공표는 그 자체로서는 아무런 법적 효과도 발생하지 아니하고, 단지 일정한 사실을 국민에게 알리는 사실행위에 불과하다고 보는 입장에서는 법적 근거를 요하지 않는 것으로 볼 수도 있다. 그러나 공표는 현실적으로 그 상대방의 기본권, 특히 인격권·프라이버시권 등을 침해하거나 심각한 불이익을 초래할 수 있는 행위이기 때문에 법률에 근거가 있는 경우에 한하여 가능하다고 보아야 한다.

3. 식품위생법상의 공표

가. 위해평가 결과 등에 관한 공표

위해평가 결과 등에 관한 공표는 제8장 식품위생법상의 검사 등 중에서 '제2절 위해평가' 부분을 참고하기 바람

나. 위해식품 등의 공표

(1) 공표명령

식품의약품안전처장, 시·도지사 또는 시장·군수·구청장은 다음 각 호의 어느 하나에 해당되는 경우에는 해당 영업자에 대하여 그 사실의 공표를 명할 수 있다. 다만, 식품위생에 관한 위해가 발생한 경우에는 공표를 명하여야 한다(법 제73조제1항).

① 제4조부터 제6조까지, 제7조제4항, 제8조, 제9조제4항 또는 제9조의3 등을 위반하여 식품위생에 관한 위해가 발생하였다고 인정되는 때

② 제45조제1항 또는「식품 등의 표시·광고에 관한 법률」제15조제2항에 따른 회수계획을 보고받은 때

허가관청, 신고관청 또는 등록관청은 영업자로부터 회수계획을 보고받은 경우에는 지체 없이 해당 영업자에게 회수계획의 공표를 명하여야 한다(시행규칙 제59조제2항제2호).

(2) 공표방법

(가) 긴급회수문의 게재

식품위생법 제73조제1항에 따라 위해식품 등의 공표명령을 받은 영업자는 지체 없이

위해 발생사실 또는 다음 각 호의 사항이 포함된 위해식품 등의 긴급회수문을 「신문 등의 진흥에 관한 법률」 제9조제1항에 따라 등록한 전국을 보급지역으로 하는 1개 이상의 일반일간신문[당일 인쇄·보급되는 해당 신문의 전체 판(版)을 말한다. 이하 같다]에 게재하고, 식품의약품안전처의 인터넷 홈페이지에 게재를 요청하여야 한다(시행령 제51조제1항).

① 식품 등을 회수한다는 내용의 표제

② 제품명

③ 회수대상식품 등의 제조일·수입일 또는 소비기한·품질유지기한

④ 회수사유

⑤ 회수방법

⑥ 회수하는 영업자의 명칭

⑦ 회수하는 영업자의 전화번호, 주소, 그 밖에 회수에 필요한 사항

(나) 공표결과의 통보

시행령 제51조제1항에 따라 위해 발생사실 또는 위해식품 등의 긴급회수문을 공표한 영업자는 다음 각 호의 사항이 포함된 공표 결과를 지체 없이 허가관청, 신고관청 또는 등록관청에 통보하여야 한다(시행규칙 제88조제2항).

① 공표일

② 공표매체

③ 공표횟수

④ 공표문 사본 또는 내용

다. 위반사실의 공표

(1) 식품위생법위반 영업자에 대한 영업정보의 공표

식품의약품안전처장, 시·도지사 또는 시장·군수·구청장은 제72조(폐기처분 등), 제75조(허가취소 등), 제76조(품목 제조정지 등), 제79조(폐쇄조치 등), 제82조(영업정지 등의 처분에 갈음하여 부과하는 과징금 처분) 또는 제83조(위해식품 등의 판매 등에 따른 과징금 부과 등)에 따라 행정처분이 확정된 영업자에 대한 처분 내용, 해당 영업소와 식품 등의 명칭 등 처분과 관련한 영업 정보를 대통령령으로 정하는 바에 따라 공표하여야 한다(법 제84조).

(2) 공표방법

식품위생법 제84조에 따라 식품의약품안전처장, 시·도지사 또는 시장·군수·구청장은

행정처분이 확정된 영업자에 대한 다음 각 호의 사항을 지체 없이 해당 기관의 인터넷 홈페이지 또는 「신문 등의 진흥에 관한 법률」 제9조제1항에 따라 등록한 전국을 보급지역으로 하는 일반일간신문 등에 게재하여야 한다(시행령 제54조)

① 식품위생법 위반사실의 공표라는 내용의 표제

② 영업의 종류

③ 영업소 명칭, 소재지 및 대표자 성명

④ 식품 등의 명칭(식품 등의 제조·가공, 소분·판매업만 해당한다)

⑤ 위반내용(위반행위의 구체적인 내용과 근거 법령을 포함한다)

⑥ 행정처분의 내용, 처분일 및 기간

⑦ 단속기관 및 단속일 또는 적발일

Ⅱ. 법규위반행위 신고포상금제

1. 의의

행정법상의 의무위반행위가 있음에도 불구하고 이를 제대로 적발하여 제재를 가하지 못하면 법규위반행위가 만연하게 될 우려가 있다. 그리하여 행정법규 위반행위를 신고한 자에게 포상금을 지급함으로써 위반행위의 적발 및 제재를 강화하고 그로 인하여 간접적으로 행정법규의 위반을 사전에 예방하거나 의무자가 행정법규 위반상태를 스스로 시정하도록 하기 위한 제도가 신고포상금제이다.

2. 식품위생법의 규정

식품의약품안전처장, 시·도지사 또는 시장·군수·구청장은 이 법에 위반되는 행위를 신고한 자에게 신고 내용별로 1천만원까지 포상금을 줄 수 있다(법 제90조).

3. 포상금의 지급기준

법 제90조제1항에 따라 포상금을 지급하는 경우 그 기준은 다음과 같다(시행령 제63조제1항).

① 법 제93조를 위반한 자를 신고한 경우: 1천만원 이하

② 법 제4조부터 제6조(법 제88조에서 준용하는 경우를 포함한다)까지, 제8조(법 제88조에서 준용하는 경우를 포함한다) 또는 제37조제1항을 위반한 자를 신고한 경우: 30만원

이하

③ 법 제7조제4항(법 제88조에서 준용하는 경우를 포함한다), 제9조제4항(법 제88조에서 준용하는 경우를 포함한다), 제37조제5항, 제44조제1항·제2항을 위반한 자 또는 법 제75조제1항에 따른 영업정지명령을 위반하여 영업을 계속한 자를 신고한 경우: 20만원 이하

④「식품 등의 표시·광고에 관한 법률」 제8조, 법 제37조제4항을 위반한 자 또는 법 제76조제1항에 따른 품목제조정지명령을 위반한 자를 신고한 경우: 10만원 이하

⑤ 법 제40조제3항 또는 제88조제1항을 위반한 자를 신고한 경우: 5만원 이하

⑥ 제1호부터 제5호까지의 규정 외에 법을 위반한 자 중 위생상 위해발생 우려가 있는 위반사항을 신고한 경우: 3만원 이하

Ⅲ. 영업허가 등의 취소요청

1. 의의

식품위생법 이외의 다른 법령에 의한 허가 등을 받은 자가 식품위생법상의 위반행위를 한 경우에 이에 대한 제재를 가함으로써 식품위생상의 위해를 방지하기 위한 제도이다.

2. 취소요청의 대상

「축산물위생관리법」, 「수산업법」, 「양식산업발전법」 또는 「주류 면허 등에 관한 법률」에 의한 허가 또는 면허의 전부 또는 일부 취소, 일정기간의 영업정지, 그 밖에 위생상 필요한 조치를 대상으로 한다(법 제77조제1항).

3. 취소요청의 사유

「축산물위생관리법」, 「수산업법」, 「양식산업발전법」 또는 「주류 면허 등에 관한 법률」에 따라 허가 또는 면허를 받은 자가 식품위생법 제4조(위해식품 등의 판매 등 금지), 제5조(병든 동물 고기 등의 판매 등 금지), 제6조(기준·규격이 정하여지지 아니한 화학적 합성품 등의 판매 등 금지) 또는 제7조제4항(기준과 규격에 맞지 아니하는 식품 또는 식품첨가물의 판매 등 금지)을 위반한 경우에 요청할 수 있다. 다만 주류는 보건범죄 단속에 관한 특별조치법 제8조에 따른 유해 등의 기준에 해당하는 경우로 한정한다(법 제77조제1항).

4. 취소요청자

영업허가 등의 취소요청은 식품의약품안전처장이 행한다(법 제77조제1항).

5. 취소요청의 효과

영업허가 등의 취소 요청을 받은 관계 중앙행정기관의 장은 정당한 사유가 없으면 이에 따라야 하며, 그 조치결과를 지체 없이 식품의약품안전처장에게 통보하여야 한다(법 제77조제2항).

찾 아 보 기

이영무

서울대학교 법과대학 졸업
서울대학교 행정대학원 졸업
광주지방법원 판사
변호사
현) 전남대학교 법학전문대학원 교수

식품행정법

인 쇄 2023년 2월 25일
발 행 2023년 2월 28일

저 자 이영무
발행인 정성택
발행처 전남대학교출판문화원

등 록 1981년 5월 21일 제53호
주 소 61186 광주광역시 북구 용봉로 77
전 화 062-530-0571~2
마케팅 062-530-0573
팩 스 062-530-0579
홈페이지 http://www.cnup.co.kr

가 격 20,000원

ISBN 978-89-6849-963-0 (93360)